鲁班经

Lu Ban Jing
中国古代物质文化丛书

〔明〕午 荣 / 汇编   戴启飞 吴冠臻 / 译注

重庆出版集团 重庆出版社

图书在版编目（CIP）数据

　　鲁班经 /（明）午荣汇编；戴启飞，吴冠臻译注.
重庆：重庆出版社，2025. 1. -- ISBN 978-7-229
-19111-5

　　Ⅰ. TU-092.2

　　中国国家版本馆CIP数据核字第2024JY5088号

鲁班经
LUBANJING

〔明〕午荣　汇编　　戴启飞　吴冠臻　译注

策 划 人：刘太亨　　肖化化
责任编辑：刘　喆　　周明琼
责任校对：何建云
特约编辑：冯雁飞
封面设计：日日新
版式设计：曲　丹

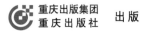 重庆出版集团
重庆出版社　出 版

重庆市南岸区南滨路162号1幢　邮编：400061　http://www.cqph.com

重庆建新印务有限公司印刷
重庆出版集团图书发行有限公司发行
全国新华书店经销

开本：740mm×1000mm　1/16　印张：31.75　字数：569千
2007年9月第1版　2025年1月第2版第1次印刷
ISBN　978-7-229-19111-5

定价：78.00元

如有印装质量问题，请向本集团图书发行有限公司调换：023-61520678

出版说明

最近几年，众多收藏、制艺、园林、古建和品鉴类图书以图片为主，少有较为深入的文化阐释，明显忽略了"物"应有的本分与灵魂。有严重文化缺失的品鉴已使许多人的生活变得极为浮躁，为害不小，这是读书人共同面对的烦恼。真伪之辨，品格之别，只寄望于业内仅有的少数所谓的大家很不现实。那么，解决问题的方法何在呢？那就是深入研究传统文化、研读古籍中的相关经典，为此，我们整理了一批内容宏富的书目，这个书目中的绝大部分书籍均为文言古籍，没有标点，也无注释，更无白话。考虑到大部分读者可能面临的阅读障碍，我们邀请相关学者进行了注释和今译，并辑为"中国古代物质文化丛书"，予以出版。

关于我们的努力，还有几个方面需要加以说明。

一、关于选本，我们遵从以下两个基本原则：一是必须是众多行内专家一直以来的基础藏书和案头读本；二是所选古籍的内容一定要细致、深入、全面。然后按专家的建议，将相关古籍中的精要梳理后植入，以求在同一部书中集中更多先贤智慧和研习经验，最大限度地厘清一个知识门类的基础与常识，让读者真正开卷有益。而且，力求所选版本皆是善本。

二、关于体例，我们仍沿袭文言、注释、译文的三段式结构。三者同在，是满足各类读者阅读需求的最佳选择。为了注译的准确精雅，我们在编辑过程中进行了多次交叉审读，以此减少误释和错译。同时，为了保持原文的简洁性和直接性，我们对内容直观明了的部分未对其进行翻译，避免对本已清晰的信息施加不必要的复杂度。

三、关于插图的处理。一是完全依原著的脉络而行，忠实于内容本身，真正做到图文相应，互为补充，使每一"物"都能植根于相应的历史视点，同时又让文化的过去形态在"物象"中得以直观呈现。古籍本身的插图，更是循文而行，有的虽然做了加工，却仍以强化原图的视觉效果为原则。二是对部分无图可寻，却更需要图示的内容，则在广泛参阅大量古籍的基础上，组织画师绘制。虽然耗时费力，却能辨析分明，令人眼目生辉。

四、对移入的内容，在编排时都与原文作了区别，也相应起了标题。虽然它牢牢地切合于原文，遵从原文的叙述主线，却仍然可以独立成篇。再加上因图而生的图释文字，便有机地构成了点、线、面三者结合的"立体阅读模式"。"立体阅读"对该丛书所涉内容而言，无疑是妥当之选。

还需要说明的是，不能简单地将该丛书视为"收藏类"读本，但也不能将其视为"非收藏类读本"。因为该丛书，其实比"收藏类"更值得收藏，也更深入，却少了众多收藏类读物的急功近利，少了为收藏而收藏的平庸与肤浅。我们组织编译和出版该丛书，是为了帮助读者重获中国文化固有的"物我观"，是为了让读者重返古代高洁的"清赏"状态。清赏首先要心底"清静"；心底"清静"，人才会独具"慧眼"；而人有了"慧眼"，又何患不能鉴真识伪呢？

中国古代物质文化丛书　编辑组
2009年6月

出版者语

　　《鲁班经》是一部取材民间，约成书于明万历年间的中国古代木作技艺集成之作。该书既包含了丰富的建筑营造知识，又提供了多种家具、器物等木作小件的制作范式，是研究我国古代传统建筑和木制器具不可多得的珍贵典籍。出版者希望借此书弘扬鲁班及历代工匠的精湛技艺和敬业精神，弘扬中国传统的文化与智慧。

　　作为有浓厚中国古代民间特色的作品，《鲁班经》一书在内容上不可避免地涉及堪舆术数、阴阳五行等元素。出版者从版本考校和文化自信的角度出发，尽可能地保留了原书的风貌，全文收录了《鲁班经》正本三卷及相关附文二卷。

　　希望读者尊重和珍视传统文化中的优秀成分，同时"取其精华，去其糟粕"，理性对待，不可迷信。

译注者序

《鲁班经》又称《鲁班经匠家镜》（以下简称"本书"），约成书于明朝万历年间，书中汇编整理了元明时期南方民间木匠的制艺标准和修造文化，是我国建筑营造及家具制作领域的重要著作，在古代建筑史乃至科技史上都占有一席之地。

关于本书的书名，可从"鲁班经"和"匠家镜"两个方面来理解。"鲁班"即春秋时期鲁国的著名工匠公输班，后来发展出许多有关发明创造的传奇故事，被民间尊为木匠祖师。本书托名鲁班，无疑是为了给内容增加可信度和说服力；"经"字则更显推崇，将本书在木匠行业的地位，拔高到与儒家经典并论的地步。"匠家镜"则是指本书可作为一种范式，木匠工师要随时参照取鉴。另外，早期版本还冠有"新镌京板工师雕斫正式"等前缀，这种前缀大抵是坊间书商的宣传手段，可以看出本书的阅读群体主要是民间的普罗大众；而后世版本逐渐略去"新镌""工师""雕斫"等词，既使书名更加简省醒目，也说明本书经过长期传播，已拥有较大的受众群体和影响力，不再需要刻意宣传。

本书的作者，显然不是被托名神化的鲁班祖师，也不应是具体的某位匠师，而是来自将技术代代相传的基层普通工匠群体，他们总结相关技术并汇编成册。书首题有"北京提督工部御匠司司正午荣汇编、局匠所把总章严全集、南京递匠司司承周言校正"，可见午荣、章严、周言应当就是编订者，但是三人在各种史料中完全不见记载，且所谓"提督工部御匠司司正""局匠所把总""递匠司司承"亦非真实存在的官职，所以有学者认为这是民间虚构出来的身份背景，托名官府以增加内容权威性[1]，也有学者认为"御匠

---

〔1〕包海斌：《〈鲁班经匠家镜〉研究》，同济大学2004年博士学位论文，第16页。

司"是"营缮司"或其他军工临时机构的俗称[1]。但无论如何，本书也应当被视为木匠群体智慧的结晶。

关于本书的版本，如果按照时间顺序言，主要有明万历本、明崇祯本、清乾隆本、清咸同本四种，其中，现存最早的刊刻时间可考的版本是明万历三十三年（1605）汇贤斋刻本，另外还存在两个万历刻本，说明本书汇编成集时间大致可以确定在万历年间。王世襄先生曾经认为，万历以后的崇祯本及清代本"不仅图式越翻越劣，文字讹误也有增无减，其价值比万历本远逊"[2]。其实后世版本也各有优长，如崇祯本修正了少许讹误、乾隆本增补了大量条目、咸同本进行了全面校订等，各版本都应得到重视，不可偏废，具体情况详见笔者下文所述内容。

关于本书的内容，万历本有正文三卷，附录《灵驱解法洞明真言秘书》[3]（又称《秘诀仙机》）一卷，后世版本的分卷情况基本保持不变，唯个别条目有移动或增补，如将书尾"鲁班仙师源流"提前至书首、第三卷的部分图文顺序有所调整等。卷一全面体现民间建造房屋的环节，收录有"起造伐木""起工架马""画柱绳墨""动土平基"等施工步骤及"正三架""正五架""造作门楼"等建筑样式，还记载着各种选择日期方位的"择吉"方法，共计74个条目，乾隆本则增加至76个条目。卷二收录有"仓敖式""桥梁式""牛栏式""马厩式"等木制建筑及"屏风式""衣笼式""大床式"等木制家具的制作工艺，同样记载着"择吉"方法，共计76个条目，乾隆本则增加至89个条目。除了文本内容，前两卷还穿插着各种建筑和工具的插图，共计51个条目，乾隆本则全部提前至书首位置，数量也减少至24个。卷三收录有"门高胜于厅"等家宅风水吉凶的图画和口诀，一幅插图对应一首

---

[1] 刘敦桢：《评〈鲁班营造正式〉》，《刘敦桢文集（第五卷）》，中国建筑工业出版社，2007年，第10页。

[2] 王世襄：《〈鲁班经匠家镜〉家具条款初释》，《明式家具研究》，生活·读书·新知三联书店，2020年，第369页。

[3] 古籍善本的编辑整理旨在传承和弘扬中华优秀传统文化。编者尽可能地还原古籍风貌，读者既要尊重和珍视传统文化中的优秀成分，又要"取其精华，去其糟粕"，理性对待，注意区分传统与迷信。

口诀，共计71个条目。附录《秘诀仙机》收录有"瓦将军""石敢当""家宅多祟禳解"等厌胜术数相关的物件和咒语，共计48个条目，乾隆本则减少至42个条目。总之，正如《中国古代建筑技术史》所述，本书是"以广大民间房舍、木制家具、生活用具、农业手工业工具为内容的著作，保存了当时的许多做法、常用尺寸、术语和工具形象，是研究木工技术发展的珍贵资料"[1]，具体情况详见本书第二部分。

《鲁班经》的各种问题纷繁复杂，许多学者都曾有过关注和研究，而且仍有继续深耕的空间和余地，以上介绍的仅仅是部分基本情况。本书还将从"版本和流传""内容和编纂"两个方面进行分析，最后附有"研究现状和整理说明"，以供读者朋友参考阅读。

一、《鲁班经》的版本和流传

《鲁班经》作为民间图书，其版本和流传情况比较复杂，今从简便，按照时间顺序，主要可以举出明万历本、明崇祯本、清乾隆本、清咸同本四种，另外还有必要介绍本书的前身《新编鲁般[2]营造正式》，它是《鲁班经》的重要文献来源，以下将分别展开论述。版本源流大致可以描述为：（《新编鲁般营造正式》）→明万历本→明崇祯本→清乾隆本→清咸同本。

（一）明万历本

万历刻本今存三种，分别收藏在国家文物局、故宫博物院和日本东京内阁文库。其中，故宫藏本即上文所述汇贤斋刻本，该丛书扉页题有"刘文成公汇解《平砂玉尺经》，附《郭璞葬经》《秘诀仙机》《择日全纪》《鲁班造福经》，汇贤斋藏板"，前序落款为"万历丙午岁仲夏上浣之吉"，可知该版《鲁班经》是《平砂玉尺经》附录的四种典籍之一，刊刻时间为万历三十三年（1605）农历五月上旬。

关于汇贤斋本的扉页名《鲁班造福经》，有学者指出"造福"凸显出书

---

〔1〕《中国古代建筑技术史》，科学出版社，2000年，第544页。

〔2〕鲁般即鲁班，书中遵从原文，部分地方仍写作鲁般。（编者注）

中内容更加注重阴阳术数，关乎宅主的吉凶祸福[1]，这也与汇贤斋丛书的性质相吻合。而在正文中，卷首书名题为《新镌京板工师雕斫正式鲁班经匠家镜》，版心题为《鲁班经》，与另两种万历本无异，可知所谓"鲁班造福经"的别名应是书商的个别行为。"新镌"和"藏板"两词，则意味着该版本可能并非初次刊刻。

关于汇贤斋本的版式，每面9行，每行20字，白口，黑鱼尾，四周单边，字体为明后期常见方体，横细竖粗，整齐死板。版心上部题有"鲁班经"，中部根据卷帙题有"卷之一""卷之二""卷之三""源流"，下部题有页数。

关于汇贤斋本的特征，首先是卷一第三页前半部分存在严重衍文和窜乱，有学者业已指出[2]；其次是卷一第二十三页不存，在前页版心"二十二"右侧有小字"二十三"，卷二第二十一页不存，在前页版心"二十"右侧有小字"二十一"，而内阁文库本则为全本，江牧、冯律稳认为这说明汇贤刊刻时便已缺少这两页，所以只能留下缺页记号[3]；再次是全书末尾升帐图"一幅及"鲁班仙师源流"一篇，共计五面，另两种万历容，后世版本的"鲁班升帐图""鲁班仙师源流"均在书首而非书尾。

关于汇贤斋本与另四种《玉尺经》附录图书的关系，有学者认为《秘诀仙机》《择日全纪》都是《鲁班经》的附录内容[4]，但仅就汇贤斋本而言，《鲁班经》的内容显然仅限正文三卷，与相同丛书内的《秘诀仙机》《择日全纪》是并列关系而非包含关系。不过，在文物局本和内阁文库本中，《鲁班经》则明确包含有附录《秘诀仙机》一卷，且后世刻本多沿袭这种分卷情况，所以《鲁班经》和《秘诀仙机》可以视为有机整体，而《择日全纪》则

[1] 包海斌：《〈鲁班经匠家镜〉研究》，同济大学2004年博士学位论文，第12页。

[2] 冯律稳：《江南地区馆藏〈鲁班经〉版本研究》，苏州大学2016年硕士论文，第37页。

[3] 江牧、冯律稳：《明代万历本〈鲁班经〉研究》，《民艺》2019年1期，第75—80页。

[4] 陈增弼：《〈鲁班经〉与〈鲁班营造正式〉》，《建筑历史与理论》第三、四辑，1982年，第120页。

似乎不在涵盖范围之内。

汇贤斋本不但刊刻时间较早，而且刻工细腻、插图精美、结构完整、条目齐全，后世均根据该本进行重刊或校补，是后世各版的祖本。汇贤斋本收录在《故宫珍本丛刊》"子部术数类相宅相墓之属"。

（二）明崇祯本

崇祯刻本，可举国家图书馆藏本（简称"国图本"）和日本东京内阁文库藏本（简称"内阁本"）为例。国图本卷首书名题为《新镌京板工师雕斫正式鲁班经匠家镜》，卷一首页钤有民国王体仁"杭州王氏九峰旧庐藏书之章"及"北京图书馆藏"两枚印章。刘敦桢先生介绍说："据周村同志的考证，此本系明末崇祯间所刻。全书无虫蚀与脱页，是现存明刻本中最完整的一部。"[1]但实际上，国图本卷一、卷二存在缺页，卷三仅剩59个条目。无附录《秘诀仙机》一卷，应当是在流传过程中亡佚。

内阁本较国图本保存更加完整，书名题为《居家必用重订相宅造福全书》，扉页题有"《出像鲁班经》《阳宅大全》《八宅周书》《开门放水》，附《玉匣记》《选择纪全》，金阊严少萱梓"，可知崇祯本《鲁班经》尚未从合刻本独立为单行本，与万历汇贤斋本情况相似；严少萱为金阊（今苏州）知名书商，但有学者指出该本实为福建建阳刘孔敦所编[2]，又可见《鲁班经》的流行地域主要在江南及福建地区。前序《造福周书序》落款为"崇祯己巳金藏月绣谷如虚子龚居中撰"，可知刊刻时间当在崇祯二年（1629）以后。

版式方面，崇祯本与万历汇贤斋本完全相同。特征方面，有学者详细比较了崇祯国图本与万历本，发现相同处有：①卷一第二十三页、卷二第二十一页均不存，且前页版心右侧均有小字标注；②插图横纹及正文墨点的位置和痕迹非常接近。不同处有：①原在书尾的"鲁班升帐图"和"鲁班仙师源

---

〔1〕刘敦桢：《评〈鲁班营造正式〉》，《刘敦桢文集（第五卷）》，中国建筑工业出版社，2007年，第9页。

〔2〕［美］贾晋珠：《谋利而印：11至17世纪福建建阳的商业出版者》，福建人民出版社，2019年，第209页。

流"被提前至书首;②卷一第三页前半部分的衍文和窜乱已经被改版修正;③卷二第四页、第九页不存,且在上页版心均有小字标注。[1]另外,崇祯本与万历本在插图、板框等处的残泐痕迹都完全相同。这些证据表明,崇祯国图本很可能与汇贤斋本是同一刻板,仅进行了局部校改和编次,即校改了少量讹误、进行了编次调整,但同时也因为刻板丢失导致新的缺页。但内阁本内容非常完整,以上缺页情况均不存在,能够更充分地体现崇祯本的刻本面貌。

总而言之,崇祯本的版本校勘价值相对有限,但在内容编次方面有所创新,前承万历本,后启乾隆本,在版本源流中起到承前启后的至关重要的作用。崇祯国图本收录在《北京图书馆古籍珍本丛刊》"史部政书类"。

(三)清乾隆本

乾隆刻本,可举北京大学图书馆藏本为例,正文书名题为《新镌工师雕斫正式鲁班木经匠家镜》,卷一首页钤有"北京大学藏书"印章。该本与古吴三多斋本、古吴德聚堂本[2]的版式和内容完全相同,可推知均出自同一刻板,三多斋、德聚堂均是雍正、乾隆年间南京知名书坊,故可按照年代统称为"乾隆本"。

乾隆本每面9行,每行20字,白口,黑鱼尾,四周单边,均与明刻本相同,但字体更加狭长粗劣。版心上部题有"鲁班经",中部根据卷帙分别题有"像""卷之一""卷之二""卷之三""秘诀仙机",下部题有页数。值得注意的是,乾隆本书首附图拥有独立版心"像",唯独第五页版心题为"卷之",可能是刻工偶然导致的讹误,是重要的版本特征;"鲁班仙师源流"不再拥有独立版心,而是并入正文"卷之一"。

首先,该本卷一、卷二不再随文附图,而是全部提前至书首,且插图数量减少至24幅,比万历本51幅少得多,导致插图与文本无法较好对应;其次是卷一、卷二文本条目大幅增加,卷一从74个条目增至76个条目,卷二从76

---

[1] 冯律稳:《江南地区馆藏〈鲁班经〉版本研究》,苏州大学 2016年硕士论文,第28—29页。

[2] 午荣:《鲁班经》据古吴德聚堂本影印,文物出版社,2019 年,第2—3页。

个条目增至89个条目，内容变得相当完整严密；再次是附录《秘诀仙机》删减了部分条目；最后是进行了部分校改和次序调整，如按照清代称呼习惯将"皇明"改为"明朝"，将卷三图诗重新排序，但同时也造成了新的讹误，如"垂"讹为"重"、"牛畜诗"脱为"牛"等。

总而言之，乾隆本在版式上对明刻本既有继承又有改动，在内容上补全了明刻本缺漏的部分，还额外补入了大量条目，使正文内容更加丰富完备，是流传最广、翻刻最多的版本。尽管存在删减插图、刊刻讹误的问题，但仍然有充分利用的必要。乾隆本收录在《续修四库全书》"史部政书类"并撰有提要。

（四）清咸同本

咸同刻本，可举国家图书馆藏甲本（简称"国图甲本"）为例，正文书名为《工师雕斫正式鲁班木经匠家镜》，目录钤有"积学斋徐乃昌藏书"及"北京图书馆藏"两枚印章。另外还有国家图书馆藏乙本，扉页题有"咸丰庚申春刊""崇德堂藏版"；上海图书馆藏本（简称"上图本"）、中国科学院图书馆藏本（简称"中科院本"），扉页题有"同治庚午秋刊""扫叶山房督造书籍"。以上各本版式和内容完全相同，唯墨色有所差异，可以推知是出自同一刻板的不同印次。国图乙本的印刷时间是咸丰十年（1860），而上图本和中科院本的印刷时间则为同治九年（1870），所以国图甲本最为清晰，而上图本、中科院本比较模糊，可以按照年代统称为"咸同本"。

版式方面，咸同本每面9行，每行20字，白口，黑鱼尾，四周单边，均与乾隆本相同，但字体方正平直，更加清晰醒目。版心上部题有"鲁班经"，中部根据卷帙题有"目录""图""卷之一""卷之二""卷之三""秘诀仙机"，下部题有页数。

特征方面，咸同本在书首列有"工师雕斫正式鲁班木经匠家镜目录"，是对全书内容的简要导引和概括：

卷首

　　修造各图

卷之一

　　鲁班仙师源流

　　起造各法

目录后题有"工师雕斫正式鲁班木经匠家镜卷首"及午荣、章严、周言三人落款，再其后则是"修造各图"，与乾隆本书首插图全同，但版心题为"图"而非乾隆本的"像"[1]，这些都是与其他刻本均不相同的重要版本特征。另外，咸同本还对文本内容进行详细校勘，修改了乾隆本产生的大量讹误，如将卷一"起工架马"的"水长"改正为"木马"、删除卷二"折桌式"的衍文"要二笋斗豹脚上"等，非常具有校勘价值；但也存在少数承袭错误或以讹改讹的现象，如卷一"修造起符便法"条目将"白"字径改为"自"或"用"等，未能参校明刻本及其他同类书籍。

总而言之，咸同本虽然刊刻年代较晚，但较乾隆本既有继承又有创新，尤其是版式设计和文本校勘后出转精，是非常值得关注和利用的重要版本。

（五）《新编鲁般营造正式》

《新编鲁般营造正式》为海内孤本，现藏在浙江宁波天一阁博物馆，赵万里、刘敦桢先生认为是明中期的福建刊本[2]，较万历本《鲁班经》更早，是《鲁班经》的重要文献来源，有学者将它视为《鲁班经》的前身或祖本，也有学者认为应当将二者理解为各自独立的两种书[3]。

---

[1] 冯律稳：《江南地区馆藏〈鲁班经〉版本研究》，苏州大学2016年硕士论文，第28—29页。

[2] 刘敦桢：《评〈鲁班营造正式〉》，《刘敦桢文集（第五卷）》，中国建筑工业出版社，2007年，第8页。

[3] 陈增弼：《〈鲁班经〉与〈鲁班营造正式〉》，《建筑历史与理论》第三、四辑，1982年，第121页。

《新编鲁般营造正式》原有六卷，今存第四页至第三十九页，其中卷一存六页、卷二存十页、卷三存十页、卷四存七页、卷五全佚、卷六存一页，另有两页不知所属何卷，共计三十六页。书中包含"请设三界地主鲁般仙师文"等32个条目，均在后世《鲁班经》中有所对应；另有"正七架地盘"等插图20幅，其中整页14幅、单面3幅、不足一面3幅。版式方面，每面8行，每行14—15字，黑鱼尾，四周双边，字体拙朴凌乱，形体粗率讹俗。版心上部题有卷数"经一""经二""经三"等，下部题有页数。

特征方面，刘敦桢先生发现该书的页数是连续的，但每卷的篇幅和内容却存在较大断层，说明很可能刊刻时所据底本即已残缺，是带有"天然残缺"的刻本，而非流传过程中散佚。另外，书中语言不够通顺，讹脱误植也很多，部分章节阅读难度较大，全六卷内容大致可以对应《鲁班经》正文的前两卷。但刘敦桢先生也指出，该书保留的大量文本和插图，后世《鲁班经》均未收录，所以具有早期刻本所不可替代的文献价值和校勘价值："该书原附有不少插图，与文字结合较紧凑，其间并杂置歌诀及诗文，和体制谨严的官书迥然不同。似原为匠师传授徒工的底本，后经逐步增编而成者……创门、垂鱼、掩角、驼峰、毡笠犹存宋式面貌，均为万历以后诸本所割弃。"[1]年代方面，不但前述部分插图显示出宋元风格，书中记载的行政区划"某路某县某乡某里某社"同样是宋元时期的制度，而且宋末元初诗人释圆至《佛龛匠者乞诗》也提及了《鲁班经》的存在："能刻旃檀作屋形，亲从师授《鲁般经》。不将名姓兼年月，写钉咸阳京兆厅。"[2]以上可以看出，该书可能在宋元时期就已经比较流行。郭湖生先生也认为："如果以《鲁般营造正式》中反映的技术和风格推论成书于宋末至元代一段时期，是不违反历史实际的。"[3]

另外，还可以从目录学角度进行考察，焦竑《国史经籍志·史类》"职

〔1〕刘敦桢：《评〈鲁班营造正式〉》，《刘敦桢文集（第五卷）》，中国建筑工业出版社，2007年，第8页。

〔2〕释圆至：《牧潜集》卷一，清武林往哲遗著本。

〔3〕郭湖生：《关于〈鲁般营造正式〉和〈鲁班经〉》，《科技史文集（第七辑）》，上海科学技术出版社，1981年，第98—106页。

官"著录有"《营造正式》六卷"[1]，黄虞稷《千顷堂书目·艺术类》著录有"《营造正式》六卷"[2]，均与该书卷数吻合，且条目位置均在宋元书籍前后。钱曾《读书敏求记·史类》则著录有"《鲁般营造正式》六卷"："《略说》云：'班，周时人。妻云氏，居江西隆兴府，地名市纵。'予观其规矩绳尺，诚千古良工之范围。然此等书皆后人伪作，非真出于班也。"[3]其中，"江西隆兴府"为南宋隆兴元年（1163）到元至元十四年（1277）江西南昌的旧称，是《鲁般营造正式》成书在宋元时期的有力证据。《新编鲁般营造正式》所谓"新编"二字，可能是指对《鲁般营造正式》的辑补增编，也可能只是书商宣传用语。

总而言之，《新编鲁般营造正式》可以提供许多宋元时期的文献材料，其文本条目被《鲁班经》吸收并大大拓展，但插图内容和校勘价值仍然非常值得关注利用。《新编鲁般营造正式》收录在《续修四库全书》"史部政书类"并撰有提要，另有上海科学技术出版社影印本。

二、《鲁班经》的内容和编纂

前身《新编鲁般营造正式》仅仅涉及工具用法、屋样格式、口诀俗诗等基本内容，条目次序也比较率意随性，今本《鲁班经》则完善了建筑营造的各个环节和具体样式，主要集中在卷一；增加了大量木制家具、日用器物等内容，主要集中在卷二；另外还穿插着阳宅风水、吉日选择、口诀咒语等民俗文化的内容，主要集中在卷三和附录，又散见正文卷一和卷二[4]。不难看出，从前身到编订本，从万历本到乾隆本，经过数次编纂增补，《鲁班经》呈现出内容逐渐丰富多元、框架逐渐完整严密的趋势，其原生内容和增补内容的文献来源，无疑是关乎本书性质的重要问题。郭湖生先生指出："《鲁

---

〔1〕焦竑：《国史经籍志》卷三，明万历徐象枟曼山馆刻本。

〔2〕黄虞稷：《千顷堂书目》卷十五，清文渊阁四库全书本。

〔3〕钱曾撰，管庭芬、章钰校证：《读书敏求记校证》，上海古籍出版社，2019年，第119—120页。

〔4〕这一部分涉及我国传统文化的术数。编者考虑到尽可能地保留古籍原貌，在此提醒读者理性对待，注意"取其精华，去其糟粕"。

班经》的组成情况是很有趣的，如果拿它和现存的明代其他一些书籍作一比较，就会发现，这本书确是'汇编'而成，换句话说，是从其他书籍摘抄而成，《鲁般营造正式》不过是这些供摘抄的底本之一。"[1]以下将分别从建筑营造、家具器物、风水术数三个方面，探究分析《鲁班经》的文本内容和编纂来源。

（一）建筑营造

残本《鲁般营造正式》中的条目内容，几乎全为建筑营造的具体样式、方法或工具，有"定盘真尺""断水平法""鲁般真尺""曲尺""推匠人起工格式""三架屋后连三架""画起屋样""五架房子格""正七架三间格""正九架五间格""秋千架""小门式""楼焦亭""造门法""起厅堂门例""诸样垂鱼正式""驼峰正格""五架屋诸式图""五架后拖两架""正七架格式""五音造羊栈格式"共21个条目，万历本则新增"王府宫殿""司天台式""营寨格式""仓敖式"等18个条目，总计39个条目，乾隆本未再递补。总体而言，今本《鲁班经》中的建筑营造内容，既有继承前代工艺的部分，也有反映当时风气的部分。

关于继承前代工艺，古代有关建筑营造的文献资料，最早可以追溯到《周礼·考工记》，后世递有唐《天圣营缮令》、宋《营造法式》、元《经世大典·工典》等，多为官修专著或政书，也记载着一些民间建筑营造的流程和工艺，自然会影响到《鲁班经》的编纂成书。

刘敦桢先生认为，《鲁般营造正式》图文并茂的体例沿袭自《营造法式》[2]，而在文本内容方面，亦能体现出《鲁班经》对历代文献的传承。如卷一"断水平法""定盘真尺"条目，主要介绍工匠测量水平面的工具和方法，与《营造法式·壕寨制度》的"定平"条目基本相同，这种测水平法，可以上溯到《考工记·匠人》"水地以县（悬）"的记载。又如"小门式"条

〔1〕郭湖生：《关于〈鲁般营造正式〉和〈鲁班经〉》，《科技史文集（第七辑）》，上海科学技术出版社，1981年，第98—106页。
〔2〕刘敦桢：《评〈鲁班营造正式〉》，《刘敦桢文集（第五卷）》，中国建筑工业出版社，2007年，第8页。

目，主要是一种墓园用门的形制，亦与《营造法式·小木作制度》的"乌头门"条目比较接近，可以互相参照比较。

关于反映当时风气，可分为官府和民间两个角度。在官府，由于大规模营建活动的需要，明代前中期十分重视对优秀匠官的培养和选拔[1]，《鲁班经》托名官府人员所编，书中又记载着鲁班显灵帮助工匠修造北京龙圣殿的故事，均是官府与民间存在互动和影响的体现。另外，《大明会典·礼部二十》明确规定了官民建筑的正式形制："凡房屋，洪武二十六年（1393）定……一品二品厅堂五间九架……三品至五品厅堂五间七架……六品至九品厅堂三间七架……庶民所居房舍，不过三间五架，不许用斗拱及彩色妆饰……（洪武）三十五年（1402），申明军民房屋不许盖造九五间数，一品二品厅堂各七间，六品至九品厅堂栋梁止用粉青刷饰，庶民所居房屋从屋，虽十所、二十所，随所宜盖，但不得过三间。正统十二年（1447），令庶民房屋架多而间少者不在禁限。"[2]但根据唐锦《龙江梦余录》记述："我朝庶人亦许三间五架，已当唐之六品矣。江南富翁一命未沾，辄大为营建，五间七间、九架十架，犹为常常耳，曾不以越分为愧，浇风日滋，良可慨也。"[3]可以知道，明中后期的民间各地，尤其是江南地区，建筑营造逾越礼制十分常见，尽管《鲁班经》在"王府宫殿"条目承认官方建筑需要"直出明律"，在宫殿、司天台等条目中语焉不详，很可能并不清楚具体的修造方法[4]，却仍然详细记载"正七架三间""正九架五间"等涉嫌逾越规矩的形制。

在民间，受市民经济文化发展勃兴的影响，明代中后期建筑营造日渐奢靡，如顾起元《客座赘语》所载王丹丘《建业风俗记》记载道："正德已前，房屋矮小，厅堂多在后面，或有好事者，画以罗木，皆朴素浑坚不淫。嘉靖末年，士大夫家不必言，至于百姓有三间客厅费千金者，金碧辉煌，高

---

[1] 解静：《〈鲁班经〉版本研究》，苏州大学2013年硕士论文，第15页。

[2]《大明会典》卷六十二，明万历内府刻本。

[3] 唐锦：《龙江梦余录》卷四，明弘治十七年郭经刻本。

[4] 陈耀东：《〈鲁班经匠家镜〉研究》，中国建筑工业出版社，2010年，第27页。

耸过倍,往往重檐兽脊如官衙然,园囿僭拟公侯。下至勾阑之中,亦多画屋矣。"[1]又范濂《云间据目抄·记土木》记载道:"土木之事,在在有之,而吾松独甚……四十年来,士宦富民,竞为兴作。朱门华屋,峻宇雕墙,下逮桥梁、禅观、牌坊,悉甲他郡,比之旧志所载,奚啻径庭。"[2]凡此均可说明其时消费风气由俭入奢,士民多以大兴土木为能事,故而极大刺激了建筑营造行业的发展和嬗变,使《鲁班经》这类民间建筑专著内容更加丰富、地位更加尊显。另外,《鲁班经》的部分条目还显示出,民间施工环节越来越与风水术数文化紧密结合,详见下文。

总而言之,正如《中国古代建筑技术史》的概括,《鲁班经》记载了当时民间房舍的施工步骤,体现了当时工具定位技术的水平,记录了常用建筑类型和尺度,还与农业生产有较密切的联系[3]。这些建筑营造内容一部分是从历代匠师继承而来,一部分则受明中后期各种风气影响,起着上承宋元、下启清代的关键作用,是研究南方民间建筑传统的宝贵史料文献。

(二)木作家具

残本《鲁般营造正式》中的条目内容,基本未涉及木作家具,现存《鲁班经》中条目多由万历本增补,有"屏风式"等日用家具34条、"牙轿式"等生活器具16条[4],乾隆本又递补"折桌式""一字桌式""圆桌式""算盘式""茶盘托盘样式""手水车式""踏水车""推车式""牌扁式"9条,总计共59条。值得注意的是,《鲁班经》是罕见的图文并茂式的家具相关著作,具有极高的参考价值,王世襄先生曾对此感慨道:"如果说关于房屋营造的传世图书有《营造法式》《工程做法》那样图文对照、卷帙浩繁的皇皇巨著的话,关于家具、有文有图的古籍,恐怕只有这薄薄一册的《鲁班

---

[1]顾起元:《客座赘语》卷五,明万历四十六年自刻本。

[2]范濂:《云间据目抄》卷五,清范联枝一寒斋刻本。

[3]《中国古代建筑技术史》,科学出版社,2000年,第542—543页。

[4]陈增弼:《〈鲁班经〉与〈鲁班营造正式〉》,《建筑历史与理论》第三、四辑,1982年,第119页。

经匠家镜》了。"〔1〕他还将明代家具文化的兴盛归纳为时代风气和地域需求两个因素。

关于时代风气，王世襄先生指出，明中期以后的一百多年中，得益于城市经济迅速发展、手工生产持续变革、海上贸易重新恢复等原因，明代家具的质和量逐渐达到顶峰〔2〕，不但有许多精美曼妙的实物流传至今，还出现了许多专门记载家具的文人著作，如屠隆《考槃余事·起居器服笺》、高濂《遵生八笺·起居安乐笺》、文震亨《长物志》等。对这种风气的转变情况，范濂《云间据目抄·记风俗》记载道："细木家伙，如书桌、禅椅之类，余少年曾不一见，民间止用银杏金漆方桌……隆、万以来，虽奴隶快甲之家，皆用细器，而徽之小木匠，争列肆于郡治中，即嫁妆杂器，俱属之矣。纨绔豪奢，又以椐木不足贵，凡床橱几桌，皆用花梨、瘿木、乌木、相思木与黄杨木，极其贵巧，动费万钱，亦俗之一靡也。"〔3〕民间普遍开始注重木作家具，富豪贵宦对家具提出了品质上的要求，普通百姓则带来了数量上的要求，自然会促使木工匠师们总结传播家具的制作方法，这或许正是万历本《鲁班经》补入大量家具条目的核心原因。

从本书具体条目来看，除了"屏风式""牙轿式""雕花面架式""衣架雕花式"略显奢侈以外，其他诸如"板凳式""折桌式""衣橱样式"等，皆与百姓日常生活息息相关，反映了民间对家具器物形制样式的真实需求。郭湖生先生指出："这些木作器物虽属木工，但历来与房舍建筑的大木作有分工区别，属另外行业……书中所列举的，是常用的基本类型（例如车，为民间常见的手推车，而非复杂重大的辎车）及有关器物的形制、尺寸等说明，尚非具体的技术要点，因此也仅止于大略的常识的水平。"〔4〕

---

〔1〕王世襄：《〈鲁班经匠家镜〉家具条款初释》，《明式家具研究》，生活·读书·新知三联书店，2020年，第369页。

〔2〕王世襄：《明式家具研究》，生活·读书·新知三联书店，2020年，第7—8页。

〔3〕范濂：《云间据目抄》卷二，清范联枝一寒斋刻本。

〔4〕郭湖生：《关于〈鲁般营造正式〉和〈鲁班经〉》，《科技史文集（第七辑）》，上海科学技术出版社，1981年，第98—106页。

关于地域需求，许多证据表明，木作家具率先流行在南方地区，包括今江苏、浙江、上海、福建等地，其中又以苏杭一带为重要典型。王士性《广志绎》记载道："姑苏人聪慧好古，亦善仿古法为之……又如斋头清玩，几案床榻，近皆以紫檀、花梨为尚，尚古朴不尚雕镂。即物有雕镂，亦皆商、周、秦、汉之式。海内僻远，皆效尤之，此亦嘉隆万三朝为始盛。"[1]又张瀚《松窗梦语·百工纪》记载道："至于民间风俗，大都江南侈于江北，而江南之侈尤莫过于三吴……吴制器而美，以为非是弗珍也……四方贵吴器，而吴益工于器……矧工于器者，终日雕镂，器不盈握，而岁月积劳，取利倍蓰。"[2]可以知道，当时的江南地区确为贵重家具的文化中心，其形制精致奢华，做工新颖奇巧，故而享誉四方。另外，江南当地还涌现出不少知名家具设计师和木作工匠，前者如刘源、李渔、释大汕等文人[3]，后者如徐籀、顾尚等"香山帮"匠人[4]，同样都是苏州人士，体现出强烈的地域性特征。

从本书具体条目来看，有学者指出，"大床式""凉床式""藤床式"等至今仍为南方农村的主要家具，而带有抽屉抽箱的"案桌式""镜箱式""药橱式"等则为北方常见款式[5]，这或与书首"北京工部御匠司""南京递匠司"的托名官职相对应，说明南方工匠可能存在大量北迁或与北方工匠密切交流的情况。

总而言之，正如郭湖生先生的概括，《鲁班经》作为民间工匠职业用书，对民间家具和常用工具器物的基本类型、名称、尺寸和要点都有简要介绍，并配有大量精确图形互相映衬，是研究南方家具文化的宝贵史料文献。

---

[1]王士性：《广志绎》卷二，清康熙十五年刻本。

[2]张瀚：《松窗梦语》卷四，清光绪《武林往哲遗著》本。

[3]王世襄：《明式家具研究》，生活·读书·新知三联书店，2020年，第12—14页。

[4]包海斌：《〈鲁班经匠家镜〉研究》，同济大学2004年博士学位论文，第41页。

[5]《中国古代建筑技术史》，科学出版社，2000年，第543页。

（三）风水术数[1]

崇祯严少萱本所载龚居中《造福周书序》即指出："福在富贵小而嗣盛为大，造之自相宅始。……昔杨救贫先生，每入人家，未登山而先相宅，何也？宅者，生人日夕之所聚也，虽斗室蓬门，亦具有阴阳八卦之位，合其方者昌，不合则否。"所谓"造福"亦即"择吉"，反映出古人对相宅知识的需求。对于风水术数与建筑营造的密切关系，郭湖生先生揭示道："《鲁班经》明显地大量增加风水迷信内容，一方面固然反映明中叶以后风水迷信日益普遍深入的社会状况，另一方面也出于职业需要。人们拘牵忌讳，动止须依吉利时辰方位，渗透日常生活各方面……木匠深感自己也须具有这一方面的发言权，以便有可能排开风水师一类人物而由自己兼替其职能。这就需要一些最基本的风水和选择方面的知识和资料。《鲁班经》大量摘抄风水选择书籍，大约即出自这种职业竞争要求。"[2]

从文本内容看，风水术数与建筑营造交织得十分有机融洽，许多条目大都兼有二者或紧密衔接，很难完全区别开来。如卷一"人家起造伐木""画柱绳墨""动土平基"等条目，从标题来看，似乎只是单纯的施工过程和方法，但文本当中却详细记载着大量选择"吉日吉方"的方法。又如卷二"牛栏""羊栈""马厩""猪椆"条目，修造方法后面紧接着便是"逐月修造吉日"，为木匠提供了具体的日期和禁忌，简明直观，不加赘语，可以视为修造方法的附属部分。在当代丛书中，《鲁班经》同时被归属在"史部政书类"和"子部术数类"，亦能说明本书的内容构成相当复杂，导致今人对其文本性质有着不同的理解倾向。

本书的风水术数内容，主要形式是口诀和俗诗，有学者指出："学做匠人的大多文化不高，但是建房又是很复杂的工作，因此相关的内容就变成歌

---

[1] 这一部分涉及我国传统文化的术数。编者考虑到尽可能地保留古籍原貌，在此提醒读者理性对待，注意"取其精华，去其糟粕"。

[2] 郭湖生：《关于〈鲁般营造正式〉和〈鲁班经〉》，《科技史文集（第七辑）》，上海科学技术出版社，1981年，第98—106页。

诀，便于传诵记忆。"〔1〕比如卷一"定盘真尺"附诗："世间万物得其平，全仗权衡及准绳。创造先量基阔狭，均分内外两相停。石磉切须安得正，地盘先宜镇中心。定将真尺分平正，良匠当依此法真。"既交代了工具用途和操作方法，又直白浅显、朗朗上口，非常符合当时读者的需求。又如卷三71个条目全为上图下诗的形式，用以说明起造房屋方位的吉凶，其中不乏"门高胜于厅，后代绝人丁。门高胜于壁，其法多哭泣""门扇或斜欹，夫妇不相宜。家财常耗散，更防人谋散"这种近似危言耸听的迷信夸张之辞，但也可以看出百姓趋利避害的朴素心理。

另外，书中还记载着一些咒语祝文和传说故事，具备一定的文学特色，也非常值得注意。如书首"鲁班仙师源流"就极富传奇色彩，文内介绍所谓鲁班祖师爷的身世始末，看似是纪实的史传作品，却不乏"白日飞升""显踪助国"之类的奇异情节，是民间行业信仰的反映。又如卷一"请设三界地主鲁班仙师祝上梁文"及《秘诀仙机》"工完禳解咒"等，则是家主或工匠必须掌握的仪式文本，且已经定型为修造住宅的重要环节，是民间营造文化的反映。不过，《秘诀仙机》也收录了一些匠人与家主互相诅咒的内容，这种现象较早可见宋元笔记的记载，如《杨文公谈苑》："造屋主人不恤匠者，则匠者以法魇主人。"〔2〕又如陈师《禅寄笔谈》："梓人魇镇，盖出于巫蛊其咒诅，其甚者遂至乱人家室、贼人天恩……闻凡梓人家传，未有不造魇镇者，苟不施于人必至自孽，稍失其意，则忍心为之，此则营造者所当知也。"〔3〕这种罕见材料，亦可考察民间风俗之一端。

从文献来源看，本书的风水术数条目，与同时代其他文献存在高度同质的情况，显然有明确的传承关系或同源关系。郭湖生先生即已指出万历本抄录《阳宅十书》《克择便览》等书籍〔4〕，陈增弼先生则认为本书是由"民间

〔1〕包海斌：《〈鲁班经匠家镜〉研究》，同济大学2004年博士学位论文，第41页。

〔2〕黄鉴：《杨文公谈苑》卷一，明宝颜堂秘笈本。

〔3〕陈师：《禅寄笔谈》卷六，明万历二十三年自刻本。

〔4〕郭湖生：《关于〈鲁般营造正式〉和〈鲁班经〉》，《科技史文集（第七辑）》，上海科学技术出版社，1981年，第98—106页。

秘书真言咒符等传抄本"汇总而成[1]，结合万历汇贤斋本、崇祯严少萱本与其他相关书籍合刻出版的现象，也可看出《鲁班经》纂抄汇编的性质。其文献来源可以分为风水命理专书、日用通书类书、其他营造书籍三个部分。

关于风水命理专书，元明时期风水学和命理学盛行，从官方到民间都有迫切的传统迷信需求，地理与术数的概念和范围日益膨胀复杂，故而催生出众多相关著述，《鲁班经》所采用的专业术语，即与这些书籍一脉相承。如卷一"伐木吉日"中的"刀砧杀"可见于张世宝《易林补遗》，"龙虎日""受死日"可见曾公亮《武经总要·择岁月日时法》，"正四废""魁罡日""赤口日"可见吴国仕《造命宗镜集》等，其他还有来自诸如《地理新书》《六壬大全》《卜筮全书》《三命通会》《星学大成》《人子须知资孝地理心学统宗》等知名专书，又可查考清代官修的《星历考原》和《协纪辨方书》，说明这些风水命理内容在民间始终保持着很大影响，存在着广泛的认同和共识，促使工匠们务必学习掌握。

另外，万历汇贤斋本丛书的附录《新刻法师选择纪（全）》也很值得注意，此书相传由万历藏书家胡文焕校正出版，内容多与《增补万全玉匣记》《宅宝经》相同，其条目在《鲁班经》中亦能找到相似内容，如"造地基""伐木""起工破木""起磉扇架"等文本基本一致，又如"大月从下数至上逆行，小月从上数至下顺行，一日一位，遇白圈大吉，黑圈损六畜，人字损人，不利"明显对应《鲁班经》卷一"门光星"的内容，可以基本确定是《鲁班经》的重要文献来源之一。有学者指出："《鲁班经匠家镜》卷一民间房舍施工过程中择日、择吉的选择内容，可以对照现存万历刻本整套丛书的另一种附书，其中的大部分内容直接引用、简化而来……《新刻法师选择纪》可以看作是一种实践性的民间风水选择书，本身就不很强调理论论证，只是给出结论……而《鲁班经匠家镜》在此基础上，进一步简化操作难度。"[2]

关于日用通书类书，最早起源于宋元时期，至明中后期发展到顶峰，因

---

〔1〕陈增弼：《〈鲁班经〉与〈鲁班营造正式〉》，《建筑历史与理论》第三、四辑，1982年，第120页。

〔2〕包海斌：《〈鲁班经匠家镜〉研究》，同济大学2004年博士学位论文，第39页。

其贴近生活、有裨实用，在民间屡经翻刻，广为流传。不但备受百姓喜爱，也常被士人当作启蒙教材。《鲁班经》所包含的日用内容，即与这些书籍一脉相承。如卷一"鲁般真尺""九天玄女尺"可见陈元靓《事林广记》的"鲁般尺法""用尺定法""玄女尺法""飞白尺法"等条目，是这些尺法现存最早的文献记载。又如卷一"斧头杀""木马杀""门大夫死日"可见《居家必用事类全集·丁集》，名目和日期完全相同，显然存在高度关联。此外还涉及引用《多能鄙事·阴阳类》《便民图纂·涓吉类》《万宝全书·克择门》等知名通书或类书。

关于其他营造书籍，明中后期的建筑营造类著述非常丰富，其中风水术数内容又多为转相抄撮，自然与《鲁班经》内容存在雷同。如卷一"推造宅舍吉凶论"可见于王君荣《阳宅十书·阳宅外形吉凶图说》，"债木星""红嘴朱雀凶日"可见于《阳宅十书·造门杂忌》，"天贼日"可见于《宅宝经·中元将军所管吉凶日》等。又如卷一"论起造厅堂门例"中的"春不作东门，夏不作南门，秋不作西门，冬不作北门"一句，分别可见于《居家必用事类全集·丁集》《多能鄙事·阴阳类》《造命宗镜集·杂用类》《便民图纂·涓吉类》《宅宝经·作门忌》，确能说明沿袭借鉴是民间书籍比较普遍的现象。

总而言之，正如包海斌的概括，明中后期的人们不仅需要居住功能，还更加关注营建的心理文化意义，所以风水术数得以广泛融入民间建筑营造的习俗之中[1]。本书大量增加这些内容，正是当时这种文化流行兴盛的体现，是了解明代民间营造风俗、文化心理的重要资料。

三、《鲁班经》的研究现状和整理说明

有关《鲁班经》的研究，可以分为萌芽期和发展期两个阶段。在萌芽期，最早可以追溯到1931年，文献学家赵万里在整理宁波天一阁藏书时发现了明刻《鲁般营造正式》一种，初步判断为明中叶刻本，即向中国营造学社介绍，由建筑学家刘敦桢校读全书并撰有跋语《明〈鲁般营造正式〉钞本校

---

[1] 包海斌：《〈鲁班经匠家镜〉研究》，同济大学2004年博士学位论文，第46页。

读记》（《中国营造学社汇刊》1937年第六卷第四期）。1961年，刘敦桢同时校勘残卷本、万历本、崇祯本、清初本，撰有《〈鲁班经〉校勘记录》，后发表《评〈鲁般营造正式〉》（《文物》1962年2期），粗略探讨本书的校勘和版本问题，今均收录在《刘敦桢全集》第五卷。1980—1982年，王世襄、袁荃猷发表《〈鲁班经匠家镜〉家具条款初释》（《故宫博物院院刊》1980年3期、1981年3期），考证详细，图文并茂，是最早进行校勘注释的文章。刘敦桢的弟子郭湖生发表《关于〈鲁般营造正式〉和〈鲁班经〉》（《科技史文集（第七辑）》1981年），简单讨论本书的内容和价值，陈增弼则稍后发表《〈鲁班经〉与〈鲁班营造正式〉》（《建筑历史与理论》第三、四辑，1982年）与前者进行商榷。

在发展期，相关研究更加细致精深。2004年，同济大学包海斌博士论文《〈鲁班经匠家镜〉研究》，详细分析了建筑营造和风水术数等内容。2007年，有东南大学朱宁宁硕士论文《〈新编鲁般营造正式〉注释与研究》。2009年，陈耀东出版专著《〈鲁班经匠家镜〉研究》，收录有《建筑条款初释》，并对比福广地区建筑与本书所载营造方法的异同。2013年，苏州大学解静《〈鲁班经〉版本研究》，系统性搜集并研究本书的版本问题。2016年，苏州大学冯律稳《江南地区馆藏〈鲁班经〉版本研究》，再次详细研究本书的版本问题。2018年，江牧、解静、冯律稳出版点校本专著《〈鲁班经〉全集》。此外，还有孙博文《山（扇）/排山（扇）/扇架/柈/扶柈——江南工匠竖屋架的术语、仪式及〈鲁班营造正式〉中一段话的解疑》（2010）、吴逸强《〈鲁班经〉桌椅类家具研究》（2018）、江牧《明代万历本〈鲁班经〉研究》（2019）、朱宁宁《〈新编鲁般营造正式〉中的大木作术语研究》（2020）等论文，角度和领域各有不同，不再枚举。

在国外，德国学者古斯塔夫·艾克《中国花梨家具图考》（1944）、英国学者李约瑟《中国科学技术史》第四卷第三分册（1971）均有提及《鲁班经》，但未深入论述。1992年，德国学者克拉斯·瑞特比克（Klaas Ruitenbeek）出版专著《晚期帝制中国的木工和建筑：15世纪木匠手册〈鲁班经〉研究》（*Carpentry and Building in Late Imperial China, A Study of the Fifteenth Century Carpenter's Manual Lu Ban Jing*），比较系统地论述了民间工匠的技术和仪式。可以看出，经过中外学者们长期深耕，当代《鲁班经》的学术研究已经比较成熟，但仍缺少广大读者可以放心阅读使用的译注本，这正是我们选择整理出版本书的理由之一。

本次古籍整理，我们以北京大学图书馆藏清乾隆本为底本（称为"底本"），以故宫博物院藏万历汇贤斋本（称为"万历本"）、国家图书馆藏崇祯本（称为"崇祯本"）、国家图书馆藏咸丰同治本（称为"咸同本"）为参校本，并参考利用天一阁藏《鲁般营造正式》（称为"残卷本"）等书的对应条目或同质内容，在正文中予以体现，且在注释中出具简略校记。另根据万历汇贤斋本丛书补入《秘诀仙机》"李淳风代人择日"等条目，且附录《新刻法师选择纪（全）》在书末，以确保本书内容的有机性和完整性。

文中涉及的古今字、异体字和俗字字形，如"棹（桌）""驰（驼）"等，均根据《通用规范汉字表》统一转换为通行字形，如非必要，不保留原字形，亦不出具校记，以确保本书内容的通俗性和普及性。为保持配图古雅，原书插图均取用残卷本或万历本插图，插图顺序和位置有所调整，以确保对应文本内容，与底本原貌有所差异，特加说明。

全书由戴启飞、吴冠臻共同完成注释和译文初稿，由戴启飞完成文字录入、资料检索及后续校对统稿，在此向提供帮助的各位师友和编辑同志表示感谢。我们作为文科学子，在建筑营造、木作家具和风水术数方面均不能称得上足够专业，书中可能存在许多问题和不足，敬请方家批评指正。

西北大学文学院　戴启飞　2022年8月15日　初稿

武汉大学文学院　戴启飞　2023年12月1日　修订

目 录

卷一

卷二

卷三

附卷一

附卷二

新镌工师雕斫正式鲁班木经匠家镜

北京提督工部御匠司司正　午荣　汇编

局匠所把总　章严　仝集

南京递匠司司承　周言　校正

鲁班仙师源流

　　师讳班[1]，姓公输，字依智，鲁之贤胜路东平村人也。其父讳贤，母吴氏。师生于鲁定公三年甲戌五月初七日午时。是日，白鹤群集，异香满室，经月弗散，人咸奇之。甫七岁，嬉戏不学，父母深以为忧。迨[2]十五岁，忽幡然[3]，从游于子夏[4]之门人端木起[5]。不数月，遂妙理融通，度越时流[6]。愤诸侯僭称[7]王号，因游说列国，志在尊周，而计不行，迺[8]归而隐于泰山之南小和山焉。晦迹几一十三年，偶出而遇鲍老辈[9]，促膝谦谭[10]，竟受业其门，注意雕镂刻画，欲令中华文物[11]焕尔一新。故尝语人曰：不规而圆，不矩而方，此乾坤自然之象也。规[12]以为圆，矩[13]以为方，实人官两象之能也。矧[14]吾之明，虽足以尽制作之神，亦安得必天下万世咸能，师心而如吾明耶？明不如吾，则吾之明穷，而吾之技亦穷矣。爰[15]是既竭目力，复继之以规矩准绳[16]，俾[17]公私欲经营宫室，驾造舟车与置设器皿，以前民用者，要不超吾一成之法，已试之方[18]矣。然则师之缘物尽制，缘制尽神者，顾不良且巨哉！而其淑配云氏[19]，又天授一段神巧，所制器物固难枚举，第较之于师，殆[20]有佳处，内外赞襄[21]，用[22]能享大名而垂不朽耳。裔是[23]年跻[24]四十，复隐于历山[25]，卒遭[26]异人授秘诀，云游天下，白日飞升，止留斧锯[27]在白鹿仙岩，迄今古迹昭然如睹。故战国大义赠为永成待诏义士。后三年，陈侯加赠智惠法师，历汉、唐、宋，犹能显踪[28]助国，屡膺[29]封号。我皇明永乐间[30]，鼎创[31]北京龙圣殿，役使万匠，莫不震悚。赖师降灵指示，方获落成。爰建庙祀之，扁[32]曰"鲁班门"[33]，封待诏辅国太师北成侯。春秋二祭，礼用太牢[34]。今之工人，凡有祈祷，靡不随叩随应，忱[35]悬象著明[36]而万古仰照者！

注解

1　讳班：鲁班，本名公输般，战国时期鲁国人，"班""般"两字相通，也有用"盘"字。讳，名讳。鲁班擅长制造各种巧妙的器物，其事迹在秦汉时期已经广为流传，如《墨子·公输》："公输盘为楚造云梯之械，成，将以攻宋。"又如《墨子·鲁问》："公输子削竹木以为鹊，成而飞之，三日不下。"

2 迨（dài）：及，等到。

3 幡（fān）然：恍然大悟的样子。

4 子夏：即卜商，字子夏，孔子七十二弟子之一。其门人有李悝、吴起、段干木、田子方、公羊高、谷梁赤、禽滑厘等。

5 端木起：当为端木赐，"赐""起"音近而讹。端木赐，即子贡，孔子七十二弟子之一，子贡直接师承孔子，并非子夏门人，《鲁班经》记载有误。

6 度越时流：度越，超越，超过；时流，时人，世俗之辈。

7 僭（jiàn）称：超越礼法所规定的职分，而冒用上位的称号、地位或礼制。东周时期，周王室逐渐衰微，各国诸侯相继自称王霸，僭越使用天子礼制，发生大规模"相王"事件。

8 廼（nǎi）：同"乃"。

9 鲍老：又作"婆罗""孛老"，中老年人的俗称，宋元民间文学中比较常见。王国维《古剧脚色考·鲍老》："婆罗，疑婆罗门之略，至宋初转为鲍老……金元之际，鲍老之名分化而为三：其扮盗贼者，谓之邦老；扮老人者，谓之孛老；扮老妇者，谓之卜儿。皆鲍老一声之转，故为异名以别耳。"

10 讌（yàn）谭：宴谈，宴饮叙谈。曹操《短歌行》："契阔谈讌，心念旧恩。"

11 文物：文法与器物。代指车服仪仗、礼乐制度。

12 规：古代工匠画圆的工具。

13 矩：古代工匠画直角或方形的工具。

14 矧（shěn）：况且。

15 爰（yuán）：于是。

16 准绳：准，古代匠人测量平直的水准器；绳，古代匠人量直度、距离的墨线。

17 俾：使（达到某种目的）。

18 一成之法，已试之方：互文。已经试验，可以成功的方法。

19 淑配云氏：淑配，对他人妻子的尊称，指贤淑的配偶。云氏，鲁班之妻，相传发明雨伞、木鸢等器物。陈元龙《格致镜原》引《玉屑》："（伞）鲁班之妻造之，谓其夫曰：'君为人造居室，固不能移。妾为人所造，能移千里之外。'"陈作霖《可园文存》："云氏女。公输子娶琅琊云氏女，亦神巧天授。时齐鲁旱蝗为灾，云作木鸢数千，令之自飞，摩风回翔，击蝗殆尽。"

20　殆：表推测，大概。

21　内外赞襄：古人讲求女主内，男主外，内外指夫妻。赞襄，相互辅助。

22　用：作介词用，依据、凭借。

23　裔是：于是。

24　跻（jī）：登，上升。

25　历山：今济南市历下区，古称历山，也叫舜耕山。郦道元《水经注·济水》："（历城）城南对山，山上有舜祠，山下有大穴，谓之舜井……《书》舜耕历山，亦云在此。"

26　卒遘：出其不意地遇到。卒：通"猝"，突然地，出其不意地；遘：碰上，相遇。

27　斧锯：斧子和锯子，木匠常用工具。

28　显踪：显露神迹。

29　屡膺（yīng）：多次荣获。膺，接受、承受。

30　我皇明永乐间：底本"我皇明"作"明朝"，据万历本改回。

31　鼎创：开创、修建。

32　扁：通"匾"，即匾额。

33　鲁班门：明代史料没有"鲁班门"的相关记载，其原型可能是西汉长安未央宫门，《东观汉记·马援传》："孝武帝时，善相马者东门京铸作铜马法献之，立马于鲁班门外，更名曰金马门。"长安金马门原名鲁班门，即当年东方朔等学士待诏处，似即对应鲁班封号"待诏辅国太师北成侯"中的"待诏"。

34　太牢：古代帝王祭祀社稷的最高规格，牛、羊、豕三牲全备称为"太牢"（又名"大牢"），只有羊、豕则称为"少牢"。《礼记·王制》："天子社稷皆大牢，诸侯社稷皆少牢。"

35　忱：诚然、确实。咸同本作"诚"，亦可通。

36　悬象著明：悬象，悬挂画像；著明，燃奉香烛。这里指鲁班昭明的神迹。

译文

　　仙师尊称为班，复姓公输，字依智，是鲁地贤胜路东平村人。其父尊名叫贤，母为吴氏。仙师生于鲁定公三年五月初七日午时。当日，白鹤群集，异香满室，数月都没有散去，人们都感到神奇。七岁时，终日嬉戏，不肯学习，父母对此非常忧愁。到十五岁时，鲁班幡然醒悟，开始随子夏的门人端木起游学。没几个月便能将高妙的道理融会贯通，远远超越了世俗之辈。他愤恨诸侯僭越称王，便周游列国，想要说服诸侯尊奉周王室，但计划没有成功，于是归隐到泰山南面的小和山。这样隐居了将近十三年，某次偶然外出，遇见了一位老者，与之促膝欢谈，便向老人拜师学艺，用心钻研雕镂刻画的技术，想让中原大地器物的纹饰焕然一新。因此曾对人说："不用圆规便有圆形，不用矩尺就成方形，这是天地自然之象。用圆规画圆形，用矩尺画方形，则是人御使方圆（阴阳）二象的一种能力。况且以我的明悟智慧，虽然足以穷尽发明制造的神妙，又怎能保证天下万世之人都能达到我这样明慧的境界呢？他们的明悟智慧不及我，那么我的智慧和技术就会穷绝。于是我竭尽目力，又用圆规、矩尺、准绳，无论是官修还是私修，营造舟车、制作器具，我要使之与以前民用的一致，使后人无法逾越我已经试验、可以确定的方法。"既然这样，那么仙师根据材质进行完美设计，根据设计穷尽技艺神工，做出来的作品又怎么可能不精妙绝伦！仙师的夫人云氏，也是天赐神巧，她设计的器物同样难以穷举，就算与仙师相比，估计也有巧妙之处，正是因为夫妇相助，他们才凭借能力享誉天下而永垂不朽。于是仙师年过四十，又归隐于历山，出其不意地遇到异人传授秘诀，于是云游天下，得以白日飞升，只把斧头和锯子留在了白鹿仙岩，故迹至今仍然清晰可见。

因此，战国大义封仙师为"永成待诏义士"。其后三年，陈侯加封为"智惠法师"，历经汉、唐、宋，还能显灵助国，多次获得封号。明朝永乐年间，全力建造北京龙圣殿，使用过万匠人，无不震惊惶恐，不知道如何措手操作，幸凭仙师降灵指示，才得以落成。于是建庙祭祀，匾题为"鲁班门"，并封为"待诏辅国太师""北成侯"，每年春秋两季祭祀，礼仪用太牢。今天的木工匠人，凡有祈祷，仙师无不有求必应，实在是神迹昭明照耀万古的人啊！

◎北京龙圣殿

据《永乐实录》载，北京故宫自明永乐十五年（1417）六月动工，至永乐十八年（1420）建成奉天、文华、武英三殿，故宫全部工程最终在永乐十九年（1421）基本竣工。永乐帝朱棣曾在奉天殿举办朝贺仪典，《鲁班仙师源流》一文中的"龙圣殿"所指可能正是奉天殿。在明故宫营造过程中，苏州知名工匠蒯祥出力甚多，他作为"香山帮"的代表人物，主要负责大隆福寺、南内和西苑的建造，说明江南工匠当时是修造故宫的中坚力量，也反映出《鲁班经》及鲁班信仰的地域性特征。

奉天门

奉天门即清朝太和门，始建于明永乐十八年（1420），于清顺治二年（1645）改名。奉天门是明朝皇帝接见大臣的地方，即"御门听政"之所。

午门

午门于明永乐十八年（1420）始建。午门位子当子午，故名，而午门城楼在明清时期又被称为五凤楼，是因其整体造型如朱雀展翅。

承天门

承天门始建于明永乐十五年（1417），寓"承天启运、受命于天"之意，清顺治八年（1651）改名为天安门。

蒯祥

图中蒯祥下朝后手执笏板，身穿红色官服，立于承天门金水桥西侧，身后是午门、奉天门、奉天殿（即清朝太和殿），身前是大明门、正阳门。

大明门

大明门参照南京明故宫洪武门建造，在清朝称大清门，民国时期改名为中华门，是紫禁城皇城的南门。

正阳门

正阳门始建于明永乐十七年（1419），是一座防御性建筑，集正阳门城楼、箭楼、瓮城于一体。今俗称前门、前门楼子、大前门。

《明代宫城图》 明 朱邦

□ 鲁班升帐图 《新镌京板工师雕斫正式鲁班经匠家镜》万历本 插图

　　"升帐"一词，原指古代元帅或主帅进入中军帐听取军情、发号施令，后多用以比喻地位的提升。该图反映的正是以鲁班为祖师爷的木工行业在社会地位上的提升：在图中，木工们可以在威严的公堂内进行各种作业，这象征着木工行业的重要性和尊严得到了认可。

卷一

　　本卷以"人家起造伐木"为开篇，从伐木备料开始讲述一系列建造房屋的主要工序，包括开工选时、上梁仪式、房屋间数规划、地基找平和屋样绘制等。同时，详述了各种相关工具尺及常见屋架样式，并在卷末列举了一些王府宫殿、司天台、妆修正厅及寺庙等主体建筑作为案例进行阐释。

人家起造伐木

入山伐木法：凡伐木日辰及起工日，切不可犯穿山杀[1]。匠入山伐木起工，且用看好木头根数[2]，具立平坦处斫[3]伐，不可老草[4]，此用人力以所为也[5]。如或木植到场，不可堆放黄杀方[6]，又不可犯皇帝八座[7]、九天大座[8]，余日皆吉。

伐木吉日：己巳、庚午、辛未、壬申、甲戌、乙亥、戊寅、己卯、壬午、甲申、乙酉、戊子、甲午、乙未、丙申、壬寅、丙午、丁未、戊申、己酉、甲寅、乙卯、己未、庚申、辛酉，定、成、开日[9]，吉。又宜明星[10]、黄道[11]、天德[12]、月德[13]。

忌刀砧杀[14]、斧头杀[15]、龙虎[16]、受死[17]、天贼日[18]、刀砧、危日[19]、山隔[20]、九土鬼[21]、正四废[22]、魁罡日[23]、赤口[24]、山痕[25]、红嘴朱雀[26]。

注解

1 穿山杀：即穿山煞，"杀""煞"同音假借，入山伐木凶日之一。切不可犯穿山杀，意即伐木日辰和起工的日子，不要选择与本年太岁所在的方位

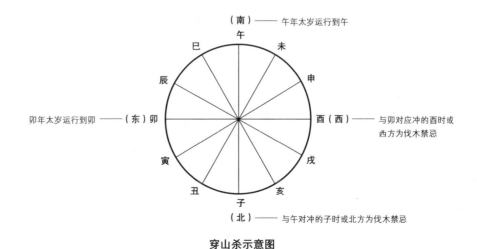

穿山杀示意图

□ 伐木制墨　明　《李孝美墨谱》插图

对冲的时辰或方位。各年穿山杀太岁所在的方位分别是：子年在午、丑年在未、寅年在申、卯年在酉、辰年在戌、巳年在亥、午年在子、未年在丑、申年在寅、酉年在卯、戌年在辰、亥年在巳。也就是说，如果太岁星正值午年，即太岁运行到午，与午对冲的子时或北方是为伐木所要禁忌的时辰或方位。详见穿山杀示意图。

2　根数：古人以单数为阳，偶数为阴，又以阳为吉，阴为凶，这里的入山伐木的根数，应为单数才是吉数。

3　斫（zhuó）：用刀斧砍劈。

4　老草：联绵词，又作"恅愺""潦草"，指做事仓促马虎、应付敷衍。

5　此用人力以所为也：伐木是人力主动的行为。与下文中堆放木料相对，后者不是主动的行为。

6　堆放黄杀方：疑即"太岁堆黄杀"，修造凶方之一，九星择日法以土星居中宫为"五黄杀"，又以当年犯太岁为"堆黄杀"。袁树珊《选吉探原》："《协纪辨方书》曰'戊己属土，忌动土'，犹'土壬用事，忌动土'之义。……如乙卯年卯山，乙丑年丑山，丙戌年戌山，丁酉年酉山，庚寅年寅山，庚子年子山，辛亥年亥山，壬申年申山。戊己叠太岁，为堆黄煞，凶不可制。或与年月五黄并，或与月建并，皆凶。凡修造葬埋，万不可犯。"也即是说，当年地支所对应二十四山方位即凶方，不可堆垛木石建材。观《居家必用事类全集·丁集》："堆垛木石凶方：子年、丑年、寅年、卯年、辰年、巳年、午年、未年、申年、酉年、戌年、亥年。堆垛杀方：寅、卯、辰、巳、午、未、申、酉、戌、亥、子、丑。堆黄杀方：子、丑、寅、卯、辰、巳、午、未、申、酉、戌、亥。又忌作主本命太岁、官符、三杀、流财方。"

7　皇帝八座：又称"正八座""大八座"，分为逐年八座和四季八座日，逐年皇帝八座日为：子年的癸酉日、丑年的甲戌日、寅年的丁亥日、卯年的甲子日、辰年的乙丑日、巳年的甲寅日、午年的丁卯日、未年的甲辰日、申年的己巳日、酉年的甲午日、戌年的丁未日、亥年的甲申日。四季皇帝八座日为：春季在乙卯日，夏季在丙午日，秋季在庚申、辛酉日，冬季在壬子、辛丑、辛未日。

　　皇历都标有年、月、日，比如2022年3月21日皇历为：壬寅年癸卯月癸酉日。那么，寅年的丁亥日为忌日，戊辰日不是，所以是否是忌日，皇历一查便知。

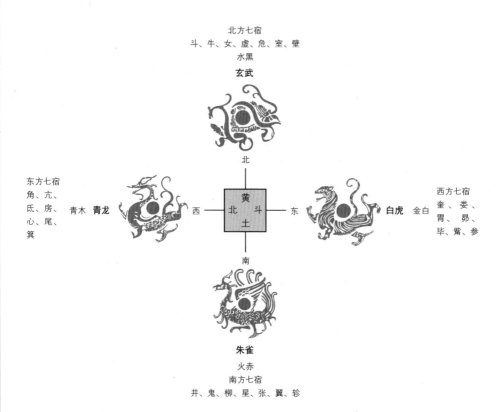

北方七宿
斗、牛、女、虚、危、室、壁
水黑
玄武

西方七宿
奎、娄、胃、昴、毕、觜、参

东方七宿
角、亢、氐、房、心、尾、箕

青木 **青龙**

西

北斗 黄土

东

白虎 金白

南

朱雀
火赤
南方七宿
井、鬼、柳、星、张、翼、轸

□ **四大灵兽**

　　青龙、白虎、朱雀、玄武，是古代观察天文中的"四象"，也是图腾文化和道家所谓的"四灵"，民间更有"左青龙，右白虎，南朱雀，北玄武"之说，是指四象所在的方位及与其"五行"的关系。

　　龙是各族图腾的总合，是诸种动物的神格化；玄武是龟、蛇的集合，是长寿的象征；白虎是杀伐之神，即战神，古代被视为凶神，能辟邪、禳灾、祈丰；朱雀也被称为朱鸟，源自上古星宿崇拜，是"麟、凤、龟、龙"中的凤。古人认为，四大灵兽，居于高天，分镇四方，辟邪恶，调阴阳。

8 九天大座：即九天朱雀。朱雀，古代传说中的四大神兽之一，为南方之神，属火，即南方火精。木料如果堆放在此方位，也就是在夏季烈日直晒的方位，恐造成火灾。其杀子年在卯，丑年在戌，寅年在巳，卯年在子，辰年在未，巳年在寅，午年在酉，未年在辰，申年在亥，酉年在午，戌年在丑，亥年在申。

9 定、成、开日：均为黄道吉日，是古代术数流派中的"建除派"常用的择吉术语。他们认为每日有十二星轮值，分别是建、除、满、平、定、执、破、危、成、收、开、闭。一般情况下，每个星值日一天，也有的连续值日两天。其中，除日、危日、定日、执日、成日、开日是黄道吉日，另外

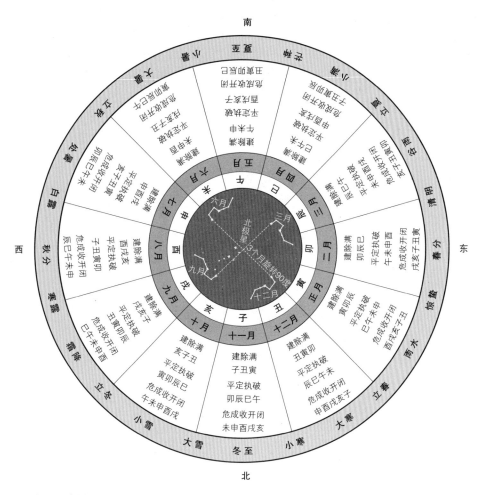

□ 十二月建图

　　月建，指与十二支相应的十二个月，比如建子、建丑、建寅、建卯、建辰等，分别为十一月、十二月、正月、二月、三月等。"建"代表北斗七星斗柄顶端的指向。北斗七星由北向东旋转，每3个月旋转90度，并依次指向十二月令，也称"十二月建"。建也指十二个表示当下态势的字，即"建除满平定执破危成收开闭"。

　　定日：指一切结果已经注定的日子，是伐木吉日。

　　成日：诸事可成的日子，是伐木吉日。

　　开日：诸事开始即顺利，是伐木吉日。

　　定日、成日和开日可查皇历，也可从上图中推出：建、除、满、平、定、执、破、危、成、收、开、闭，十二种态势，对应于十二日，并依序更替，周而复始。比如正月建寅，则寅日起建，那么依序即可推得正月午日为定日，戌日为成日，子日为开日，参见下页表。

　　六日是黑道凶日。针对文中所言伐木吉日包含定日、成日、开日，有术数家认为，开日不宜伐木。"开"是生气的开始，多为春季。春季万物复

每月十二神轮流值日表

十二建 支日	节气月											
	正月 寅	二月 卯	三月 辰	四月 巳	五月 午	六月 未	七月 申	八月 酉	九月 戌	十月 亥	十一月 子	十二月 丑
子	开	收	成	危	破	执	定	平	满	除	建	闭
丑	闭	开	收	成	危	破	执	定	平	满	除	建
寅	建	闭	开	收	成	危	破	执	定	平	满	除
卯	除	建	闭	开	收	成	危	破	执	定	平	满
辰	满	除	建	闭	开	收	成	危	破	执	定	平
巳	平	满	除	建	闭	开	收	成	危	破	执	定
午	定	平	满	除	建	闭	开	收	成	危	破	执
未	执	定	平	满	除	建	闭	开	收	成	危	破
申	破	执	定	平	满	除	建	闭	开	收	成	危
酉	危	破	执	定	平	满	除	建	闭	开	收	成
戌	成	危	破	执	定	平	满	除	建	闭	开	收
亥	收	成	危	破	执	定	平	满	除	建	闭	开

苏、开始生长，不宜砍伐，应顺应春天的生发之气。古代处决罪犯，不会在春季，而是在秋季，所以才有"秋决"之说，也是为顺应秋天的肃杀之气。《协纪辨方书》说："伐木宜立冬后，立春前危日、午日、申日。"因为申为金，刀斧利；午为火，木死之地也。伐木吉日，各种通书都大同小异，唯有《象吉通书》是逐月类推。如正月建寅，则从立春后寅日起建，卯为除、辰为满、巳为平、午为定、未为执、申为破、酉为危、戌为成、亥为收、子为开、丑为闭。二月建卯，则从惊蛰节后卯日起建，辰为除、巳为满、午为平、未为定、申为执、酉为破、戌为危、亥为成、子为收、丑为开、寅为闭，余月类推。建除家们所谓的"建除十二日"吉凶如下：

建日：此日一般属吉，但不宜修造动土；

除日：此日除旧迎新，属吉，几乎没有不宜的事；

满日：此日只宜祭祀、祈愿，其余诸事不宜，尤其是忌赴官上任、纳采问名、婚姻嫁娶诸事；

平日：此日平平，但万事皆宜；

定日：此日宜宴饮、定约，但忌医疗、诉讼、选将出师；

执日：宜建屋、种植、捕捉、狩猎，但忌移居、出行、开市、出财货诸事；

破日：万事不利，但宜做损毁之事，比如拆屋破旧等；

危日：诸事不宜；

收日：宜开业、入学、婚姻嫁娶、赴官上任等，但不宜诉讼；

成日：利于收获之事，如收获五谷、财物等，也宜修建仓库、狩猎，但忌出行、丧葬；

开日：宜嫁娶、开业，但不宜破土安葬、畋猎、伐木等事；

闭日：宜修筑堤坝、补垣塞穴等防御之事。

以上日子在皇历中可以查得。

10 明星：明星守护的吉时，以"寒谷时喧定暖晦窗晓色须明"十二字为准，有明有暗，明为吉，暗为凶。其推算方法是：正、七月起寅，二、八月起辰，三、九月起午，四、十月起申，五、十一月起戌，六、十二月起子。十二时辰星与每月所在吉时的对应关系见下表。

十二时辰月令吉时表

吉时 星字 \ 月令	正月	二月	三月	四月	五月	六月	七月	八月	九月	十月	十一月	十二月
寒 暗星	寅	辰	午	申	戌	子	寅	辰	午	申	戌	子
谷 暗星	卯	巳	未	酉	亥	丑	卯	巳	未	酉	亥	丑
时○明星	辰	午	申	戌	子	寅	辰	午	申	戌	子	寅
喧○明星	巳	未	酉	亥	丑	卯	巳	未	酉	亥	丑	卯
定 暗星	午	申	戌	子	寅	辰	午	申	戌	子	寅	辰
暖○明星	未	酉	亥	丑	卯	巳	未	酉	亥	丑	卯	巳
晦○明星	申	戌	子	寅	辰	午	申	戌	子	寅	辰	午
窗 暗星	酉	亥	丑	卯	巳	未	酉	亥	丑	卯	巳	未
晓○明星	戌	子	寅	辰	午	申	戌	子	寅	辰	午	申
色 暗星	亥	丑	卯	巳	未	酉	亥	丑	卯	巳	未	酉
须 暗星	子	寅	辰	午	申	戌	子	寅	辰	午	申	戌
明○明星	丑	卯	巳	未	酉	亥	丑	卯	巳	未	酉	亥

11 黄道：共有六种，即青龙黄道、明堂黄道、玉堂黄道、金匮黄道、司命黄道、天德黄道。又有日黄道和时黄道之分。伐木取吉日，当是日黄道。其

法以青龙、明堂、天刑、朱雀、金匮、天德、白虎、玉堂、天牢、玄武、司命、勾陈为序，正月建寅，立春后以子日为青龙，丑日为明堂，寅日为天刑，卯日为朱雀，依此顺数。二月建卯，惊蛰后以寅日为青龙，卯日为明堂，辰日为天刑，巳日为朱雀，依此顺推。由此，三月建辰，清明后辰日起青龙；四月建巳，立夏后午日起青龙；五月建午，芒种后申日起青龙；六月建未，小暑后戌日起青龙；七月建申，立秋后仍从子日起青龙，周而复始，皆依此顺推。因古人认为太阳绕地球运行，黄道则是太阳绕地球的轨道，加上人们对天、对太阳的崇拜，所以把黄道定为吉神，诸事逢之皆吉。

12 天德：即择吉术中的"天德贵人"，是吉星的一种。古人认为逢此吉星，则一生吉利富贵。天德是从人出生时所在月份的地支、日期和时辰的天干所反映出来的，是三合之气，如正月、五月、九月建寅午戌合火局，所以以火为德，依此推之，凡在八字四柱中年、月、日、时见以下者，为天德贵人：正月生者见丁，二月生者见申，三月生者见壬，四月生者见辛，五月生者见亥，六月生者见甲，七月生者见癸，八月生者见寅，九月生者见丙，十月生者见乙，十一月生者见巳，十二月生者见庚。

13 月德：也是吉星的一种，与天德贵人相同，是从人出生时所在月份的地支、日和时辰的天干反映出来的。凡四柱中年、月、日、时的天干见以下者，为月德贵人：寅午戌月生者见丙，申子辰月生者见壬，亥卯未月生者见甲，巳酉丑月生者见庚。

14 刀砧杀：伐木凶日，又称刀砧煞，主犯受伤，伐木需用斧锯，所以此日不宜伐木。张世宝《易林补遗》："刀砧煞起例：正月从午上起，顺行十二位。"该凶日，春季在亥子日，夏季在寅卯日，秋季在巳午日，冬季在申酉日。但是《选择宗镜》记载："刀砧火血，术士捏造恶名以吓人耳。"

15 斧头杀：伐木凶日。《居家必用事类全集·丁集》记载："斧头杀：春丑日，夏未日，秋午日，冬子日。"

16 龙虎：即龙虎日，不宜动用金属武器，一说此日为辰、寅两支相合之日。曾公亮《武经总要·择岁月日时法》："凡龙虎日，凶。正巳、二亥、三午、四子、五未、六丑、七申、八寅、九酉、十卯、十一戌、十二辰。"

17 受死：伐木凶日。曾公亮《武经总要·择岁月日时法》："凡受死日，凶。正戌，二辰，三亥，四巳，五子，六午，七丑，八未，九寅，十申，十一卯，十二酉。"

18 天贼日：伐木凶日。《宅宝经·中元将军所管吉凶日》："天贼日出行者，求财失落，见官无理，凡事不成，此日大凶。"刘基《多能鄙事·阴阳类》："丁丑、己酉、甲辰、甲申、辛未、丁未、甲寅、甲戌，天贼日。"关于天贼日，《象吉通书》：正月在辰日，二月在酉日，三月在寅日，四月在未日，五月在子日，六月在巳日，七月在戌日，八月在卯日，九月在申日，十月在丑日，十一月在午日，十二月在亥日。而《协纪辨方书》却说：正月在丑，二月在子，三月在亥，四月在戌，五月在酉，六月在申，七月在未，八月在午，九月在巳，十月在辰，十一月在卯，十二月在寅。又不相同。

19 危日：凶日。《协纪辨方书·宜忌》："危日。立冬后立春前宜伐木……伐木、畋猎、取鱼，则以阴过盛，而物当杀也，各以其节气者顺时也。"该凶日，正月是酉日，二月是戌日，三月是亥日，四月是子日，五月是丑日，六月是寅日，七月是卯日，八月是辰日，九月是巳日，十月是午日，十一月是未日，十二月是申日。

20 山隔：十隔忌日之一，十隔日分别是天、林、地、神、火、山、鬼、人、水、州，其中的山隔日不宜入山伐木，《万宝全书·克择门》："山：未、巳、卯、丑、亥、酉。"

21 九土鬼：月内凶日之一。《居家必用事类全集·丙集》："九土鬼日：乙酉、癸巳、甲午、辛丑、壬寅、己酉、丙戌、丁巳、戊午九日，及庚戌日辰时。"

22 正四废：凶日之一。《造命宗镜集·用日法》："正四废。大凶，支干都无气也。傍四废更大凶，或支或干无气也。书云，傍四废吉多可用，误矣。春月忌庚、辛、戊、己干，申、酉支；次之巳、丑支。夏月忌壬、癸、庚、辛干，亥、子、申、酉支。秋月忌甲、乙、丙、丁干，寅、卯、巳、午支。冬月忌丙、丁干，巳、午支。"也就是：伐木忌春季的庚申日、辛酉日，夏季的壬子日、癸亥日，秋季的甲寅日、乙卯日，冬季的丙午日、丁巳日。

23 魁罡日：四柱神煞之一，即戌辰日。戌日为河魁，辰日为天罡，因此得名。《造命宗镜集·运气类》说："葬埋不用戌，起攒不用辰，以其为魁罡所临，故不用。"

24 赤口：即赤口日。原指小人诋毁之口，后发展为禁忌日之一。储泳《祛疑说》说："赤口，小煞耳。人或忤之，率多斗讼。"《造命宗镜集·用日法》说："六壬赤口日，不制决惹口舌，百试百验。"

25 山痕：伐木忌日，即大月的初二、初八、十二、十七、二十，小月的初五、十四、十六、二十一、二十七都是忌日。

26 红觜朱雀：伐木忌日，指乙丑日、甲戌日、癸未日、壬辰日、辛丑日、庚戌日、己未日这七日。孙之騄《玉川子诗集注》说："朱雀主口舌，方术家谓红嘴朱雀，常以逐月建位上，顺行十二位。"觜，通"嘴"。

译文

进山伐木法：伐木的日期和动工的时辰，都不可冲犯穿山杀。匠人进入山林开始伐木时，要先看好木头的根数，都站在平坦处进行砍伐，不得草率应对，这些都是需要人们仔细留意的地方。如果木材运到料场，则不能堆放在黄杀方位，还不可以冲犯皇帝八座、九天大座，其他日子都为吉日。

伐木的吉日：己巳、庚午、辛未、壬申、甲戌、乙亥、戊寅、己卯、壬午、甲申、乙酉、戊子、甲午、乙未、丙申、壬寅、丙午、丁未、戊申、己酉、甲寅、乙卯、己未、庚申、辛酉，定日、成日、开日，都是吉日。明星、黄道、天德、月德也是吉日。

忌刀砧杀、斧头杀、龙虎、受死、天贼日、刀砧、危日、山隔、九土鬼、正四废、魁罡日、赤口、山痕、红嘴朱雀等。

起工架马[1]：凡匠人兴工，须用按祖留下格式，将木马[2]先放在吉方，然后将后步柱[3]安放马上，起看俱用翻锄[4]向内动作。今有晚学木匠，则先将栋柱[5]用正，则不按鲁班之法后步柱先起手者，则先后方且有前先就低而后高，自下而至上，此为依祖式也。凡造宅用深浅阔狭[6]，高低相等，尺寸合格，方可为之也。

起工破木：宜己巳、辛未、甲戌、乙亥、戊寅、己卯、壬午、甲申、乙酉、戊子、庚寅、乙未、己亥、壬寅、癸卯、丙午、戊申、己酉、壬子、乙卯、己未、庚申、辛酉、黄道、天成[7]、月空[8]、天月二德及合神[9]、开日吉。

忌刀砧杀、木马杀[10]、斧头杀、天贼、受死、月破[11]、破败[12]、独火[13]、鲁般杀[14]、建日、九土鬼、正四废、四离[15]、四绝[16]日、大小空亡[17]、荒芜[18]、凶败、灭没日[19]，凶。

注解

1　起工架马：古人十分看重起工架马动工时日，起建时必定选择吉日方才动工。《协纪辨方书》对此有详细的逐月吉日记载，现附录于此：

正月：辛未日、乙未日、壬午日、丙午日、癸酉日、丁酉日、丁丑日、癸丑日；

二月：戊寅日、庚寅日、己巳日、甲寅日、丁丑日、癸丑日；

三月：乙巳日、甲申日；

四月：丁丑日、丙戌日、丙午日、庚午日、丙子日、庚子日；

五月：乙亥日、己亥日、辛亥日；

六月：乙亥日、甲申日、庚申日、癸酉日、丁酉日、辛亥日；

七月：戊子日、壬子日、丙子日、庚子日、戊辰日、丙辰日；

八月：乙亥日、己亥日、庚寅日、戊寅日、甲申日、戊申日、庚申日、戊辰日、壬辰日、丙辰日、辛亥日、

□ 木马

《新镌京板工师雕斫正式鲁班经匠家镜》万历本插图局部。图中工匠正在斧斫木马上的木料。

□ 刮子

《新镌京板工师雕斫正式鲁班经匠家镜》万历本插图局部。图中工匠正在修整木马上的木材，使用的工具就是"刮子"。

丙寅日；

　　　九月：癸卯日、辛卯日；

　　　十月：壬午日、辛未日、乙未日、庚午日、丁未日；

　　　十一月：庚寅日、戊寅日、乙丑日、丁丑日、癸丑日、甲寅日；

　　　十二月：戊寅日、己卯日、乙卯日、己巳日、丙寅日、甲寅日。

2　木马：木制支架，似脚手架。架马即标志着正式动工。底本误作"水
　　长"，义不可通，据咸同本改。

3　步柱：廊柱、檐柱的古称，指立于屋檐下或廊下前排的柱子。后指廊柱后
　　一界距离的柱子。廊柱与步柱间做翻杆而增设的立柱称"轩步柱"。详见
　　下图。

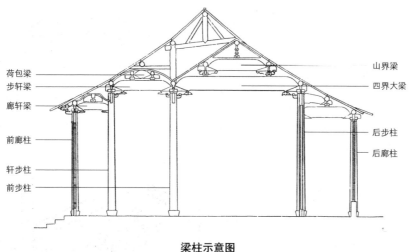

荷包梁
步轩梁
廊轩梁

前廊柱

轩步柱
前步柱

山界梁
四界大梁

后步柱
后廊柱

梁柱示意图

4　翻锄：这里指刮子，古代木工用于修整木材的工具。

5　栋柱：屋脊正下方的柱子，为房屋中最长的柱子。

6　深浅阔狭：房屋的深浅宽窄。

7　天成：吉神。《宅宝经》"天成"条记载：吉神天成，正月在未日，二
　　月在酉日，三月在亥日，四月在丑日，五月在卯日，六月在巳日，七月在未
　　日，八月在酉日，九月在亥日，十月在丑日，十一月在卯日，十二月在巳日。

8　月空：月内吉日之一，与月德日相冲犯，宜上书陈言，而修造房屋与谋
　　划计策相似，故亦被认为是起工破木的吉日。《星学大成·论月空》：
　　"寅、午、戌在壬，申、子、辰在丙，亥、卯、未在庚，巳、酉、丑在

甲。从寅上起，壬、庚、丙、甲，逐位顺数，周而复始。"

9 合神：即神煞日期相重合，分别有地支六合、地支三合或天干五合三种说法。

其一，地支六合：子与丑可以合化生土；寅与亥可以合化生木；卯与戌可以合化生火；辰与酉可以合化生金；巳与申可以合化生水；午与未可以合化生太阴太阳（即午未既可以合化生土，也可以合化生火）。

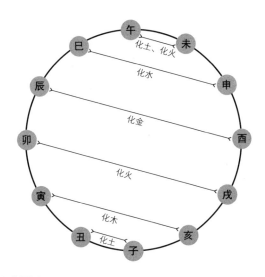

□ **地支六合图示**

子丑合化土，寅亥合化木，卯戌合化火，辰酉合化金，巳申合化水，午未合化土、火。

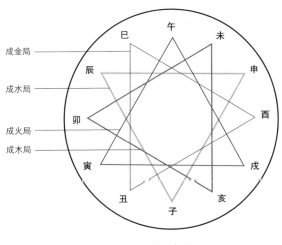

地支三合图示

□ 天干五合图示

甲阳木，己阴土，阳木克阴土，甲己合化土；乙阴木，庚阳金，阳金克阴木，乙庚合化金；丙阳火，辛阴金，阳火克阴金，丙辛合化水；丁阴火，壬阳水，阳水克阴火，丁壬合化木；戊阳土，癸阴水，阳土克阴水，癸戊合化土。

其二，地支三合：申、子、辰相合形成水局；寅、午、戌相合形成火局；亥、卯、未相合形成木局；巳、酉、丑相合形成金局。

其三，天干五合：甲与己合化土；乙与庚合化金；丙与辛合化水；丁与壬合化木；戊与癸合化火。

古人认为，天干与地支间存在着"刑、冲、害、化、合"的关系，"刑"即彼此妨碍、互不相合；"冲"即对冲，两两相对；"害"即彼此损害；"化"指十天干两两相化，"化"又称"合"，因先合而后化，即为"合化"，"合"即"和"，都指阴阳相合。《三命指迷赋》说，三种合神的功用基本相同，所主吉凶由具体的相性决定，相合相生主吉，相合相伤主凶。

10 木马杀：木匠开工凶日。《居家必用事类全集·丁集》："木马杀：孟月平日，仲月定日，季月执日。"

11 月破：与月令相冲的日子，月内凶日之一，诸事不宜。《星历考原·月事吉神》："月破者，月建所冲之日也。与岁破义同。"

12 破败：又称"破败五鬼"，年内凶方之一，不宜修造。《星历考原·年神方位》说："历例曰：甲年、壬年在巽，乙年、癸年在艮，丙年在坤，丁年在震，戊年在离，巳年在坎，庚年在兑，辛年在乾。曹震圭曰：《天文

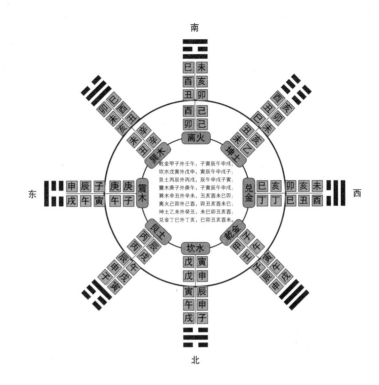

□ 纳甲六爻图示

　　如图所示，与乾卦相应的天干为甲、壬，即乾卦纳甲、壬，与乾卦相对的方向为巽，而巽、乾对冲，所以甲、壬年的"破败五鬼"在巽方。其余皆可依此推算。

志》云鬼宿有五，因以为名。破败者，冲而散也。"

13　独火：又称"月害""飞祸"，月内凶日之一，不宜修造。《协纪辨方书·义例》说："通书曰：独火一名飞祸，又名六害，即盖山黄道内朱雀廉贞也。修营动土犯之主灾，埋葬不忌。"谢肇淛《五杂俎·天部》说："俗云'初五、十四、二十三，太上老君不出庵'，谓之月忌。考之历家，乃廉贞独火日也。"一年十二个月，其每月的独火日分别是，正月在巳日，二月在辰日，三月在卯日，四月在寅日，五月在丑日，六月在子日，七月在亥日，八月在戌日，九月在酉日，十月在申日，十一月在未日，十二月在午日。

14　鲁般杀：月内修造凶日之一。邝璠《便民图纂·涓吉类》："正、二、三，子。四、五、六，卯。七、八、九，午。十、十一、十二，酉。"也就是春季三个月的子日犯鲁般杀，夏季三个月的卯日犯鲁般杀，秋季三个月的午日犯鲁般杀，冬季三个月的酉日犯鲁般杀。

15 四离："离"，阴阳分离之意，即阴阳失调，因此四离日为月内凶日。指春分、夏至、秋分、冬至的前一日，不宜出行征伐。《星历考原·月事凶神》说："曹震圭曰：四离者，冬至前一日，水离；夏至前一日，火离；春分前一日，阳体分而木亦离也；秋分前一日，阴体分而金亦离也，故名曰四离。"

16 四绝：月内凶日之一。据五行旺、相、休、囚、死说，立春时木旺水绝，立夏时火旺木绝，立秋时金旺土绝，立冬时水旺金绝，所以立春、立夏、立秋、立冬的前一日是绝日，因此不宜出军远行。《星历考原·月事凶神》说："《玉门经》曰：四绝者，四立前一辰也。李鼎祚曰：此日忌出军远行。曹震圭曰：立春木旺水绝，立夏火旺木绝，立秋金旺土绝，立冬水旺金绝，故先一日为绝也。"

17 空亡：又称"孤虚"，古代用日期推算吉凶的方法。以十天干为日，十二地支为辰，干支相配一旬（十天），剩余两个地支没有天干相配，即为空亡，当日诸事不宜。《三命通会·论空亡》说："空对实，亡对有言。《神白经》云：'空亡空亡几多般，十干不到作空看。'《洞玄经》云：'遁穷而亡生。'故以甲旬尽处曰空亡。盖有是位而无禄，曰空；有支而无干，曰亡。"空亡（孤虚）之学，早在《史记·龟策列传》即有记载："日辰不全，故有孤虚。"裴骃集解："甲乙谓之日，子丑谓之辰。《六甲·孤虚法》：'甲子旬中无戌亥，戌亥即为孤，辰巳即为虚。甲戌旬中无申酉，申酉即为孤，寅卯即为虚。'"《象吉通书》说，乾上起正月，二月在坎，三月在艮，可以以此顺次推算。月上起初一，也可以顺次序推算。逢离，则为"大空亡"，比如正月在乾，那么乾上为初一，初二在坎，那么这一日就是"小空亡"；初三在艮，初四在震，初五在巽，初六在离，那么这一天就是"大空亡"。其余都据此推算。空亡日破土动工，在古人眼里，入住后会夫妻不睦，破财，祸及人丁，但从科学的角度看，少有依据。

18 荒芜：又称"天地荒芜日"，是破财凶日，诸事不宜。徐会瀛《万卷星罗·克择门》："天地荒芜日。春，巳、酉、丑。夏，申、子、辰。秋，亥、卯、未。冬，寅、午、戌。"

19 灭没日：又称"天地灭没日"，诸事不宜。徐会瀛《万卷星罗·克择门》："天地灭没日。天地灭没用何求，正七闭日二八收。三九危边四十

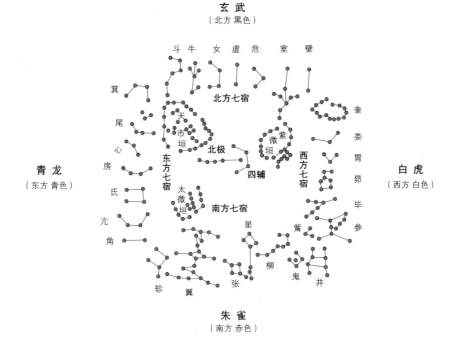

玄 武
（北方 黑色）

斗 牛 女 虚 危 室 壁

北方七宿

箕

尾

心

天市垣

北极

青 龙
（东方 青色）

房

氏

亢

角

东方七宿

四辅

紫微垣

西方七宿

白 虎
（西方 白色）

奎 娄 胃 昴 毕 参

太微垣

南方七宿

觜

星

柳

鬼 井

轸 翼 张

朱 雀
（南方 赤色）

□ 三垣四象二十八星宿

　　三垣指紫微垣、太微垣、天市垣。四象代表四方星象，即东方青龙、西方白虎、南方朱雀、北方玄武。二十八宿，又称为二十八星或二十八舍，是黄道附近角、亢、氏、房、心、尾、箕、斗、牛、女、虚、危、室、壁、奎、娄、胃、昴、毕、觜、参、井、鬼、柳、星、张、翼、轸二十八组星象，每宿包含若干颗恒星。四象分布于黄道与月亮绕行地球的轨道，即白道的近旁，环天一周，每象各分七段，四象，共二十八宿。

　　执，五十一月向平游。六十二月除日是，若人犯此破家休。癸巳、壬寅、癸卯、丙午、丁未、壬子、甲寅、乙卯、戊午、壬辰、己未、己巳。”

译文

　　开工搭设木马：匠人动工修造，必须按照祖师留下的程式，将木马先放到吉利的方位，然后将后廊柱安放在木马上，起手时都要用刮子朝内修整木料。如今有年轻木匠，则先将栋柱安放在木马上，不按照鲁班的程式起手先安放后廊柱。但先确定后面再是前面，先安排低处然后再处理高处，从下面开始逐渐向上施工，这才是祖师留下来的程式。凡是建造房屋，一定要根据房屋的深浅宽窄，使之高低相等，尺寸合格，才可以施工。

开营造时砍劈木材：适宜在己巳、辛未、甲戌、乙亥、戊寅、己卯、壬午、甲申、乙酉、戊子、庚寅、乙未、己亥、壬寅、癸卯、丙午、戊申、己酉、壬子、乙卯、己未、庚申、辛酉，黄道、天成、月空、天月二德日，以及合神、开日，才吉利。

忌在刀砧杀、木马杀、斧头杀、天贼、受死、月破、破败、独火、鲁般杀、建日、九土鬼、正四废、四离、四绝、大小空亡、荒芜、凶败、灭没日动工，否则凶险。

补述

良辰吉日与择吉文化

古人凡举行重要仪式，必安排在良辰吉日。《大戴礼记·诸侯迁庙》说："告事毕，乃日择日而祭焉。"《史记·封禅书》说："辑五瑞，择吉月日，见四岳诸牧，还瑞。"

对百姓而言，祭祀婚丧自不必论，修造宅屋更是大事，更要选择吉日方能动工。王充《论衡·讥日篇》说："工伎之书，起宅盖屋必择日。"应劭《风俗通》载："五月盖屋，令人头秃。"《礼记·王制》郑玄注："今时持丧葬、筑盖、嫁取、卜数文书，使民倍礼违制。"可见早在秦汉时期，营建中的择日风俗已经广为流传。随着术数文化的发展，择吉理论更是日益完善，涌现出大量专门书籍：官修如《灵台秘苑》《天文要录》《开元占经》，多侧重天文星象、军政运势等；民间如《阴阳书》《百忌历》等，则以历注附录在日历内，以指导百姓的日常生活，现今所谓"注定""事宜"等词语，都与这种日用历书有关。但有时太过迷信日历吉凶，也会带来各种不便，如宋代陶岳《荆湖近事》载："（李）载仁遽取《百忌历》，灯下观之，大惊曰：'今夜河魁在房，不宜行事！'"可见唐五代时期民间历书盛行，事事须先查验，以致不知变通。洪迈《容斋随笔》对此感叹道："唐吕才作《广济阴阳百忌历》，世多用之，近又有《三历会同集》，搜罗详尽。姑以择日一事论之，一年三百六十日，若泥而不通，殆无一日可用也。"

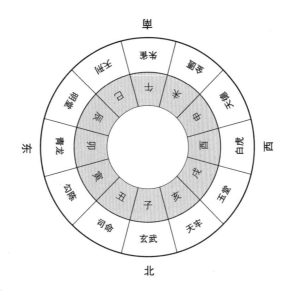

□ **十二神煞方位**

　　黄道、黑道共有十二辰，其中，青龙、明堂、金匮、天德、玉堂、司命为黄道，主吉；天刑、朱雀、白虎、天牢、玄武、勾陈为黑道，主凶。古人认为，利用黄道、黑道可以推出黄道吉日、黄道吉时，以此来作为日常行事的准则和依据。

神煞

　　命理学名词，是神灵和凶煞的合称。古人认为，用出生时间可以推算出"年柱、月柱、日柱、时柱"四柱。四柱所对应的值日神煞即为"四柱神煞"，可以决定人生运势；四柱干支共计八字，故又称"生辰八字"。神煞理论出现较晚，但与其相仿的鬼神观念却可以上溯到秦汉时期，《汉书·艺文志》载："阴阳家者流……及拘者为之，则牵于禁忌，泥于小数，舍人事而任鬼神。"阴阳术数所谓鬼神，便是后世神煞理论的雏形。明清时期，神煞理论已非常成熟，万民英《三命通会》"总论诸神煞"条目中详细介绍了当时比较流行的凶煞名称和内涵。有时，神煞还特指十二神煞，分别是"青龙、白虎、明堂、天刑、朱雀、金匮、天德、玉堂、天牢、玄武、司命、勾陈"，十二神煞所值日期决定着当日的吉凶事宜。神煞理论在民间影响极大，也有诸家解释，不免繁琐拘泥、互相矛盾。清代官修《钦定协纪辨方书》专门撰有"辨伪"一章，为纠谬正讹、廓清观念，起到了一定的作用。

◎ 天干与地支

　　天干和地支并称"干支"，是中国古人对天象的观测所形成的纪元法。十干指阏逢（甲）、旃蒙（乙）、柔兆（丙）、强圉（丁）、著雍（戊）、屠维（己）、上章（庚）、重光（辛）、玄黓（壬）、昭阳（癸）；十二支指困敦（子）、赤奋若（丑）、摄提格（寅）、单阏（卯）、执徐（辰）、大荒落（巳）、敦牂（午）、协洽（未）、涒滩（申）、作噩（酉）、阉茂（戌）、大渊献（亥）。两者合化五行，可表方位，即甲乙东方木，甲为栋梁之木，乙为花果之木；丙丁为南方火，丙为太阳之火，丁为灯烛之火；戊己中央土，戊为城墙之土，己为田园之土；庚辛西方金，庚为斧钺之金，辛为首饰之金；壬癸北方水，壬为江河之水，癸为雨露之水。五行生克，分时化育，形成万物。

天干地支六十甲子相配图

　　天干数十，即甲、乙、丙、丁、戊、己、庚、辛、壬、癸；地支数十二，即子、丑、寅、卯、辰、巳、午、未、申、酉、戌、亥。十天干与十二地支相配，从甲子起，至癸亥止，两者依序组合，组成60个基本单位，即一个甲子60年，这就是中国的干支纪元法。

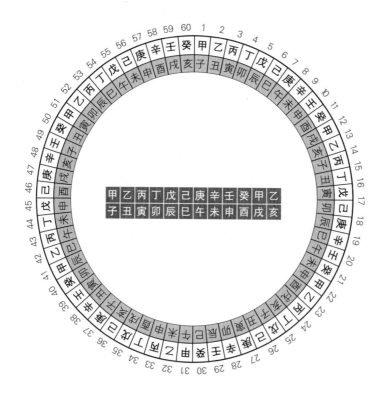

天干合化五行图

甲己合化土，乙庚合化金，丙辛合化水，丁壬合化木，戊癸合化火。金为义，生水；水为智，生木；木为仁，生火；火为礼，生土；土为信，生金。

地支相冲相害图

子午相冲，丑未相冲，寅申相冲，卯酉相冲，辰戌相冲，巳亥相冲。从本位为"1"计数，至"7"位则相冲，天干也一样，至"7"位相冲。

子与丑合，而未冲之，所以子与未害；午与未合，而丑冲之，所以丑与午害；寅与亥合，而巳冲之，所以寅与巳害；卯与戌合，而辰冲之，所以卯与辰害；申与巳合，而亥冲之，所以申与亥害；酉与辰合，而戌冲之，所以酉与戌害。

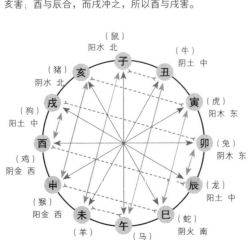

天干五行冲克图

金克木，木克土，土克水，水克火，火克金；庚甲相冲，辛乙相冲，壬丙相冲，癸丁相冲。

地支相刑、相破图

刑，即惩罚，相刑即相互惩罚，介于相冲与相害之间，其程度不及相害，却强于相冲。

子刑卯，卯刑子，寅刑巳，巳刑申，申刑寅，未刑丑，丑刑戌，戌刑未，辰、午、酉、亥自刑。

子酉相破，丑辰相破，寅亥相破，卯午相破，未戌相破，申巳相破。所谓破，即五行之气处于相克状态。

十二地支与黄道十二宫及十二辟卦关系图

地支，表示"干"的分叉，是支持的支。地球绕太阳运行，与太阳系各星体间相互作用，彼此间是一种互为支持的力量，这就是地支。地支也是天文中黄道十二宫的代名。"宫"，即部位；"黄道"，就是太阳由东升起朝西落下绕行的轨道，其绕行一周所形成的面，就是黄道面。由于地球的自转，黄道面将一直处于变化之中，每个月都不相同。十二辟卦的阴阳关系，与十二月二十四节气的变化相应，这也是受黄道十二宫变化的结果。

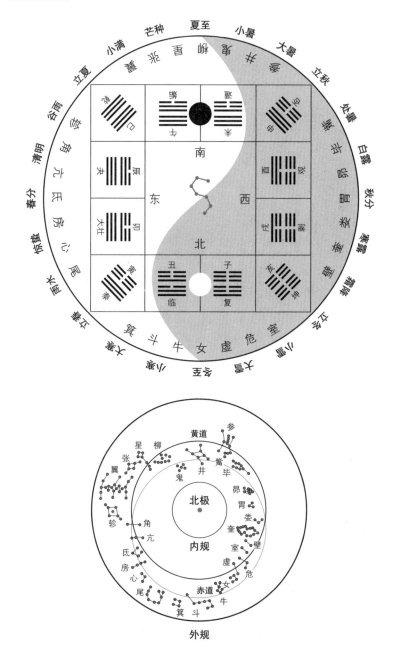

总论

论新立宅架马[1]法：新立宅舍，作主人眷[2]既已出火[3]避宅[4]，如起工，即就坐上架马，至如竖造吉日亦可通用。

论净尽拆除旧宅、倒堂竖造[5]架马法：凡尽拆除旧宅，倒堂竖造，作主人眷既已出火避宅，如起工架马，与新立宅舍架马法同。

论坐宫修方[6]架马法：凡作主不出火避宅，但就所修之方择吉方上起工架马，吉；或别择吉架马，亦利。

论移宫[7]修方架马法：凡移宫修方，作主人眷不出火避宅，则就所修之方择取吉方上起工架马。如出火避宅，起工架马却不问方道[8]。

论架马活法：凡修作在柱近空屋内，或在一百步之外起寮[9]架马，却不问方道。

注解

1　架马：搭建木马，再将横梁抬上木马架，标志着正式动工。施工期间横梁不再落地，至上梁日直接移到屋架上，以示贵重。架马日和上梁日可以是同一天，日辰据皇历吉日而定。

2　作主人眷：所建房屋主人的家眷。

3　出火：将神龛、祖先牌位等需要香火供奉的神位移放他处。

4　避宅：离开居住的房屋，避居他处，以免施工时有所冲犯。

5　倒堂竖造：指将原屋完全拆除，在原宅基上另造新宅。

6　坐宫修方：坐宫，择吉堪舆的术语，指保持中宫位置不变。建筑物平面的几何中心点，便是该建筑物的中宫。古人认为宅院的中宫和朝向是决定吉凶的重要因素。吴天洪《选择宗镜》说："盖不倒堂、不动中宫，香火不必轻易避宅出火，此谓坐宫修方法。"一般不改变几何中心的工程较为简单快捷，寻找避宅出火的吉日反而给施工带来不便。修方，择吉堪舆的术语，指移床、移桌、移灶、兴建动土、立碑、迁葬等，这里指造新屋、拆除旧宅以外的小工程。

7　移宫：与坐宫相对，指改变了建筑平面上的几何中心位置。如此，则需用罗盘测定方位，并重新确定格局。

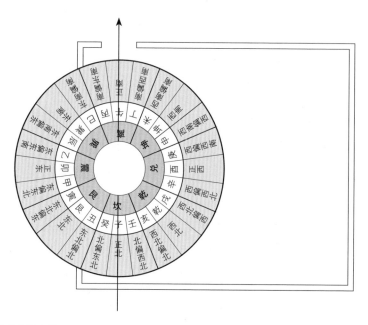

□ 罗盘定大门中线

修造宅院，须先确定大门中轴线，即确定建筑物的坐向和正门朝向的线位。在宅基的中心，即中宫所在的位置，以及正门的中线下罗盘，弹线或拉线过建筑平面中心十字线，以与罗盘天心十道线吻合，或十字线校点与罗盘天池中心吻合。十字线必须保持水平。

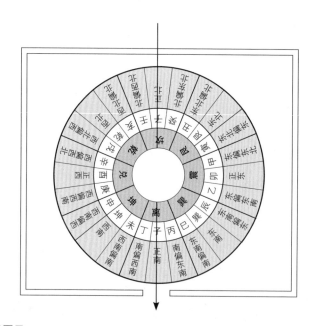

□ 罗盘定房宅中线图示

确定房宅中线时，需转动罗盘内盘，经过十字线或天心十道线，即可知晓房宅建筑坐向，以辨吉凶。

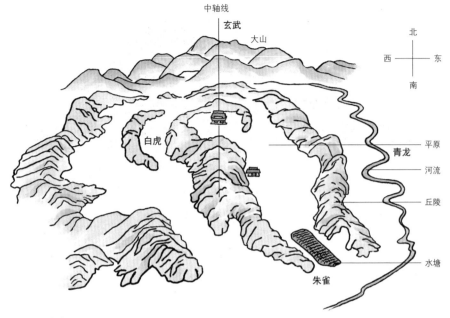

中轴线

玄武

大山

北
西——东
南

白虎

青龙
平原
河流
丘陵

水塘

朱雀

□ 阳宅风水方位

　　此地背靠大山，冬季可抵御北方寒风；前有水塘，夏季可消解炎热；外有大片平原，利于耕种；东面河流环绕，取水方便。同时丘陵山林资源丰富，斜谷利于晾晒粮食，山林利于获取木材，春季万物生长，放眼更是生机勃勃，这正是理想阳宅的大吉之地。《阳宅十书》说："凡宅左有流水谓之青龙，右有长道谓之白虎，前有污池谓之朱雀，后有山陵谓之玄武，为最贵地。"

　　8　方道：风水堪舆术语，指吉凶方位和道路。民间住宅稠密集中，无法对方位要求过高，所以修造有时也会不太讲究吉凶方位，《郭氏元经·方道远近篇》说："民家作方，但隔街衢并大路，修营不必问方隅，作之虽近不妨。只看身壬有五六分利便可作，不问方隅、吉凶、星煞及有气无气，只忌刑方之年月并刑命杀之年月。"《协纪辨方书·附录》说："凡方道有三，曰阴方道，曰阳方道，曰交接方道。阴方道者，即中宫滴水门也。阳方道者，地基不与旧宅相接也。交接方道者，或前后左右屋宇与旧宅相连也。"

　　9　起寮：动工建房。

译文

　　论新建房屋的上梁方法：建造新宅舍时，主人已经将神龛、祖先牌位移开，与当日命姓相犯的家眷也避开后，就可以开始施工上梁了。建房的吉日与搭设木马的吉日相同。

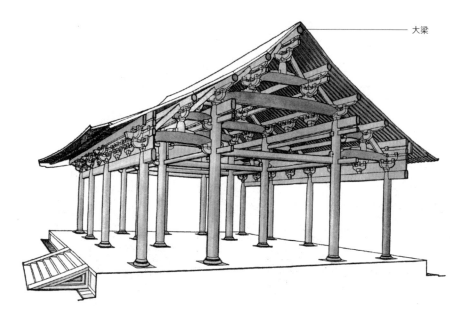

大梁

□ **大梁（脊檩）**

　　梁是建筑中的水平受力构件，大梁是古代木结构建筑中屋架上面最高的一根横木，又称脊檩、中梁。古代修筑房屋时，起工架马后，将横梁抬上木马架，标志着正式动工，古人注重吉凶，故架梁除了是建筑上的一个程序，更是祈祷修筑顺利的重要仪式。

　　论完全拆除旧宅，在原宅基上重新建造时的上梁方法：凡是完全拆除旧宅，在原宅基上重新建造，主人已经将神龛、祖先牌位移开，与当日命姓相犯的家眷也避开后，开工上梁的事宜和上述新造宅舍相同。

　　论不改变中宫的上梁法：主人不移动神龛、祖先牌位，家眷也不避开时，只需在修造的地方选择吉利方位开工，便吉利。或者另选吉日修造，也可以。

　　论改变中宫的架设木马法：凡移宫修方时，主人不移动神龛、祖先牌位，家眷也不避开时，就在修造的地方选取吉利的方位施工上梁。如果主人移动神龛、祖先牌位，家眷也都避开了，那么开工、架设木马就不必在意吉凶方位。

　　灵活的上梁方法：凡是在有柱子的空屋内修造上梁，或者在旧屋一百步之外新造房屋，上梁时不必在意吉凶方位。

补述

中宫

　　又称"中垣""紫微垣"，古代将星空分为五宫，中宫对应北极星周

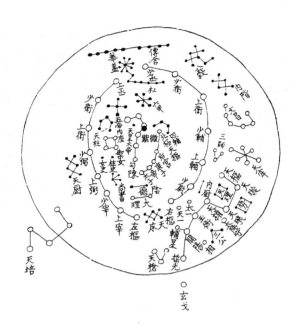

□ 紫微垣星图

　　古代天文学将星空划分为三垣二十八宿，三垣即紫微垣、太微垣和天市垣。紫微垣是三垣之中垣，居于北天中央，所以又为中宫，即神话中的天帝居所。紫微星，即北极星。北斗七星绕北极星四季旋转，因此紫微星也被古人视为众星之魁，是北极五星的帝星。隋唐洛阳宫又名紫微城，明清故宫又名紫禁城，都因此之故。

围的天区，古人认为中宫是天帝居所，所以凡间帝王居所亦称中宫。这种"中宫"的观念引申到建筑营造当中，则对应着建筑物的几何中心，是民间风水堪舆学测算吉凶的重要支点，决定着建筑营造的祸福运势。

架马与上梁

　　架马和上梁是民间修造宅屋的重要仪式，架马是指将横梁抬上木马架，上梁则是指将横梁抬上屋架。两者本来是完全不同的施工环节，但由于黄历中的架马吉日和上梁吉日经常遇到日期相同的情况，所以有时会同时举行架马上梁仪式。

通书

　　通书是按类排列的百科书籍，本为类书的一种，如《事林广记》《居家必用事类全集》《多能鄙事》等，其内容多与百姓日用息息相关，包

□ 上梁布瓦　明　仇英　《清明上河图》局部

罗万象，无所不录，故名"通书"。由于日历书籍同样能指导农业生产和
生活出行，且更加简明方便，所以"通书"又特指民间日历，百姓每逢日
事，都需要查询"通书"，以便确定当日吉凶宜忌。

修造起符便法

　　起符[1]吉日：其日起造，随事临时，自起符后，一任用工修造，百无
所忌。

　　论修造起符法：凡修造家主行年[2]得运者[3]，宜用名姓昭告符使[4]。
若家主行年不得运者，而以弟子行年得运者作造主，用名姓昭告符使。大
抵师人行符起杀，但用作主一人名姓昭告山头龙神，则定磉[5]扇架[6]、竖柱
日，避本命日及对主日[7]。俟修造完备，移香火随符入宅[8]，然后卸符安镇
宅舍。

注解

1 起符：请道士制作符箓。其方法是：取清澈的溪水一泓，置于红色的盘子内，时间以清晨为佳，净面净手，反复三次；再取檀木香三支，以柴燃香，如果香起明光，要以手扇灭，不可以用嘴吹。三支香平直插放，间距不超过一寸，以示寸金；再取备好的符箓纸一张，用饱蘸朱砂的笔，凝神静气，心无杂念，将相应符文一气呵成画在纸上，然后将笔倒置，用手轻叩已写成的符箓纸三下；最后将纸拿起，默念咒语，再吹气送入符中，然后贴到相应的地方。

2 行年：指某人当年所行运势，又称"流年"或"小运"。那么，行年如何推算呢？要知某人当年所行运势，首先应知道其"本命"是什么地支，以及本年的太岁是什么地支。男子把本命地支加到寅上，顺数到本年太岁，看太岁下是何地支，便是行年；女子把本命地支加到申上，逆数到本年太岁，看太岁下是何地支，便是行年。例如1996年出生的某男子，1996年为子年，2022年为寅年，把子定位于寅位上，顺时针排下去，当排到寅的时候停止，发现寅的下面是辰，所以辰就是行年；1996年出生的女子，则把子定位于申位上，逆时针排下去，当排到寅的时候停止，发现寅的下面是午，所以午就是行年。如下图行年推算图所示。

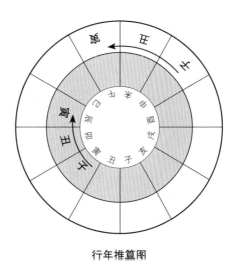

行年推算图

3 得运者：底本三处"得运者"皆作"得运白"，咸同本"白"作"自"或"用"，义不可通。《协纪辨方书·事类总集》引本段为："凡修造，用家主名姓昭告。若家主行年不利，即以子弟行年得利者作修造主，昭告神祇。俟修造完备，入宅然后安谢。"则"白"应为"者"字形讹，今均据改。

4 昭告符使：符文需要通告符使，请求符使将符咒呈送上天，然后才能生效。符使，即符官，道教信仰中守护符箓的神官。

5 定礩：平整地基、固定石礩。礩，又称"础"，柱子下部的石基，张自烈《正字通·石部》说："礩，柱下石。俗呼础曰礩。"

6 扇架：南方方言词，又称"排山（扇）"，指架设拼装梁柱等所用的部件。

7 本命日、对主日：本命日与对主日相对。本命日，与生年干支相同的日子。对主日，与修造主本命干支相对冲的日子。如果修造屋主本命是子，那么午日便是对主日；本命是丑，那么未日就是对主日。余支都这样推算。

8 移香火随符入宅：即择吉家所谓的"入宅归火"。入宅归火，甲子、乙丑、丁卯、己巳、庚午、辛未、甲戌、丁丑、癸未、庚寅、壬辰、乙未、庚子、癸卯、丙丁、丁未、庚戌、癸丑、甲寅、乙卯诸日都是吉日。若逢天德、月德、天恩、明星、黄道、田仓、天德合、月德合日更是上吉。忌主本命冲日，天空亡、冰消瓦陷等凶日。

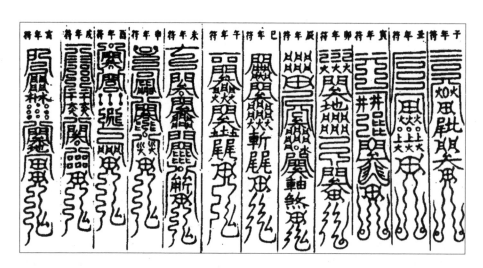

□ 镇宅十二年土府神煞符

镇宅十二年土府神煞符，分子、丑、寅、卯、辰、巳、午、未、申、酉、戌、亥十二符。阳宅十书说：凡修造误犯土凶神，主伤人，可用桃木板书此符于犯处。

译文

起符吉日：建造当日正式开工时，根据情况需要制作神符，自起符后，就可以任意动工修造，百无所忌。

论建造的起符方法：如果家主流年得运，就直接用家主自己的名姓起符昭告。如果家主流年不利，就选一位家中流年得运的子弟，用他的名姓代为起符昭告。一般只需要家主一人的名姓来昭告当地的山头龙神。另外，固定石础、拼装梁柱、竖立屋柱的日期，需要避开家主的本命日和对主日。待到房屋建成，需选择吉日将神龛、牌位随先前的符文一同移入宅内，然后将符文卸下，放到合适位置镇宅。

补述

镇宅

常见民俗，即将符箓或法器放在某一关键位置，以达到驱除邪鬼、安定家宅的效果。早在汉代便有埋石镇宅的风俗，《淮南万毕术》载："埋石四隅，家无鬼。"魏晋时期道教兴起，逐渐发展出悬符镇宅的形式，如

□ 镇宅安家符

愿家宅平安，可张贴此符，以消灾降福，驱除不祥。

□ 镇家宅流年不利符

凡家宅流年冲犯，致人口疾病，怪异出现者，宜以此符咒镇之。

□ 镇宅犯五鬼符

凡家中时有失物或人有东西忘记等，可以以此符镇之。

《道藏·洞神部》著录唐末《太上秘法镇宅灵符》记载了七十二种镇宅符咒，这就是明清时期《鲁班经》等风水阳宅典籍中各种镇宅符咒的起源。

论东家修作西家起符照方法

凡邻家修方造作，就本家宫中置罗经[1]，格定[2]邻家所修之方。如值年官符[3]、三杀[4]、独火、月家飞宫[5]、州县官符[6]、小儿杀[7]、打头火[8]、大月建[9]、家主身星定命[10]，就本家屋内前后左右起立符使，依移宫法坐符使，从权请定祖先、福神、香火暂归空界，将符使照起邻家所修之方，令转而为吉方。俟月节[11]过，视本家住居当初永定方道无紧杀占，然后安奉祖先、香火、福神，所有符使待岁除[12]方可卸也。

注解

1 罗经：罗经仪，即罗盘，一种测定风水的圆盘形探测工具。

□ **消灾神祃**

旧时，建筑房宅所选格局不能冲犯火杀、小儿杀、打头火杀等，故常将此消灾神祃贴于房宅之中，用以避凶祸。

2 格定：罗盘指针定格在某一方向上。

3 官符：八字神煞之一，冲犯则多有官司诉讼之祸，《三命通会·总论诸神煞》："官符煞。取太岁前五辰，是日时遇之，平生多官灾。"值年官符分别是：子年在辰日，丑年在巳日，寅年在午日，卯年在未日，辰年在申日，巳年在酉日，午年在戌日，未年在亥日，申年在子日，酉年在丑日，戌年在寅日，亥年在卯日。

4 三杀：又称三煞，一说为居住在家宅的三位煞神，高承《事物纪原·吉凶典制部》说："三煞者，谓青羊、乌鸡、青牛之神也。"另一说是指代表劫煞、灾煞、年煞的三个方位。寅、午、戌年，亥为劫煞，子为灾

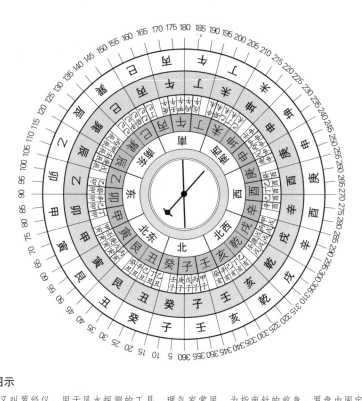

□ 罗盘图示

    罗盘又叫罗经仪，用于风水探测的工具，理气家常用，为指南针的前身。罗盘由固定于盘中心的磁针和一系列同心圆组成，每一圈的信息都代表着古人对宇宙天地的理解。古人认为，人的小气场受天地宇宙的大气场主宰，人与天地宇宙相处和谐是吉，不和谐是凶。于是罗盘集聚干支、五行、八卦、星宿等，并将其一一对应。罗盘中磁针有箭矢的一端指向南方，另一端指向北方，由此可以确定特定一人或特定一事的方位和时间。

    煞，丑为岁煞；申、子、辰年，巳为劫煞，午为灾煞，未为岁煞；亥、卯、未年，申为劫煞，酉为灾煞，戌为岁煞。

    劫煞，取三合绝处，如水绝于巳，所以申、子、辰三合水局以巳为劫煞；木绝于申，故亥、卯、未三合木局以申为劫煞，其余同理。各年的劫煞日如下：子年、辰年、申年在巳日，丑年、巳年、酉年在寅日，寅年、午年、戌年在亥日，卯年、未年、亥年在申日。劫煞的格局有绝杀之意，兴造忌犯此格局。

    灾煞，取三合胎神之位，如申、子、辰三合水局绝于巳，胎于午，因此水火相克；巳、酉、丑三合金局绝于申，胎于酉，所以金木亦相克。各年的灾煞日如下：子年、辰年、申年在午日，丑年、巳年、酉年在卯日，寅年、午年、戌年在子日，卯年、未年、亥年在酉日。

　　岁煞，取三合养神之位，如申、子、辰三合水局，养于未；巳、酉、丑三合金局，养于辰等，营造若触犯此格局，会伤害子孙、六畜。各年的岁煞日如下：子年、辰年、申年在未日，丑年、巳年、酉年在辰日，寅年、午年、戌年在丑日，卯年、未年、亥年在戌日。

5　月家飞宫：九宫飞星的算法之一，《协纪辨方书·飞天官符》："月家飞宫天官符，即本年天官符逐月飞吊之位。"九宫飞星，将九颗星分别与洛书九宫对应，以中宫开始，依照洛书数序飞移，一般分为年家九宫飞星、月家九宫飞星、日家九宫飞星、时家九宫飞星。关于九星，有两种说法，一种说指太阳月亮和七大行星，一种说指北斗七星和左辅右弼两星。九星分别是：一白星，为坎卦，属水；二黑星，为坤卦，属土；三碧星，为震卦，属木；四绿星，为巽卦，属木；五黄星，居中宫，无卦对应，属土；六白星，为乾卦，属金；七赤星，为兑卦，属金；八白星，为艮卦，属土；九紫星，为离卦，属火。九宫飞星是风水学中理气派的核心。

　　洛书：洛书是关于天地空间变化脉络的图案，《易经》说："天一地二，天三地四，天五地六，天七地八，天九地十。天数五，地数五，五位相得而各有合。天数二十有五，地数三十，凡天地之数，五十有五，此所以成变化而行鬼神也。"人有十指，因此在计算方法十分原始的古代，人天然是一个十进制的算术，古人将这十个数分为两组，奇数为天数，偶数为地数，奇数相加为25，偶数相加为30，两者再相加为55；古人认为"55"，穷尽了世界万物。于是古人将天数、地数按九宫格进行排布，横

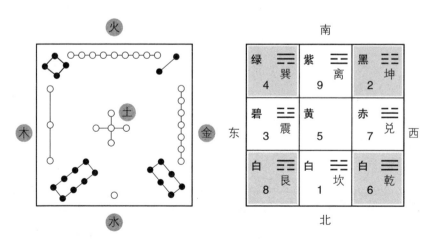

洛书与九星相应图

竖排奇数，斜着排偶数，无论横、竖、斜，数字相加都为15，然后以黑点与白点为基本要素，将这些数字表达出来，即为洛书。洛书与九星（九宫格）对照见上页图。

依洛书数序飞移，即按照九宫格中数字的顺序从小到大依次飞移，将九宫与八卦依次对应，就可以知道九星各星为什么卦。

月家飞宫表

年＼月	正	二	三	四	五	六	七	八	九	十	十一	十二
子	兑	乾	中	兑	乾	中	巽	震	坤	坎	离	艮
丑	艮	兑	乾	中	兑	乾	中	巽	震	坤	坎	离
寅	离	艮	兑	乾	中	兑	乾	中	巽	震	坤	坎
卯	坎	离	艮	兑	乾	中	兑	乾	中	巽	震	坤
辰	坤	坎	离	艮	兑	乾	中	兑	乾	中	巽	震
巳	震	坤	坎	离	艮	兑	乾	中	兑	乾	中	巽
午	巽	震	坤	坎	离	艮	兑	乾	中	兑	乾	中
未	中	巽	震	坤	坎	离	艮	兑	乾	中	兑	乾
申	乾	中	巽	震	坤	坎	离	艮	兑	乾	中	兑
酉	兑	乾	中	巽	震	坤	坎	离	艮	兑	乾	中
戌	中	兑	乾	中	巽	震	坤	坎	离	艮	兑	乾
亥	乾	中	兑	乾	中	巽	震	坤	坎	离	艮	兑

6 州县官符：有州官符与县官符之别。

州官符：又叫天官符，按年和月，分为两种。年天官符，指三合五行处于临官之位，具体为：申年、子年、辰年位在亥日，巳年、酉年、丑年位在申日，寅年、午年、戌年位在巳日，亥年、卯年、未年位在寅日。月天官符是指当年天官符逐月飞吊的位置。

县官符：又叫地官符、县牢杀，按年和月，也分为两种。《协纪辨方书》说，太岁的前五位，即子年的辰日、丑年的巳日、寅年的午日、卯年的木日、辰年的申日、巳年的酉日、午年的戌日、未年的亥日、申年的子日、酉年的丑日、戌年的寅日、亥年的卯日，便有县官符。

州官符表

年＼月	正	二	三	四	五	六	七	八	九	十	十一	十二
申子辰	中	辰巽巳	甲震乙	未坤申	壬坎癸	丙离丁	丑艮寅	庚兑辛	戊乾亥	中	庚兑辛	戊乾亥
巳酉丑	未坤申	壬坎癸	丙离丁	丑艮寅	庚兑辛	戊干亥	中	庚兑辛	戊乾亥	中	中	甲震乙
寅午戌	丑艮寅	庚兑辛	戊乾亥	中	庚兑辛	戊乾亥	中	辰巽巳	甲震乙	未坤申	壬坎癸	丙离丁
亥卯未	中	庚兑辛	戊乾亥	中	辰巽巳	甲震乙	未坤申	壬坎癸	丙离丁	丑艮寅	庚兑辛	戊乾亥

县官符表

年＼月	正	二	三	四	五	六	七	八	九	十	十一	十二
子	庚兑辛	戊乾亥	中	庚兑辛	戊乾亥	中	辰巽巳	甲震乙	未坤申	壬坎癸	丙离丁	丑艮寅
丑	丑艮寅	庚兑辛	戊乾亥	中	庚兑辛	戊乾亥	中	辰巽巳	甲震乙	未坤申	壬坎癸	丙离丁
寅	丙离丁	丑艮寅	庚兑辛	戊乾亥	中	庚兑辛	戊乾亥	中	辰巽巳	甲震乙	未坤申	壬坎癸
卯	壬坎癸	丙离丁	丑艮寅	庚兑辛	戊乾亥	中	庚兑辛	戊乾亥	中	辰巽巳	甲震乙	未坤申
辰	未坤申	壬坎癸	丙离丁	丑艮寅	庚兑辛	戊乾亥	中	庚兑辛	戊乾亥	中	辰巽巳	甲震乙
巳	甲震乙	未坤申	壬坎癸	丙离丁	丑艮寅	庚兑辛	戊乾亥	中	庚兑辛	戊乾亥	中	辰巽巳
午	辰巽巳	甲震乙	未坤申	壬坎癸	丙离丁	丑艮寅	庚兑辛	戊乾亥	中	庚兑辛	戊乾亥	中
未	中	辰巽巳	甲震乙	未坤申	壬坎癸	丙离丁	丑艮寅	庚兑辛	戊乾亥	中	庚兑辛	戊乾亥

续表

月＼年	正	二	三	四	五	六	七	八	九	十	十一	十二
申	戌乾亥	中	辰巽巳	甲震乙	未坤申	壬坎癸	丙离丁	丑艮寅	庚兑辛	戌乾亥	中	庚兑辛
酉	庚兑辛	戌乾亥	中	辰巽巳	甲震乙	未坤申	壬坎癸	丙离丁	丑艮寅	庚兑辛	戌乾亥	中
戌	中	庚兑辛	戌乾亥	中	辰巽巳	甲震乙	未坤申	壬坎癸	丙离丁	丑艮寅	庚兑辛	戌乾亥
亥	戌乾亥	中	庚兑辛	戌乾亥	中	辰巽巳	甲震乙	未坤申	壬坎癸	丙离丁	丑艮寅	庚兑辛

7 小儿杀：即"小儿煞"，又名"小月建"，施工修造禁忌日之一。《协纪辨方书·小月建》记载："小月建即小儿煞，忌修方……按小月建即月建飞宫也，修造最重太岁，次则月建，故忌之。"申子辰寅午戌为阳年，其正月在坤宫，二月在乾宫，三月在兑宫，四月在艮宫，五月在离宫，六月在坎宫，七月在坤宫，八月在震宫，九月在巽宫，十月在中宫，十一月在乾宫，十二月在兑宫。巳酉丑亥卯未为阴年，正月在离宫，二月在坎宫，三月在坤宫，四月在震宫，五月在巽宫，六月在中宫，七月在乾宫，八月在兑宫，九月在艮宫，十月在离宫，十一月在坎宫，十二月在坤宫。

8 打头火：又名"飞大煞"，施工修造忌日之一。本是三合旺格局，但在年位中却属大煞飞吊之位，旺而为火，又因旺极，所以成灾。《协纪辨方书·飞大煞》说："打头火忌修方。寅、午、戌年在午，亥、卯、未年在卯，申、子、辰年在子，巳、酉、丑年在酉，盖子、午、卯、酉是本官旺乡飞官，犯之则凶。"

9 大月建：施工修造禁忌日之一，《协纪辨方书·大月建》说："大月建忌修方动土。"《象吉通书》说："甲癸丁庚年正月在艮，二月在兑，三月在乾，四月入中，五月在巽，六月在震，七月在坤，八月在坎，九月在离，十月在艮，十一月在兑，十二月在乾。乙辛戊午，正月入中，二月在巽，三月在艮，四月在坤，五月在坎，六月在离，七月在艮，八月在兑，九月在乾，十月入中，十一月在巽，十二月在震。丙己壬三年，正月在坤，二月在坎，三月在离，四月在艮，五月在兑，六月在乾，七月入中，八月在

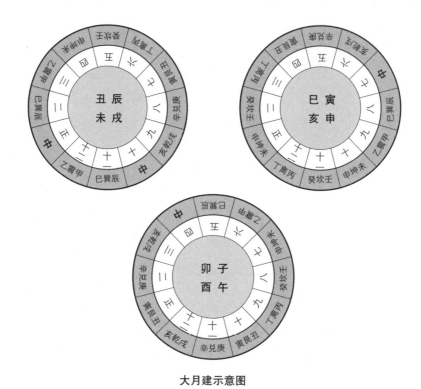

大月建示意图

巽，九月在震，十月在离，十一月在坎，十二月在离。一卦管三山。"

10 身星定命：指生日干支所确定的命宫，不可被神煞日冲犯。身星，即月亮，代指生日干支，《张果星宗·安命度法》说："月为身星，又月躔某度，即身之度至也。"《星学大成·观星节要》说："用星不可被伤，身星不宜落陷。"底本"星"误作"皇"，今据改。

11 月节：一个月的时间，即三十天。古人取三十天数，作为记录月相变化的节度，《太平御览》引《范子计然》："月行疾二十九日三十日间，一与日合，取日之度，以为月节。"

12 岁除：即除夕。

译文

　　凡是邻家修造房屋，就在自己家中使用罗盘，测定邻居家修造的风水要素。比如值年官符、三杀、独火、月家飞宫、州县官符、小儿杀、打头火、大月建、家主身星定命，就在自己家屋内和前后左右起符，依照移宫法来确定符

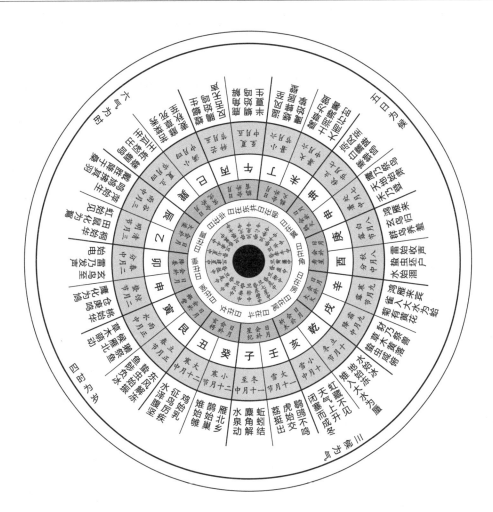

□ **七十二候图**

　　七十二候，是我国古代用来指导农事的历法补充，以五日为候，三候为气，六气为时，四时为岁。一年"二十四节气"共七十二候，各候均与一种物候现象相应，称"候应"。图中的"蚯蚓结""麋角解"等，即为七十二候各自的候应。

使，暂且将祖先牌位、福神、香火等请到空界。将符使对应邻居家修造的冲犯，使其转向吉方。等到一个月后，看本家住地当初算定的各项风水要素，确实没有凶煞，再将祖先牌位、香火、福神请回原位继续供奉，所有符使须待年后才可卸下。

画柱绳墨

画柱绳墨[1]：右吉日[2]宜天月二德，并三白、九紫[3]值日时大吉。齐柱脚，宜寅、申、巳、亥日。

总论

论画柱绳墨并齐木料[4]，开柱眼[5]，俱以白星为主。盖三白、九紫[6]，匠者之大用也。先定日时之白，后取尺寸之白，停停当当[7]，上合天星应昭，祥光覆护，所以住者获福之吉，岂知乎此福于是补出，便右吉日不犯天瘟[8]、天贼、受死、转杀[9]、大小火星[10]、荒芜、伏断[11]等日。

注解

1 绳墨：绳线和墨斗，木匠测画直线所使用的墨线工具。绳线涂炭粉或洇墨后固定住其中一端，手持另一端拉紧并贴近木料，即可弹出黑线。

墨笔　　　　　　　　　墨斗

清道光《河工器具图说》中的墨斗及墨笔

2 右吉日：根据古代从上至下、从右至左的书写方式，此条目"右吉日"之前，应有表示吉日日期的内容，"右吉日"为承接上文而言，因此疑存有文本脱漏，此后"右吉日""右上吉日"均为此种情况。

3 三白、九紫：天元九星择日法的吉日之一，可以消除大小月建之煞。三白：指一白、六白、八白三个星辰。古人认为，三白为吉。九紫为次吉。刘基《多能鄙事·天元运身九星（营造用）》说："上元生人一岁起三绿，中元生人一岁起九紫，下元生人一岁起六白，顺行一年一宫。如欲修造，即推行年值三白，吉。又所值之星入中宫顺飞，若得三白九紫与年月日白阶在所作之方，则大吉。"《协纪辨方书·制煞要法》说："大月建忌修方动土，小月建即小儿煞止忌修方。用禄马太阳、三白九紫制之。"

4 齐木料：使木料有一样的尺寸。

5 开柱眼：也叫开柱，即给柱子合适的位置打孔，以便与其他木材进行组合拼接。

6 三白、九紫：这里指曲尺上相应的尺寸。古人将曲尺按尺寸分成九段，不同尺段颜色不同。第三段为白色，第九段为紫色。古人认为，使家具、柱子等木制器具的尺寸对应在这些颜色上会比较吉利，实际上就是规定了工匠做活时的行业尺寸标准，具体可见下文"曲尺""九天玄女尺"条目。

7 停停当当：叠词，妥妥当当。

8 天瘟：修造禁忌日之一，但有看法认为并不灵验，《造命宗镜集·神煞类》说："天瘟。《通书》云忌入宅修造栏房……天瘟日又云某日瘟星出，瘟星入何，瘟疫不断绝也。可恨勿信。"

9 转杀：分为天转杀和地转杀两类，合称"天地转杀"，指日期的天干或地支的吉凶的互相转化，《造命宗镜集·用日法》说："动土者最忌转杀，修中宫亦忌。用相者将进未旺，干旺者天干无杀，皆吉无疑。惟支旺者有转杀之疑，止忌动土，不忌造葬。二月卯日、五月午日、八月酉日、十一月子日，乃谓转杀，其他月份不是。"古人认为物极必反，气运太盛会转为运道大衰，例如春季五行属木，而干支中乙卯、辛卯也属木，木专旺太过，则乙卯、辛卯日变为转杀日。同理，夏季丙午日、戊午日，火太旺为转杀日；秋季辛酉日、癸酉日，金太旺为转杀日；冬季壬子日、丙子日，水太旺为转杀日。

10 大小火星：或指"大小火血"，"星"为"血"字讹误，修造禁忌日之一。《造命宗镜集·通天窍诗断》说："大小火血小重丧，三个星辰不可修。遭官瘟火年年至，退败死丁哭不休。""大小火血"的推断方法是：大火血取年月的绝处，如申子辰三合成水局，绝于巳，所以大火血在巳日；其余格局的推算方法相同。小火血取三合五行的胎处，如申子辰三合成水局，胎于午，故小火血在午日，其余格局也以此方法推断。触犯其格局是触犯胎、绝的格局，故古人认为不吉。据以上方法推断：则大火血，申子辰在巽巳，巳酉丑在艮寅，寅午戌在乾亥，亥卯未在坤申，年、月、时的格局都是一样的。小火血，申子辰在丙午，巳酉丑在甲卯，寅午戌在壬子，亥卯未在庚酉，年、月、时的格局也相同。

11 伏断：伏断日，又称"暗金伏断"，修造凶日之一。吴国仕《造命宗镜集·体用类》："暗金伏断日，凶，修造大忌之。葬，不忌也。惟金能断，有暗金方伏断，苟不暗金，焉称伏断？"

伏断日星表

星\日\元	子	丑	寅	卯	辰	巳	午	未	申	酉	戌	亥
一元	虚伏断	危	室伏断	壁	奎	娄	危	昴	毕	觜伏断	参	井
四元	鬼暗金	柳	星	张	翼	轸	角伏断	元暗金	氐	房	心	尾
七元	箕	斗伏断	牛暗金	女伏断	虚	危	室	壁	奎	娄暗金	昴伏断	卯
三元	毕	觜	参	井	鬼暗金	柳	星	张伏断	翼	轸	角	元暗金
六元	氐	房	心	尾	箕	斗	牛暗金	女	虚	危	室	壁伏断
二元	奎	娄暗金	胃	昴	毕	觜	参	井	鬼暗金	柳	星	张
五元	翼	轸	角	元暗金	氐	房伏断	心	尾	箕	斗	牛暗金	女

注：伏断日的具体取法是：以一元甲子日起虚，二元甲子日起奎，三元甲子日起毕，四元甲子日起鬼，五元甲子日起翼，六元甲子日起氐，七元甲子日起箕，此后，又回到起虚之处，循环往复，中间共历六十日七百二十时辰。如果伏断逢娄金狗、鬼金羊、亢金龙、牛金牛四宿，则称"暗金伏断"，凶上加凶。七元甲子是古代律历家以二十八星宿中的七宿配六十甲子，以四百二十日为一周期，共得甲子七次，故称"七元"。

译文

画柱绳墨

屋柱画定墨线：右边为吉日，宜在天德、月德两日，以及三白九紫星辰值日之时，都为大吉。修齐柱脚，宜在寅日、申日、巳日、亥日。

总论

给柱子画墨线，齐整木料，开柱脚，都应该以白星值日之时为主，因为三白九紫之日对工匠来说有很大用处。先确定日时的"白",后确定尺寸上的"白",这些事情都安排妥当,就能上应值日飞星之运,得祥光覆盖保佑,使居住者获得福气,但人们不知这福气正是从这里得来的。这样做,便会使上述吉日不会触犯天瘟、天贼、受死、转杀、大小火星、荒芜、伏断等凶煞。

补述

九宫

古人把整个天宇按井字划分为九个区域,每一个区域均以宫来命名。根据九宫八卦的原理,九宫分别为:乾宫、坎宫、艮宫、震宫、中宫、巽宫、离宫、坤宫、兑宫。其中,乾、坎、艮、震属四阳宫,巽、离、坤、兑属四阴宫,加上中宫共为九宫。后来,古人又将九宫与数字、颜色联系起来,九宫与数字的对应关系为:一白、二黑、三碧、四绿、五黄、六白、七赤、八白、九紫。九宫数字与八卦相配则为:一白居坎,二黑居坤,三碧居震,四绿居巽,五黄居中,六白居乾,七赤居兑,八白居艮,九紫居离。古代工匠们依此判断建筑的吉凶。古人认为,与白色相关的

文曲星 地户 东南木 巽 4绿 巳 辰	石弼星 朱雀 南火 离 9紫 午	巨门星 人门 西南土 坤 2黑 未 申		芒种 己 小满 巽 立夏 辰	夏至 丙 小暑 午 大暑 丁	立秋 未 处暑 坤 白露 申		
绿存星 青龙 东木 震 3碧 卯	廉贞星 天心 中宫 中 5黄	破军星 白虎 西金 兑 7赤 酉		谷雨 乙 清明 卯 春分 甲	中宫	秋分 庚 寒露 酉 霜降 辛		
左辅星 鬼路 东北土 艮 8白 寅 丑	贪狼星 玄武 北水 坎 1白 子	武曲星 天门 西北金 乾 6白 戌 亥		惊蛰 寅 雨水 艮 立春 丑	大寒 癸 小寒 子 冬至 壬	立冬 戌 小雪 乾 大雪 亥		

□ 九宫八卦

汉代郑玄在《易纬·乾凿度》中根据八卦方位说提出了九宫说,把卦气和方位作了很好的衔接。郑玄的太一行九宫从坎卦开始,周行八卦,故九宫说实际上就是八卦卦气方位说的另一格式。《黄帝内经》的九宫八风是九宫说的再发展,其特点是把九宫八卦和斗纲建月相结合,也就是将北斗视作为太一移宫的坐标,从而增强了九宫八卦的天文背景。

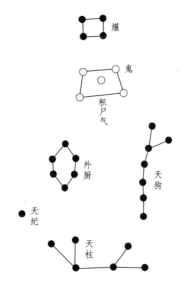

□ 鬼宿

　　鬼宿为二十八宿之一，也称"舆鬼"。南方七宿的第二宿，由巨蟹座的四颗星组成。古人将南方七宿联结，想象成鸟的形状，于是鬼宿是鸟目。古人又利用鬼宿判断日月五星的方位，并用其进行占卜。鬼宿即位于上"二十八星宿"图的朱雀南方四象中，二十八星宿图中鬼宿的五颗星，最中间一颗即为鬼宿图中的"积尸气"；鬼宿图中"积尸气"上方两颗星在二十八星宿图中位于"积尸气"的右侧和下方。

一、六、八是吉数，九也为吉数。为趋吉避凶，在古代建筑中，所取尺寸都要与一、六、八、九这些数字相合（这种取数的方式称作"压白"），而且工匠所用的直尺和曲尺上，对这些尺寸的位置都做了明显标示。

二十八星宿

　　古代天文学家为了观测天象及日、月、星辰在天宇中的运行，便将黄道带与赤道带附近一周天的星象划分为二十八组作为观察天象时的参照物，这二十八组就称"二十八宿"。古人又把二十八星宿分为东、南、西、北四宫，每宫各七宿，且为每一宫的星宿赋形为一种动物，即东宫苍龙、南宫朱雀、西宫白虎、北宫玄武，这四种动物又被称为"四象"，道教称为"四灵"。古人又将四象与五行结合起来，从而赋予它们另一些属性：东方苍龙属木，西方白虎属金，南方朱雀属火，北方玄武属水。二十八宿在四宫中有七宿，分别为：东宫角宿、亢宿、氐宿、房宿、心宿、尾宿、箕宿；北宫斗宿、牛宿、女宿、虚宿、危宿、室宿、壁宿；西宫奎宿、娄宿、胃宿、昴宿、毕宿、觜宿、参宿；南宫井宿、鬼宿、柳宿、星宿、张宿、翼宿、轸宿。古人又将二十八宿与七曜（金、木、水、火、土、日、月）及二十八种动物名称结合在一起，由一个字的星宿名称变为三个字，从而给二十八宿分别赋予了一定的形象，于是二十八宿就成了人、神、兽"三位一体"，演变为后来道教的神祇绘画，分别为：角木蛟、亢金龙、氐土貉、房日兔、心月狐、尾火虎、箕水豹、斗木獬、牛金牛、女土蝠、虚日鼠、危月燕、室火猪、壁水貐、奎木狼、娄金狗、胃土雉、昴日鸡、毕月乌、觜火猴、参水猿、井水犴、鬼金羊、柳土獐、星日马、张月鹿、翼水蛇、轸水蚓。

四时、十二地支与二十八宿的方位对应表

序数	十二地支	天文名称（次）	历法的名称（岁名）	对应的宿	对应的方位
1	子	玄枵	摄提格	女、虚、危（10，11，12）	北
2	丑	星纪	单阏	斗、牛（8，9）	北
3	寅	析木	执徐	尾、箕（6，7）	东
4	卯	大火	大荒落	氐、房、心（3，4，5）	东
5	辰	寿星	敦	角、亢（1，2）	东
6	巳	鹑尾	协洽	翼、轸（27，28）	南
7	午	鹑火	涒滩	柳、星、张（24，25，26）	南
8	未	鹑首	作噩	井、鬼（22，23）	南
9	申	实沉	淹茂	觜、参（20，21）	西
10	酉	大梁	大渊献	胃、昴、毕（17，18，19）	西
11	戌	降娄	困敦	奎、娄（15，16）	西
12	亥	娵訾	赤奋若	室、壁（13，14）	北

动土平基

动土平基：平基吉日，甲子、乙丑、丁卯、戊辰、庚午、辛未、己卯、辛巳、甲申、乙未、丁酉、己亥、丙午、丁未、壬子、癸丑、甲寅、乙卯、庚申、辛酉。

筑墙宜伏断、闭日吉。补筑墙，宅龙[1]六七月占墙[2]，伏龙[3]六七月占西墙。二壁因雨倾倒，就当日起工便筑，即为无犯。若候晴后，停留三五日过，则须择日，不可轻动。泥饰垣墙[4]，平治道涂[5]，甃[6]砌阶基，宜平日吉。

总论

　　论动土方：陈希夷[7]《玉钥匙》[8]云："土皇[9]方，犯之令人害疯痨[10]、水蛊[11]。土符[12]所在之方，取土动土，犯之主浮肿水气。"又据术者云：土瘟日[13]并方，犯之令人两脚浮肿。天贼日起手动土，犯之招盗。

　　论取土动土：坐宫修造不出避火宅[14]，须忌年家、月家[15]杀杀方。

注解

1 宅龙：阳宅星神之一，冲犯则有人祸。《象吉通书》："宅龙。总云：犯之损人口，六畜凶。诗例：春灶四五占大门，六七墙头八灶原，九房十室常相守，十一十二在堂悬。"《居家必用事类全集·丁集》："宅龙六月七月在墙，伏龙六月七月在西墙。"

2 占墙：修筑墙壁。据下文"占西墙"及"二壁"，此处疑为"占东墙"。

3 伏龙：神话中的星神名。诗曰：春在中庭四五堂，六七西墙八井乡，九十十一西南占，十二灶上见惊惶。

4 泥饰垣墙：用泥灰粉刷墙面。

5 平治道涂：平整道路。涂，通"途"，道路。

6 甃：用砖石修砌。

7 陈希夷：即陈抟，字图南，号扶摇子，唐末宋初著名道士学者。北宋雍熙元年，宋太宗召见陈抟，赐号"希夷先生"，故世称陈希夷，相传著有《易龙图》《先天图》《无极图》等书。

8 《玉钥匙》：或指《太乙金钥匙》，相传为北宋陈希夷撰，书中主要记载道教太乙起例诸法。"玉钥匙"或"金钥匙"，皆为古人熟语，用来比喻理解事物、解决问题的关键和诀窍。

9 土皇：古代民间信仰中的土地神，道教四御神之一，神号为"承天效法厚德光大后土皇地祇"。相传土地分为九垒，每垒各有四位土皇，共计三十六土皇。动土不可冲犯"土皇"煞星，土皇煞分年土皇和月土皇。年土皇以天干划分，子、丑年，是年土皇在巽方；寅、卯年，是年土皇在坤方；辰、巳年，是年土皇在乾方；午年，是年土皇在子方；未年，是年土皇在卯方；申、酉年，是年土皇在午方；戌、亥年，是年土皇在艮方。月土皇，即地支六害的格局，按地支来划分。月土皇正月在巳日，二月在辰日，三月在卯日，四月在寅日，五月在丑日，六月在子日，七月在亥日，八月在戌日，九月在酉日，十月在申日，十一月在未日，十二月在午日。

10 疯痨：疯癫和痨病。痨病，类似今天的结核病。

11 水蛊：脾肾虚弱或感染水中寄生虫导致的浮肿症状。《圣济总录》说："水蛊之状，腹膜肿胀，皮肤粗黑，摇动有声。此由脾肾气虚，湿气淫溢，久不瘥，则害人如蛊之毒，故谓之水蛊也。"

12 土符：金木水火土，五符之一，也是动土禁忌日之一。土地神日，不宜动土。《协纪辨方书·义例》说："总要历曰：土符，土神也。其日忌破土、穿井、开渠、筑墙。历例曰：土符者，正月在丑日，二月在巳日，三月在酉日，四月在寅日，五月在午日，六月在戌日，七月在卯日，八月在未日，九月在亥日，十月在辰日，十一在月申日，十二月在子日。曹震圭曰：土符者，乃土地握符信之神，使掌五土也。"

13 土瘟日：神煞凶日之一。《六壬大全》说："土主土瘟，墙壁险陷……或官司牵累，应验不出节内九十日也。"土瘟日，正月在辰日，二月在巳日，三月在午日，四月在未日，五月在申日，六月在酉日，七月在戌日，八月在亥日，九月在子日，十月在丑日，十一月在寅日，十二月在卯日。

14 出避火宅：当作"出火避宅"，即移出神位、搬离家宅，以便动工。

15 年家、月家：时间类的神煞，分年、月、日、时四种。

译文

动土平基

平整地基的吉日：甲子、乙丑、丁卯、戊辰、庚午、辛未、己卯、辛巳、甲申、乙未、丁酉、己亥、丙午、丁未、壬子、癸丑、甲寅、乙卯、庚申、辛酉。

筑墙宜在伏断、闭日，都是吉日。补筑墙壁，要在六七月宅龙星当值的日子修筑东墙，在六七月伏龙星当值的日子修筑西墙。如果两堵墙因雨倾倒，当日就可以起工修筑，不犯忌讳。假若等到晴日，停工超过三五天，就必须另择吉日，不可轻易动工。用泥涂抹墙垣，修治平整道路，修砌石阶，都宜在平日才吉利。

总论

论动土的方法：陈希夷《玉钥匙》说："冲犯土皇方位，会让害疯痨、水蛊的病。如果在土符所在的方位，因取土动土而有所冲犯，就会导致浮肿病。"有方士说，如果冲犯了土瘟日，还会令人双脚浮肿；天贼日动土，会招引盗贼。

论取土、动土的方法：如果修造不改变中宫的位置，可以不必移出香火避放他处，但必须忌讳年家、月家的禁忌方位。

补述

年、月、日、时四大神煞系统

吉日的选择与确定，都以神煞为依据，而择吉术中，有年、月、日、时四大神煞系统。神煞的来源、设定，则是根据易理八卦、河洛天机、阴阳五行，及各门择日流派、社会民俗等，久而久之形成，并逐渐成体系。择吉术的神煞来自不同的派系，不仅数量众多，而且吉凶善恶各不相同。直到今天，绝大多数的神煞已很难找到其来源了。据古籍记载：日家吉神数量达92位，日家凶神约189位，按其不同的运动周期，大致划分为"年、月、日、时"四大神煞系统。

年类神煞决定一年中四面八方的吉凶宜忌，以太岁为魁首，分善恶两大系统。善神主要有岁德、岁德合、岁干合、岁支德、博士、奏书等；恶神主要有岁破、大将军、太阴、黄幡、豹尾、岁煞、岁刑等。太岁本身并无吉凶，叠吉星则吉，叠凶星则凶；又因太岁为众神煞之首，力大势猛，故凶星重叠太岁则祸大而无可解救，吉星重叠太岁则福盛而绵长。

月类神煞决定一月诸方的吉凶宜忌，以月建为首，分善恶两大系统。善神以天德居首，其下有月德、天德合、月德合、天赦、天愿、月恩等；恶神有月煞、月刑、月害、月厌、大时、土符、大煞、天官符、地官符等。月建和太岁一样，没有绝对的吉凶，叠吉神则吉，叠凶神则凶。

日神神煞决定一日的吉凶，分善恶两大系统，善神有天恩、五合、三合、宝日、义日、鸣吠日、天巫、天医、天喜等，恶神又有四忌、四穷、四废、四绝、致死、八风、招摇、天罡、反支等。

时神神煞只主宰着一日中某一时辰的吉凶，时神主要有日禄、日马、日破、日害、日建、日合、青龙、明堂、天刑、朱雀、白虎、玄武、勾陈、贵登、天门时、天牢、玉堂、司命等。

择吉术认为，与太岁相生相合的神煞都是吉神；与太岁相克相悖的都是凶神。

二十四山

取土、动土需忌年家、月家两个凶煞日，与风水学中的二十四山之间有着密切的联系。二十四山，即罗盘上所显示的东、西、南、北、东北、东南、西南、西北八个方位（用每一个卦代表一个方位），而每个方位由三个方向（三个山）组成，例如正北方的坎位分成"壬子癸"三个方向。八卦共二十四个方向，称为"二十四山"。二十四山即有二十四个方向，由十二地支与八个天干（甲、乙、丙、丁、庚、辛、壬、癸）和四个卦（乾、巽、艮、

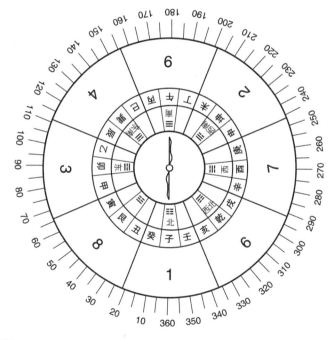

□ 二十四山图

二十四山法是一套有关天、地、人间相互关联的操作方法，通常综合在一个完整的操作工具，即罗盘中。风水师均以二十四个方位判断吉凶，每个方位占15°，一周计24个方位，即为二十四山。此图标示了乾、艮、巽、坤四卦，八天干和十二地支的方位，及其与八卦方位的对应关系。所以术数学通常直接用八卦、干支代表诸方位。

坤）组成。二十四山配卦：

北方：壬子癸 坎卦

东北方：丑艮寅 艮卦

东方：甲卯乙 震卦

东南方：辰巽巳 巽卦

南方：丙午丁 离卦

西南方：未坤申 坤卦

西方：庚酉辛 兑卦

西北方：戌乾亥 乾卦

每一方位相隔十五度。天干地支组合后，干支的五行属性叫"纳音"。根据纳音五行看，如甲子年的纳音属金，则本年水土山墓的运就是戊辰，属木，会为年纳音所克，这样就叫年纳音相克，或叫作本年克。"甲寅辰巽戌坎辛申"为八水山，"丑癸坤庚未"为五土山。甲子年的丙寅月、丁卯月、甲戌月、乙亥月，其纳音属火；本年的金山墓运乙丑属金，会为月纳音所克，即正月、二月、九月、十月，克乾、亥、兑、丁四金山，其余类推。

年克山家表

年干 \ 年支 \ 坐山	子午年	寅申年	辰戌年
甲	水土山	离壬丙乙	乾亥兑丁
乙	震艮巳	冬至后克 乾亥兑丁	水土山
丙	乾亥兑丁	震艮巳	水土山
丁	水土山	离壬丙乙	震艮巳
戊	冬至后克 乾亥兑丁	离壬丙乙	水土山
己	乾亥兑丁	冬至后克 乾亥兑丁	震艮巳
庚	乾亥兑丁	离壬丙乙	震艮巳
辛	水土山	冬至后克 乾亥兑丁	离壬丙乙
壬	乾亥兑丁	冬至后克 乾亥兑丁	水土山
癸	水土山	乾亥兑丁	震艮巳

月克山家表

月 山 年	正、二	三、四	五、六	七、八	九、十	十一、十二
甲己年	乾亥兑丁	震艮巳山		水土山	乾亥兑丁	离壬丙乙
乙庚年	乾亥兑丁	震艮巳山	离壬丙乙		乾亥兑丁	水土山
丙辛年	乾亥兑丁		离壬丙乙	震艮巳山		水土山
丁壬年	离壬丙乙		水土山	震艮巳山		
戊癸年	震艮巳山	离壬丙乙		水土山	震艮巳山	

　　年克山家、月克山家是洪范五行中的吉凶术语，指本年纳音克本年二十四山墓龙变运纳音、本月纳音克本年二十四山墓龙变运纳音。洪范五行学说认为，甲、寅、辰、巽、戌、坎、辛、申八山属水，水墓在辰；离、壬、丙、乙四山属火，火墓在戌；震、艮、巳三山属木，木墓在未；乾、亥、兑、丁四山属金，金墓在丑；丑、癸、坤、庚、未五山属土，土墓在辰。墓龙即是二十四山洪范五行之墓库，墓龙变运即以二十四山洪范五行为正运，先找出本山的墓库之位，然后用本年年干对照五鼠遁表，数至本山墓辰，所得天干与墓辰结合，其纳音的属性即是墓龙变运。若本年墓运的纳音与太岁纳音相生相合，则为吉；若墓运纳音克太岁纳音，则为大吉；若墓运纳音被年、月、日、时纳音所克，则为不吉。

定磉扇架

　　定磉扇架[1]：宜甲子、乙丑、丙寅、戊辰、己巳、庚午、辛未、甲戌、乙亥、戊寅、己卯、辛巳、壬午、癸未、甲申、丁亥、戊子、己丑、庚寅、癸巳、乙未、丁酉、戊戌、己亥、庚子、壬寅、癸卯、丙午、戊申、己酉、壬子、癸丑、甲寅、乙卯、丙辰、丁巳、己未、庚申、辛酉。又宜天德、月德、黄道并诸吉神值日，亦可通用。忌正四废[2]、天贼、建、破日。

注解

1 定磉扇架：磉，即柱下石，定磉就是着平建基，固定石磉；扇架，即制作门扇。古人对柱下石的确定，不仅要选择吉利的时间，而且很重视方位，对先定何方、后定何方，也有严格的要求。《象吉通书》说，凡是筑磉，先从龙腹着手筑第一槌，然后是龙背，再后是龙头，最后是龙的四尺，这样筑才吉利。如果先筑"龙头"，会损害这户人家中的最年长者；如果先从"龙足"外筑起，就会损害屋主的母亲。己巳日、己亥日为地柱煞星日，筑磉时如果冲犯，也会损害这户人家中的最年长者。

2　正四废：四柱神煞之一，《造命宗镜集·用日法》："正四废，大凶，谓支干俱无气也……正四废日：春季在庚申、辛酉，夏季在壬子、癸亥，秋季在甲寅、乙卯，冬季在丙午、丁巳。"

译文

固定石磉，制作门扇：宜在甲子、乙丑、丙寅、戊辰、己巳、庚午、辛未、甲戌、乙亥、戊寅、己卯、辛巳、壬午、癸未、甲申、丁亥、戊子、己丑、庚寅、癸巳、乙未、丁酉、戊戌、己亥、庚子、壬寅、癸卯、丙午、戊申、己酉、壬子、癸丑、甲寅、乙卯、丙辰、丁巳、己未、庚申、辛酉之日。天德、月德、黄道并诸吉神值日，也可通用，同样是吉日。忌讳正四废、天贼日、建日、破日。

竖柱吉日

竖柱吉日：宜己巳、辛丑、甲寅、乙亥、乙酉、己酉、壬子、乙巳、己未、庚申、戊子、乙未、己亥、己卯、甲申、己丑、庚寅、癸卯、戊申、壬戌、丙寅、辛巳。又宜寅、申、巳、亥为四柱日，黄道、天月二德诸吉星，成、开日，吉。

译文

竖柱吉日：宜在己巳、辛丑、甲寅、乙亥、乙酉、己酉、壬子、乙巳、己未、庚申、戊子、乙未、己亥、己卯、甲申、己丑、庚寅、癸卯、戊申、壬戌、丙寅、辛巳之日。又宜在寅、申、巳、亥的四柱日，黄道的天德、月德等吉星当值之日，成日、开日，这些日子都很吉利。

上梁吉日

上梁吉日：宜甲子、乙丑、丁卯、戊辰、己巳、庚午、辛未、壬申、甲戌、丙子、戊寅、庚辰、壬午、甲申、丙戌、戊子、庚寅、甲午、丙申、

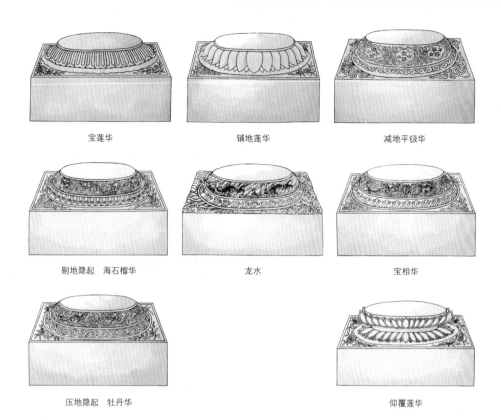

宝莲华　　　　　　　　铺地莲华　　　　　　　　减地平钑华

剔地隐起　海石榴华　　　　　龙水　　　　　　　　宝相华

压地隐起　牡丹华　　　　　　　　　　　　　仰覆莲华

□ **柱础石**

　　中国建筑构件的一种，即柱子底下的石墩，俗称磉盘，也称柱础，是承受屋柱压力的基石。由于中国古代建筑为木质结构，在木质柱脚加柱础，让柱脚与地面隔离，可以起到防潮作用。柱础石有鼓型、瓜型、花瓶型、宫灯型、六锤型和须弥座型等多种式样。《营造法式》第三卷中，对柱础的形式、比例及装饰手法等有更详细的说明，读者可参阅。

丁酉、戊戌、己亥、庚子、辛丑、壬寅、癸卯、乙巳、丁未、己酉、辛亥、癸丑、乙卯、丁巳、己未、辛酉、癸亥。黄道天月二德诸吉星，成、开日，吉。

（"上梁吉日"译略）

◎柱

在传统木结构建筑中，柱作为竖向构件，与横向构件，诸如梁、檩、枋等结合，便组成一屋之屋架。这是古代建筑最基本也最重要的承重结构。根据建筑物的不同形制，柱子也衍生出了多种形态，但在传统建筑中，以圆柱居多。

拼合柱

拼合柱类似于包镶柱。早在宋《营造法式》中已有拼合柱的记载。当大型建筑屋顶过重、普通柱子难以承重时，工匠便会使用"合柱"的方法，将木柱通过榫卯拼接在一起。图中所示为两柱拼合和三柱拼合的方法。

暗榫

也叫"闷榫"，榫头不外露，榫眼不贯通方木，以暗埋楔加固。

攒榫

应指暗楔，凸榫做成长方形状就叫暗楔。

暗鼓卯

做拼合柱时用到的榫卯结构，鼓卯分明暗，暗鼓卯用在柱心，明鼓卯用在柱面或柱底。鼓卯底广面狭，另一段作榫则面广底狭，囚以相合。

柱榫

即柱子用以拼合的榫头。

鞠

凸榫做成银锭状叫作鞠，凸榫即凸出来的榫头。

盖鞠明鼓卯

拼合柱外表面的固定结构。

砚锭

即银锭榫，又叫木销拼接榫、蝴蝶榫，是两头大、中腰细的榫卯结构，形似银锭。主要用于两板的拼合和结构性开裂的修复，起木材拼接和加固的作用。

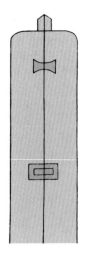

拼合柱柱底正式

两段合柱　　　　三段合柱　　　　四段合柱

两段合

如柱木尺寸有不敷用者，则以两段合为一柱。余仿此。

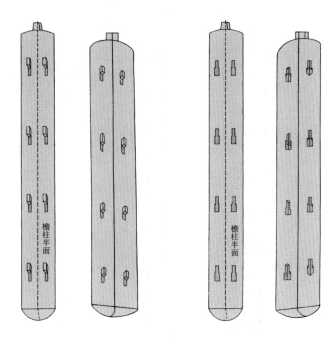

三段合（四段合同）

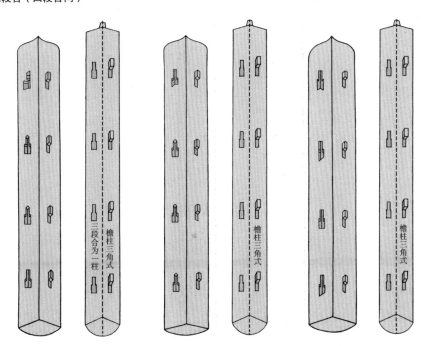

根据《营造法式》重绘的拼柱法

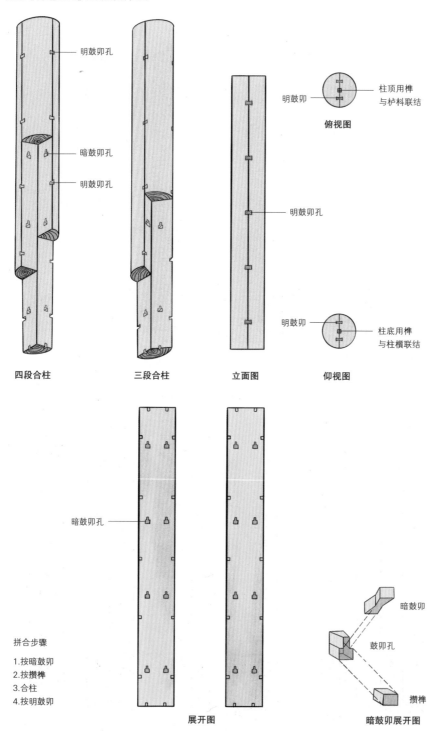

明鼓卯孔

暗鼓卯孔

明鼓卯孔

四段合柱　　　　三段合柱　　　　立面图

明鼓卯　　　　柱顶用榫
　　　　　　　与栌枓联结
俯视图

明鼓卯孔

明鼓卯　　　　柱底用榫
　　　　　　　与柱櫍联结
仰视图

暗鼓卯孔

拼合步骤

1.按暗鼓卯
2.按攒榫
3.合柱
4.按明鼓卯

展开图

暗鼓卯

鼓卯孔

攒榫

暗鼓卯展开图

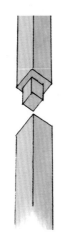

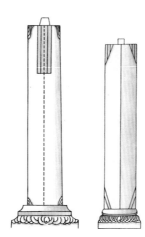

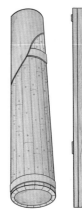

斗接柱

斗接柱即以两段或两段以上的木材榫接而成的一根柱子，接口以暗榫相连。

梭柱

梭柱，即两端收小的梭形柱子，故名梭柱。《营造法式》规定了两种梭柱的做法：将一根柱子依高度等分为三，"上梭柱"就是把上段做梭杀，"上下梭柱"就是把上下两段都做梭杀。

包镶柱

包镶柱是以一根较大的木料作为心柱，然后在四周用多块小木料进行包镶，是为了解决细小木材合为大柱的问题。

柱子常见诸形

根据柱子的形状还可分为圆柱、抹角柱、梅花柱、瓜楞柱等。

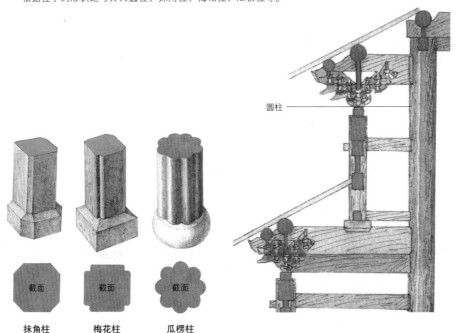

圆柱

截面　　截面　　截面

抹角柱　　梅花柱　　瓜楞柱

拆屋吉日

拆屋吉日：宜甲子、乙丑、丙寅、戊辰、己巳、辛未、癸酉、甲戌、丁丑、戊寅、己卯、癸未、甲申、壬辰、癸巳、甲午、乙未、己亥、辛丑、癸卯、己酉、庚戌、辛亥、丙辰、丁巳、庚申、辛酉，除日，吉。

（"拆屋吉日"译略）

盖屋吉日

盖屋吉日：宜甲子、丁卯、戊辰、己巳、辛未、壬申、癸酉、丙子、丁丑、己卯、庚辰、癸未、甲申、乙酉、丙戌、戊子、庚寅、丁酉、癸巳、乙未、己亥、辛丑、壬寅、癸卯、甲辰、乙巳、戊申、己酉、庚戌、辛亥、癸丑、乙卯、丙辰、庚申、辛酉，定、成、开日，吉。

（"盖屋吉日"译略）

泥屋[1] 吉日

泥屋吉日：宜甲子、乙丑、己巳、甲戌、丁丑、庚辰、辛巳、乙酉、辛亥、庚寅、辛卯、壬辰、癸巳、甲午、乙未、丙午、戊申、庚戌、辛亥、丙辰、丁巳、戊午、庚申，平、成日，吉。

注解

1 泥屋：用泥灰涂抹房屋墙壁。

（"泥屋吉日"译略）

◎中国古代建筑的各式墙体

古代建筑的墙体材料主要有土、砖和石。土墙分夯土墙和土坯砌筑两种，石墙分石块和石片砌筑两种，砖墙即是用砖块砌筑而成的墙壁，最为常见。筑墙时通常以糯米灰浆为墙体的黏合剂。糯米灰浆用糯米、熟石灰和石灰岩混合而成，黏合性强，许多以糯米灰浆黏合而成的古城墙至今古貌留存。

土墙

土坯墙是将合适的土做成土坯砖后，再砌筑而成的墙体，在制坯时需往泥中加入麦秸、草筋、细木等植物纤维，以增加韧性，提高土坯墙的结构强度。夯土墙，最常用的是版筑法，制作时以两块侧版和一块端版组成模具，另一端加活动卡具。夯筑后拆模平移，连续筑至所需长度和高度为止。

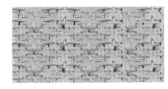

土坯墙

夯土墙

石墙

石墙以石材砌筑成墙体，有规则、不规则石块砌筑的墙体和以石片砌筑的墙体等。民间建筑受地区和石材类型的限制，除了地基和院墙外，很少直接用石材建造民居墙体。不规则石块砌筑成的墙体，因石块之间存在不均匀的缝隙，需要用糯米灰浆、泥土等材料将缝隙填平。片石墙是以片状岩石砌筑而成的墙体，这种墙体承重能力不强，通常只当作围护结构，而仍以木结构作为主体承重。

不规则石墙

片石墙

砖墙

中国传统建筑多采用青砖。砖墙多用于地基、城墙、墓室，直到明代才普遍应用于民居建筑中。南方还多见空心砖墙，又称"空斗墙""斗子墙"。空心砖墙以条砖或南方一种薄砖砌筑而成，砖块空心，可以节省砖料，也可减小墙体重量。

砖墙

空心砖墙

◎各种屋顶式样图

　　古代建筑的屋顶，形制各异，主要有庑殿式、歇山式、悬山式等。汉代，柱梁式房屋屋面平直，至南北朝以后，始出现用调节每层小梁下瓜柱或驼峰高度的方法，形成下凹的弧形屋面。这种屋面的檐口处坡度变缓，有利于排水和采光；其后，房屋屋面随南北气候的差异、屋主身份的不同及功用的不同，出现了更多形制。各式屋顶依据屋主的尊贵程度，排位为：第一档，重檐庑殿顶，见于重要佛殿、皇宫主殿等；第二档，重檐歇山顶，见于宫殿、园林、坛庙等；第三档，单檐庑殿顶，见于垂头建筑；第四档，单檐歇山顶，见于官署等建筑；第五档，悬山顶，见于民居、神橱、神库；第六档，硬山顶，见于民居；第七档，卷棚顶，见于民居。攒尖顶，无等级，见于亭台楼阁。

庑殿顶

　　庑殿顶是各屋顶样式中等级最高的，唐朝时期可见于佛寺建筑，而在明清时期则只有皇家建筑和孔庙才可以使用。庑殿顶由一条正脊和四条垂脊（一说戗脊）共五脊组成，故又名五脊殿，屋顶有四面斜坡，故又称四阿顶。图为重檐庑殿式。

歇山顶

　　歇山顶，古代木结构建筑屋顶样式之一，分单檐和重檐两种。屋顶在悬山两侧各开一间披厦，共有一条正脊、四条垂脊和四条戗脊，所以又称"九脊顶"。其上半部分可以是悬山顶，也可以是硬山顶式样，下半部分则为庑殿顶式样。图为单檐式。

悬山顶

　　悬山顶，也叫"挑山"或"出山"，是古代木结构建筑屋顶样式之一。悬山式屋顶两端延伸出山墙外侧，以支托悬挑于外的屋面。也就是说悬山顶不仅有前檐和后檐，两端还有与前后檐一样尺寸的檐，以利防雨水。南方居宅多用悬山顶。

硬山顶

　　硬山顶，古代木结构建筑屋顶样式之一。硬山式檩木梁封在两侧山墙内，左右两端与屋面齐平或略高出屋面，高出的山墙叫风火墙，以防火灾时火势顺势蔓延。北方居宅多用硬山顶。

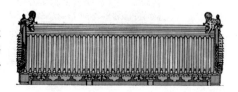

其余各种屋顶形式示意图

单坡顶

　　多为辅助性建筑，常附于围墙或建筑的侧面。

卷棚顶

　　一种圆脊屋顶，即将悬山顶、硬山顶或歇山顶的屋脊做成圆弧形，故有卷棚硬山、卷棚悬山、卷棚歇山之称。

盝顶

　　顶部有四条正脊围成平顶，平顶四周加外檐；下接庑殿顶。殿阁封顶，井亭则不封顶。

攒尖顶

　　屋面于顶部交会为一点，形成尖顶，也有单檐、重檐之分。

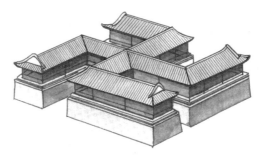

"万"字顶

　　屋顶以"卍"字形相连接，北京圆明园中的"万方安和"即"万"字顶。

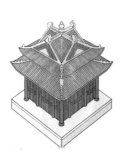

十字脊顶

　　由两个屋顶九十度垂直相交而成，有悬山、歇山等诸种式样。

一殿一卷式

带抱厦式

勾连搭屋顶

　　由其他屋顶式样连接而成，有一殿一卷式勾连搭和带抱厦式勾连搭。相勾连的屋顶大多大小高低相同，如果一大一小，有主有次，就是"带抱厦式勾连搭"。

开渠吉日

开渠[1]吉日：宜甲子、乙丑、辛未、巳卯、庚辰、丙戌、戊申，开、平日，吉。

注解

1 开渠：开沟挖渠。

（"开渠吉日"译略）

砌地吉日

砌地[1]吉日：与修造动土同看。

注解

1 砌地：又称甃地，即修整地面。

（"砌地吉日"译略）

结砌天井[1]吉日

诗曰：结修天井砌阶基，须识水中放水圭[2]，格向天干埋棺[3]口，忌中顺逆小儿嬉。雷霆大杀土皇废，土忌瘟符受死离，天贼瘟囊芳地破，土公土水隔痕随。

右宜以罗经放天井中间，针定取方位，放水天干[4]上，切忌大小灭没[5]、雷霆大杀[6]、土皇杀方。忌土忌[7]、土瘟、土符、受死、正四废、天贼、天瘟、地囊[8]、荒芜、地破[9]、土公箭[10]、土痕[11]、水痕[12]、水隔[13]。

论逐月甃地、结天井、砌阶基吉日

正月：甲子、壬午、戊子、庚子、乙丑、己卯、丙午、丙子、丁卯。

二月：乙丑、庚寅、戊寅、甲寅、辛未、丁未、己未、甲申、戊申。

三月：己巳、己卯、戊子、庚子、癸酉、丁酉、丙子、壬子。

四月：甲子、戊子、庚子、甲戌、乙丑、丙子。

五月：乙亥、己亥、辛亥、庚寅、甲寅、乙丑、辛未、戊寅。

六月：乙亥、己亥、戊寅、甲寅、辛卯、乙卯、己卯、甲申、戊申、庚申、辛亥、丙寅。

七月：戊子、庚子、庚午、丙午、辛未、丁未、己未、壬辰、丙子、壬子。

八月：戊寅、庚寅、乙丑、丙寅、丙辰、甲戌、庚戌。

九月：己卯、辛卯、庚午、丙午、癸卯。

十月：甲子、戊子、癸酉、辛酉、庚午、甲戌、壬午。

十一月：己未、甲戌、戊申、壬辰、庚申、丙辰、乙亥、己亥、辛亥。

十二月：戊寅、庚寅、甲寅、甲申、戊申、丙寅、庚申。

注解

1 天井：宅院中由房屋或墙壁围出的露天空地。

2 水圭：又称"圭表"，放在水中测量日影的器具。

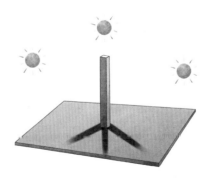

□ **圭表**

圭表是度量日影长度的工具，包括"圭"和"表"两部分。垂直于地面的直杆为表，与地面水平且刻有刻度的为圭。圭表根据测量出的日影长度的不同变化来确定时间、季节的变化。

3 埋搢：掩埋。搢（搢），疑为"掩"字异体。

4 放水天干：放水，即排水，这里指排水口的位置。阳宅中水自天而来，所以放水宜从天干位去。从甲庚丙壬乙丁辛癸八干放水，主人财兴旺，若放十二支神上，内有寅申巳亥，即四维水，则会导致五行姓伤残，是不吉之位。

5 灭没：日神类凶煞之一，李克家《戎事类占》："官历上所注'虚日为灭，盈日为没'，此非天池之全气，不可举事。"诸多《通书》中并无"大小灭没"的说法，只有"真灭没"与"天地灭没"两种。真灭没日指在弦日逢虚、晦日逢娄、朔日逢角、望日逢亢，都为不吉。虚、鬼、牛等星宿均为"灭没"，百事逢此定会失败。天地灭没的具体时间是：正月在丑日，二月在子日，三月在亥日，四月在戌日，五月在酉日，六月在申日，七月在未日，八月在午日，九月在巳日，十月在辰日，十一月在卯日，十二月在寅日。

6 雷霆大杀：修造禁忌之一，《造命宗镜集·体用类》："凡造宫修造、方道用工、起手拆屋……忌从大杀白虎日方起手用工，如雷霆白虎杀在中宫，忌从中宫起手用工……雷霆大杀，白虎在方，亦忌发槌。"雷霆，即雷霆风水选择法，源自传统术数雷公式，《唐六典·太卜》："凡式占，辨三式之异同。一曰雷公式；二曰太乙式，并禁私家畜；三曰六壬式，士庶通用之。"《新唐书·艺文志》著录有《雷公式经》一卷，《宋史·艺文志》著录有《雷公式局》一卷、《雷公印法》三卷、《雷公摄杀律》一卷。雷霆法也可用于修造动工，《造命宗镜集·体用类》说："《雷霆结局歌》：甲庚燥火丙壬罡，丁癸还归水潦场。六戊奇罗巳土溽，乙辛丙乙运身方。仍入中宫主行发，看他方位好修装。《雷霆结局图》说：法以一十入中顺飞，先看行年住何宫，却以本生运星入中顺飞，看行年得何吉星，再以行年星入中顺轮，看修造得何吉星，须要行年星与修造方向星两吉结局，主增福泽。"又《陈子性藏书·雷霆杀》中有歌诀说："戌亥子日艮宫寻，未申西日巽为真，辰巳午日坤方是，丑寅卯日乾上亲。雷霆例，看月杀在何位，如杀在子，即入中宫飞看至何位，如卯至艮，雷路在艮，艮属木，亥卯是也。将桩在地用槌打一百下，退犯用解之即好。"

7 土忌：动土禁忌日之一，《造命宗镜集·体用类》说："土忌日：初六、二十三，十二、初八、十六、二十四，初九、二十七，初四、十四、二十、二十六。"底本"土"作"止"，据万历本改。

8 地囊：动土禁忌日之一，《造命宗镜集·体用类》记载：正月的庚子日、

庚午日，二月的乙未日、癸丑日，三月的甲子日、壬午日，四月的己卯
日、己酉日，五月的甲辰日、壬戌日，六月的丙辰日、丙戌日，七月的丁
巳日、丁亥日，八月的丙寅日、丙申日，九月的辛丑日、辛未日，十月的
戊寅日、戊申日，十一月的辛卯日、辛酉日，十二月的乙卯日、癸酉日
等，是地囊日。

9　地破：建造禁忌日之一，《太平御览·时序部》引《登真隐诀》说："正
　　月午，天地凶，门日不可建造穿凿……正月亥，地破日，不可开山动
　　土。"

10　土公箭：动土禁忌日之一，《造命宗镜集·体用类》说："土公箭神，每
　　月初七、十七，二十忌动土七日。"意思是每月的初七、十七都是土公箭
　　忌日，每月从二十日开始要连续忌七日，不可动土。

11　土痕：动土禁忌日之一，《造命宗镜集·体用类》说："土痕忌，大月
　　初三、初五、初七、十五、十八，小月初一、初二、初六、二十二日、
　　二十六日、二十七日。"

12　水痕：五痕禁忌日之一，不宜行船穿井。何汝宾《兵录·水痕忌日》说：
　　"大月初一、初七、十一、十七、二十三、三十日，小月初三、初七、
　　十二、二十六日。"《臞仙肘后经》说："水痕、田痕、土痕、山痕、金
　　痕，是为五痕凶日。水痕日忌行船、修池、作堰、穿井。"

13　水隔：十隔忌日之一，不宜取水凿池，《居家必用事类全集·丁集》说：
　　"作陂塘凶神：伏龙、龙走、龙口、龙会、龙忌、蛇龙、蛇会、水隔、水
　　痕。水生五行忌冬壬癸。"每月的水隔日是：正月在戌日，二月在申日，
　　三月在午日，四月在辰日，五月在寅日，六月在子日，七月在戌日，八月
　　在申日，九月在午日，十月在辰日，十一月在寅日，十二月在子日。

译文

修砌天井的吉日

有首诗说：

修建天井筑造阶基，须将圭表放在水中。算出天干的各自方位，不要当作
儿戏糊弄。忌雷霆大杀和土皇废日，又忌土忌、土瘟、土符、受死，天贼、天
瘟、地囊、荒芜、地破不为吉日，土公箭、土痕、水隔、水痕也有祸凶。

做上面的事情时，应该将罗盘（见前文"罗盘图示"）放在天井中间，用

指针确定所取的方位，用水圭探测天干的位置。切忌大小灭没、雷霆大杀、土皇杀等方位，也忌土忌、土瘟、土符、受死、正四废、天贼、天瘟、地囊、荒芜、地破、土公箭、土痕、水痕、水隔等日。

论逐月砌筑地面、构造天井、砌阶基的吉日

正月：甲子日、壬午日、戊子日、庚子日、乙丑日、己卯日、丙午日、丙子日、丁卯日。

二月：乙丑日、庚寅日、戊寅日、甲寅日、辛未日、丁未日、己未日、甲申日、戊申日。

三月：己巳日、己卯日、戊子日、庚子日、癸酉日、丁酉日、丙子日、壬子日。

四月：甲子日、戊子日、庚子日、甲戌日、乙丑日、丙子日。

五月：乙亥日、己亥日、辛亥日、庚寅日、甲寅日、乙丑日、辛未日、戊寅日。

六月：乙亥日、己亥日、戊寅日、甲寅日、辛卯日、乙卯日、己卯日、甲申日、戊申日、庚申日、辛亥日、丙寅日。

七月：戊子日、庚子日、庚午日、丙午日、辛未日、丁未日、己未日、壬辰日、丙子日、壬子日。

八月：戊寅日、庚寅日、乙丑日、丙寅日、丙辰日、甲戌日、庚戌日。

九月：己卯日、辛卯日、庚午日、丙午日、癸卯日。

十月：甲子日、戊子日、癸酉日、辛酉日、庚午日、甲戌日、壬午日。

十一月：己未日、甲戌日、戊申日、壬辰日、庚申日、丙辰日、乙亥日、己亥日、辛亥日。

十二月：戊寅日、庚寅日、甲寅日、甲申日、戊申日、丙寅日、庚申日。

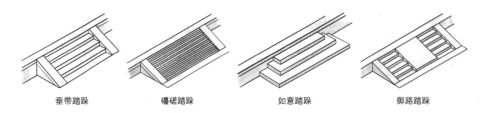

垂带踏跺　　　礓磋踏跺　　　如意踏跺　　　御路踏跺

□ **阶的形制图示**

阶，即由砖、石、土、木料等砌成的阶梯，除了供人行走，也能彰显屋主身份。建筑主体的不同，台阶也不同，但都与多种形制相谐。

◎天井

天井是宅院中房与房之间，或房与围墙之间所围成的露天空地，有四面房屋、三面房屋一面围墙、两面房屋两面围墙等类型。

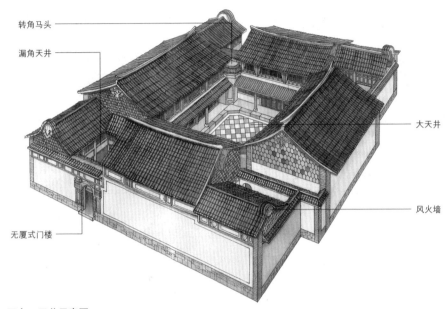

转角马头

漏角天井

大天井

风火墙

无厦式门楼

四合五天井示意图

四合五天井即由四坊围成的四合院，没有三坊一照壁中的照壁，天井四面都是房屋。图中四合五天井，除了有四坊合围成的大天井外，四坊的四个拐角处又围有四个小天井，故整座建筑共有五个天井，因此称为四合五天井。四合五天井是白族民居建筑中最基本的布局之一。

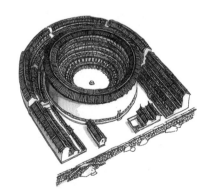

三坊一照壁

即三面房屋、一面围墙围成的天井。三面房屋叫"坊"，每坊有三开间、两层楼，一面墙壁为照壁，又称影壁墙。三坊一照壁是白族民居中最常见的布局形式。

土楼民居

大型的土楼通常都有天井，较之合院围成的天井，土楼天井更大。土楼一般住着一个家族，这种天井很适合家族聚会、祭祀等。

◎铺地

铺地，即用一种或几种材料对房屋内外地面进行覆盖处理。从材料上分，有陶砖铺地、石料铺地，或多种材料混合使用的花式铺地墁，如用砖或石等材料铺地面。以砖墁铺地，按做法又可分为细墁地面、淌白地面、糙墁地面等。

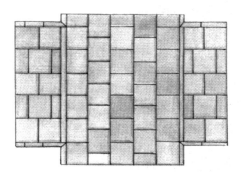

细墁地面

砖料需打磨加工，使砖面光洁平整，或用方砖，或用条砖，或方砖、条砖合用。另有不打磨砖料的糙墁地面，地面不仅粗糙，而且砖块间缝隙较大。

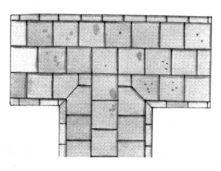

淌白地面

对砖料的精细度要求低，相较于细墁地面，加工方式也更为简单，却与细墁地面外观相似，只是平整度稍次。

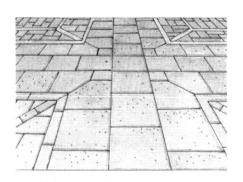

海墁地面

通常用条砖，也多为糙墁，常用在宅院中除甬路外的地面。其铺设方向没有更多讲究，以便于排除雨水为主要目的。

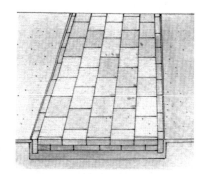

甬路铺地

甬路，即庭院中的主要通道，往往用方砖铺就，其砖趟多奇数，有一、三、五、七、九等，其趟数的多少由建筑的等级决定，后来渐渐有以瓦片、瓷片、碎石等修饰甬路，也就不再着重于等级规定。

甬路的各种花式图案

甬路图案样式颇多，所用材料极为丰富，通常有砖、瓦片、青石、卵石等。

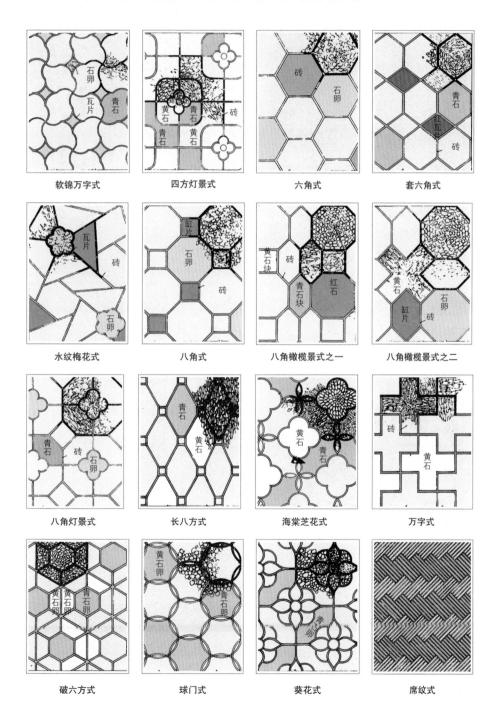

软锦万字式　　　　　四方灯景式　　　　　六角式　　　　　套六角式

水纹梅花式　　　　　八角式　　　　八角橄榄景式之一　　　八角橄榄景式之二

八角灯景式　　　　　长八方式　　　　　海棠芝花式　　　　　万字式

破六方式　　　　　　球门式　　　　　　葵花式　　　　　　席纹式

破宝莲花纹地砖　明　《玉杵记》插图

万字纹地砖　明　《彩舟记》插图

铜钱纹地砖　明　《环翠堂义烈记》插图

海棠地砖　明　《琵琶记》插图

补述

定向

"定向"是古建筑营造的前期准备，即确定房屋的方位和朝向。古建筑遵循"万变不离其宗"的原则，都要根据建筑群或通面阔的中轴线，测出正确方位和朝向。房屋大多面向正南，或根据实际地势有所调整，《营造法式·补遗》说："今来凡有兴造，既以水平定地平面，然后立表、测景、望星，以正四方。"古代一般采用景表板、木望筒、水池景表等工具

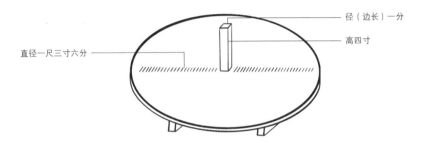

径（边长）一分
高四寸
直径一尺三寸六分

□ 景表板

古代定向工具之一，以直径一尺以上的圆木板为底，在其中心立高约四寸的木条一根，置平，以观太阳在木条旁投下的影子。

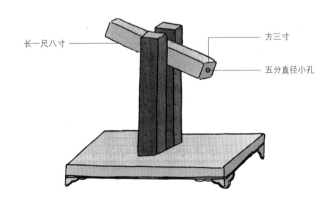

长一尺八寸
方三寸
五分直径小孔

□ 木望筒

木望筒是古代定向工具之一，用长不到二尺、方约二十的小木方，中间穿通约五分直径的小孔，将木方架在一活轴架上，晚上通过小孔观看北极星，白天令太阳光线通过小孔，以定南北。《营造法式》：望筒长一尺八寸，方三寸；两掩头开两圆眼，径五分。筒身当中两壁用轴，安于两立颊之内。其立颊自轴至地高三尺，广三寸，厚二寸。望昼以筒指南，令日影透北，夜望以筒指北，于筒南望，令前后两窍内正见北辰极星；然后各垂绳坠下，记望筒两窍心于地以为南北，则四方正。

进行定向，《营造法式·壕寨制度》对其使用方法有详细记载："取正之制，先于基址中央日内置圆版（"版"通"板"，后同，编者按），径一尺三寸六分。当心立表，高四寸，径一分，画表景之端，记日中最短之景。次施望筒于其上，望日星以正四方。"

住宅要设置天井，也有许多讲究。首先天井不可为"一"字形，天井不宜太深长，以方正如棋盘为佳。其次，天井里不可有积水，也不可有乱石。天井的出水口也讲究方位吉凶，因为天井周围各屋都需要往天井中排水；天井中大多会造一个专门的水池，收集其上的雨水和从周围屋檐流下的雨水，这在风水学中称为"四水归堂"，寓意财不外流、人丁兴旺，所以"放水"需格外注意，不能破坏四水归堂的格局，如此，也需要通过"定平"以确定天井朝向与出水口的位置。

起造立木上梁式

凡造作[1]立木上梁，候吉日良时，可立一香案于中亭，设安普庵仙师[2]香火，备列五色钱[3]、香花、灯烛、三牲[4]、果酒供养之仪，匠师拜请三界地主[5]，五方宅神[6]，鲁班三郎[7]，十极高真[8]。其匠人秤[9]丈竿[10]、墨斗[11]、曲尺[12]，系放香桌米桶上，并巡官罗金[13]安顿，照官符、三煞凶神，打退神杀[14]，居住者永远吉昌也。

注解

1 造作：营建，制作。

2 普庵仙师：南宋僧人，俗家姓余，名印肃，法号普庵，属于临济法系。宋高宗绍兴二十三年（1153年），普庵入主慈化寺，但不居寺内，经常出游行道，劝诱信众。至明朝中后期，民间对普庵已十分尊崇，其地位甚至接近菩萨，祭祀以打退神煞，是匠师常采用的方式，《鲁班弄法》称之为"报犯"。

3 五色钱：即五色挂钱，又称"挂门钱"，用方形色纸雕镂出钱形花纹和吉祥文字的门签。

4 三牲：指猪、牛、羊，亦称太牢，即帝王祭祀社稷时使用的三种牲畜祭品。《周礼·天官》说："凡朝觐会同宾客以牢礼之法。"郑玄注："三牲，牛、羊、豕具为一牢。"只用猪、羊二牲为少牢。

5 三界地主：三界，一说为佛教三界，指欲界、色界、无色界；一说指天上、地上、水下三界。地主，有些地方又称为"帝主"或"地祖"，是掌管该界的神祇，分别为天官、地官和水官，又称三官大帝、三元大帝或三界公，在民间信仰中地位仅次于玉皇大帝。道教以天官为"上元一品九气天官紫微大帝"，总管上宫诸天帝王、士圣高真、三罗万象星君；地官即"中元二品七气地官清虚大帝"，总管五岳帝君并治二十四山、九土地皇、四维八极神君；水官即"下元三品五气水官洞阴大帝"，总管九江水帝、四渎神君、十二溪真、三河四海神君。

6 五方宅神：指东、南、西、北、内五个方位主管房宅的神祇，《道藏·洞神部》载《正一醮宅仪》说："谨请东方宅神、青土将军，各领东方甲乙寅卯，直符仪服，皆青，降兹东座。谨请南方宅神、赤土将军，各领南方丙丁巳午，直符仪服皆赤，降兹南座。谨请西方宅神、白土将军，各领西方庚辛申酉，直符仪服皆白，降兹西座。谨请北方宅神、黑土将军，各领北方壬癸亥子，直符仪服皆黑，降兹北座。谨请内方宅神、黄土将军，各领内方戊己辰戌丑未，直符仪服皆黄，降兹内座。"在传统的四方五行与干支理论中，东方属木，对应青色，天干甲乙，地支寅卯；南方属火，对应赤色，天干丙丁，地支巳午；西方属金，对应白色，天干庚辛，地支申酉；北方属水，对应黑色，天干壬癸，地支亥子；中央属土，对应黄色，天干戊己，地支辰戌丑未。所以《道藏·神位门》载《无上黄箓大斋立成仪》说"东方甲乙寅卯木神、南方丙丁巳午火神、西方庚辛申酉金神、北方壬癸亥子水神、中央戊己辰戌丑未土神"五位方位神仙，即为"五方宅神"的原型。

7 三郎：或指钟三郎，传说中仆役业的祖师爷。明清时期，长随仆役多在深夜闭门祭拜钟三郎，有看法认为是"中山狼"的转音，纪昀《阅微草堂笔记》说："长随所祀曰'钟三郎'，闭门夜奠，讳之甚深，竟不知为何神？曲阜颜介子曰：'必中山狼之转音也。'"

8 十极高真：道教上神，地位仅次于三清大帝，在斋醮祝文中较为常见。《无上黄箓大斋立成仪》说："三宝上帝，十极高真，地水职司，冥关主宰，三界官属，应感真灵，资荐亡灵。"

9 秤：拿、手持。

10 丈竿：修造时丈量尺寸的木杆，又分为柱头杆、进深杆、开间杆等。

11 墨斗：中国传统木工行业的常见工具，由墨仓、线轮、墨线（包括线锥）、墨签四部分组成，通常用于测量和房屋建造的画线。

12 曲尺：又称角尺、拐尺，是钳工、木工的常用工具，用于画线、卡刨光木料的方正和量方。多为一边长一边短的直角尺，但也有较为特殊的圆弧曲尺。

13 巡官罗金：疑为"巡山罗睺"，即太岁前星，位在岁君巡行必经处，修造时立向应避免冲犯，《协纪辨方书·义例》说："巡山罗睺为太岁前一位，子年在癸方，丑年在艮方，寅年在甲方，卯年在乙方，辰年在巽方，巳年在丙方，午年在丁方，未年在坤方，申年在庚方，酉年在辛方，戌年在乾方，亥年在壬方。《选择宗镜》说：巡山罗睺止忌立向，开山修方不忌。"另有一说认为指道教大罗金仙，道教信仰中地位最高的神仙。除天仙，即大罗金仙外，道教中的神仙还有地仙、人仙、鹤鬼仙等。

14 照官符、三煞凶神，打退神杀：镇住官符三煞，带领人们打退神煞。残卷本作"照退官符三煞，将人打退神杀，居住者永吉也"。神杀同神煞，此处遵从原文，仍为神杀，后同。

译文

凡是建造时的立木上梁，都要等到吉日良辰，才在中庭设立香案，供奉普庵仙师的香火，并备齐陈列五色钱、香花、灯烛、三牲、果酒等举行供奉仪式。木匠也要拜请三界地主、五方宅神、鲁班三郎、十极高真等各路神仙。匠人将丈竿、墨斗、曲尺等工具放在香案米桶上，安顿好巡官罗金，镇住官符三煞，将神煞打退，才可保居住者永远吉祥昌盛。

请设三界地主鲁班仙师祝上梁文[1]

伏[2]以日吉时良，天地开张，金炉之上，五炷明香，虔诚拜请今年、今月、今日、今时直符使者[3]，伏望光临，有事恳请。今据某道、某府、某县、某乡、某里、某社[4]奉道信（官/士）[5]，凭术士选到今年某月某日吉时吉方，大利架造厅堂，不敢自专，仰仗直符使者，赍持[6]香信，拜请三界四府高真、十方贤圣[7]、诸天星斗十二宫神、五方地主明师、虚空过往[8]、福德灵聪[9]、住居香火[10]、道释众真、门官井灶司命六神[11]、鲁班真仙公输子。匠人带来，先传后教，祖本先师，望赐降临。伏望诸圣，跨鹤骖鸾[12]，暂别宫殿之内；登车拨马，来临场屋之中。既沐降临，酒当三奠，奠酒诗曰：

初奠才斟，圣道降临。已享已祀，鼓瑟鼓琴[13]。布福乾坤之大，受恩江海之深。仰凭圣道，普降凡情。酒当二奠，人神喜乐，大布恩光，享来禄爵。二奠杯觞，永灭灾殃。百福降祥，万寿无疆。酒当三奠，自此门庭常贴泰[14]，从兹男女永安康，仰冀圣贤流恩泽，广置田产降福祥[15]。上来三奠已毕，七献云周[16]，不敢过献。

伏愿信（官/士）某，自创造上梁之后，家门浩浩，活计昌昌，千斯仓而万斯箱，一曰富而二曰寿。公私两利，门庭光显，宅舍兴隆，火盗双消，诸事吉庆，四时不遇水雷迍[17]，八节[18]常蒙地天泰[19]（如或临产临盆[20]，有庆坐草[21]无危，愿生智慧之男、聪明富贵起家之子，云云）。凶藏煞没，各无干犯之方；神喜人欢，大布祯祥之兆。凡在四时，克臻万善。次冀匠人兴工造作，拈刀弄斧，自然目朗心开；负重拈轻，莫不脚轻手快。仰赖神通，特垂庇佑。不敢久留圣驾，钱财奉送，来时当献下车酒，去后当酬上马杯。诸圣各归宫阙。再有所请，望赐降临钱财（匠人出煞，云云）。

天开地辟，日吉时良。皇帝子孙，起造高堂（或造庙宇、庵堂、寺观。则云：仙师架造，先合阴阳）。凶神退位，恶煞潜藏，此间建立，永远吉昌。伏愿荣迁之后，龙归宝穴，凤徙梧巢[22]，茂荫儿孙，增崇产业者。

诗曰：一声槌响透天门，万圣千贤左右分。天煞打归天上去，地煞潜归地里藏。大厦千间生富贵，全家百行益儿孙。金槌敲处诸神护，恶煞凶神急速奔。

◎ 木匠工具

古代木匠所用工具大多为木制、铁制。工欲善其事，必先利其器，木匠用具不仅如此，而且很多还包含师祖鲁班所定的主凶吉的规制。

尺

有曲尺、三角尺、活角尺、鲁班尺等。直尺面有刻度，用于画直线及测量长度；鲁班尺也是直尺，只是鲁班尺分为八份，为财木、病土、离土、义水、官金、劫火、害火、吉金等八种格位。

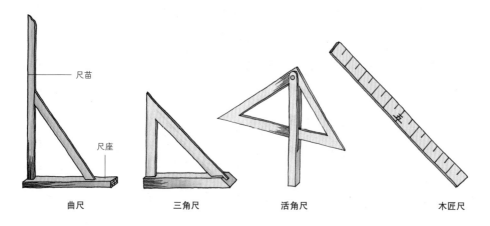

尺苗

尺座

曲尺　　　　　三角尺　　　　　活角尺　　　　　木匠尺

墨斗

古代工匠的画线工具。通常是一个方形的墨池中放穿过就可以浸墨的麻线，用时将墨斗固定，拉出穿过墨池的麻线，绷直，固定两端然后提起麻线中部放开，麻线回弹，将墨印到木料上，从而形成一条直线。

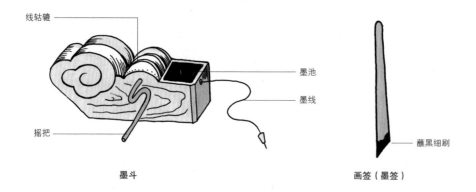

线轱辘

墨池

墨线

摇把

蘸黑细刷

墨斗　　　　　　　　　　画签（墨签）

规

绘制圆或弦的工具。中国古代用规画圆，用矩画方，一圆一方以象征天地，并衍生出"规矩"一词，以示万物的法则、标准。

斧

一种砍削工具，早在原始时期，斧头的雏形即已出现，后逐渐发展成为比较固定的形制。斧由斧头和斧柄组成。斧头是一块非常厚的金属，一端开刃，弧形，也有直线形。通常用斧头的刃面砍劈木料，用锤面叩榫卯。

凿

用于凿眼、挖空、剔槽、铲削等。通常与锤子配合使用，有平凿、斜凿、圆凿、菱凿诸种。平凿刀口平直，斜凿刀口呈45°，圆凿刀口为半圆形，菱凿刀口为V形，不同的凿子有不同的用途。

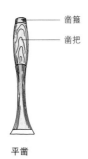

平凿　　　　圆凿

凿箍
凿把

铲

常用的传统工具，主要用于对木材异形加工，铲削局部平面。铲与凿功能类似，但外形上，铲较之凿更细、长、瘦，尾端没箍，且不与锤子配合使用。铲按照刃口形状可分为扁口铲、圆口铲、斜刃铲等。

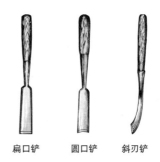

扁口铲　　圆口铲　　斜刃铲

刨子

由刨刃和刨床两部分构成。刨床木制，刨刃斜向插入带方形孔的台座中；台座长条形，左右有手柄，便于握持。刨子的作用就是不断切削木材，使其平整。

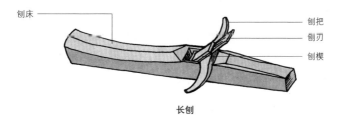

刨床

刨把
刨刃
刨楔

长刨

钻子

　　一种打孔工具，常见的有牵钻和弓摇钻两种，可以更换钻头以钻出所需的大小不同的孔洞。钻子由钻把、钻杆、拉杆、牵绳等组成。拉杆与钻杆相接，可以自由转动。

锉

　　手工工具，条形，多刃，主要用以对金属、木料、皮革等表层做细微加工，使其表面光滑圆润。按横剖面不同，可分为光木锉、尖木锉、三角锉、剑锉等。不同锉子断面形状不同，锉表的细度也不同，愈细，锉出的木件表面愈光滑。

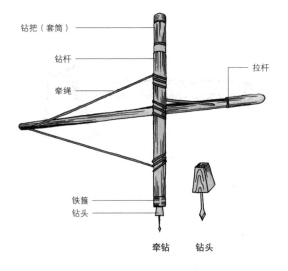

钻把（套筒）
钻杆
牵绳
拉杆
铁箍
钻头

牵钻　　　钻头

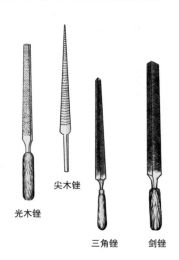

尖木锉
光木锉
三角锉　　剑锉

锯子

　　用于切割木料的工具，由锯条和锯身组成。锯条上有排列的锯尺，来回拉动以剪切力锯开木料。锯子有框架锯、小刀锯、小镂锯等诸种；锯齿大小、锯形及其用处等都各有不同。通常的框架锯即一个木质框架，一边装锯条，另一边装一锯绳缠绕绞紧，以硬木片或竹片制成的锯绞固定，可以根据需要调节锯条的松紧与角度。

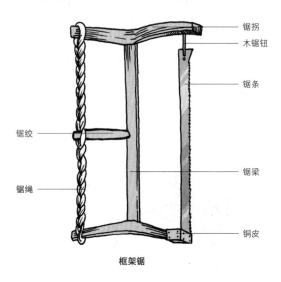

锯拐
木锯钮
锯条
锯绞
锯梁
锯绳
铜皮

框架锯

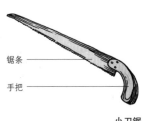

锯条
手把

小刀锯

注解

1 请设三界地主鲁班仙师祝上梁文：本篇是古代的书仪类作品，即祈禳祝词的范文模板，文内需要根据实际情况填写的地方，多有注解说明或以"某"字代替。残卷本作《请设三界地主鲁班仙师文》，且字句多有出入，本书仅对比较重要的异文进行注解和据改。

2 伏：伏地、趴着，以此表示对神灵的恭敬。

3 直符使者：恰在当时当值的神灵，共四种。甲子旬从乾方起，甲戌旬从兑方起，甲申旬从艮方起，甲午旬从离方起，甲辰旬从坎方起，甲寅旬从坤方起，都顺行，比如庚午日修作震方，乾上起甲子，兑上起乙丑，艮上起丙寅，离上起丁卯，坎上起戊辰，坤上起己巳，震上起庚午，修方正逢值符方，吉。

4 某道、某府、某县、某乡、某里、某社：明代行政区划中，道、府、县为行政机构，乡、里、社为民间组织。明代前中期，地方常置为两京十三布政使司，布政使司辖区按照惯例称为省，省下辖为府州，府州下辖为县。道，全称"分守道"，是布政使司置在府州的派出机构，起源于明成祖永乐年间，前后共发展为六十道。底本"道"作"省"，据万历本改回。残卷本作"某路某县某乡某里某社"，是宋元时期的行政区划，今不据改。

5 奉道信（官/士）：遵奉道教义理的信徒，祷告者为民则称信士，祷告者为官则称信官。底本"官/士"为双行小字。残卷本作"奉大道弟子某人/某官"。

6 赍持：捧持。

7 十方圣贤：十方各处的神明，一说专指十方佛，分别是东方善德佛、南方旃檀德佛、西方无量明佛、北方相德佛、东南方无忧德佛、西南方宝施佛、西北方华德佛、东北方三乘行佛、上方广众德佛、下方明德佛。

8 虚空过往：代指过路的神鬼精怪。陈继儒《捷用云笺》说："侧近上下，有感神祇。虚空过往，一切神祇。"

9 福德灵聪：代指所有道教神明。赵道一《历世真仙体道通鉴》说："神景为之降，福德为之臻。"《无上黄箓大斋立成仪》说："爰陈菲供，肃迓灵聪。愿垂降鉴之私，允纳精诚之祷。"

10 住居香火：接受香火供奉的各路神佛。

11 门官井灶司命六神：即门神、户神、井神、灶神、土地神、厕神等家宅六神，分别与青龙、朱雀、勾陈、腾蛇、白虎、玄武六个方向相对应。班固

《白虎通德论》："五祀者何谓也？谓门、户、井、灶、中霤。"后世民间又发展出厕神，改中霤为土地神，即为家宅六神。六神主管之事，基本涵盖了衣食住行各个方面，与日常生活息息相关。

12 跨鹤骖鸾：骑乘仙鹤，驾驶鸾车。骖，原指车乘两侧的马，引申为驾驶三匹马的车，后泛指驾驶马车。

13 鼓瑟鼓琴：演奏琴瑟，《诗经·鹿鸣》说："我有嘉宾，鼓瑟鼓琴。鼓瑟鼓琴，和乐且湛。"底本"瑟"误作"鼓"，据残卷本改。

14 贴泰：妥帖安泰。贴，通"帖"。

15 广置田产降福祥：底本作"广置田产降福降祥"，第二个"降"字疑为衍文，按照七言句式当作"广置田产降福祥"，今据改。残卷本无此句，前句作"仰冀圣贤流恩降福"。

16 七献云周：献酒七次，礼数已经十分周到完备。《礼记·礼器》说："一献质，三献文，五献察，七献神。"意思是说：一献之礼还不够讲究，三献之礼显得隆重，五献之礼礼数已经很详备，七献之礼，已经神乎其神，远超极致。所以孔颖达疏："七献神者，谓祭先公之庙，礼又转尊，神灵尊重也。"

17 水雷迍：指《周易》的屯卦，屯卦下震上坎，震为雷，坎为水，故称"水雷屯"。屯卦卦象表示艰难险阻、前途不顺，《周易·屯》："六二，屯如邅如，乘马班如。"孔颖达疏："屯是屯难，邅是邅回。"

18 八节：一年中重要的八个节日，泛指全年所有时间。一说为立春、春分、立夏、夏至、立秋、秋分、立冬、冬至八个节气，又一说为上元、清明、立夏、端午、中元、中秋、冬至、除夕。

19 地天泰：指《周易》的泰卦，泰卦下乾上坤，乾为天，坤为地，故称"天地泰"。泰卦卦象表示天地交通、万物和顺，《周易·泰》："小往大来，吉，亨。"

20 临产临盆：指妇女进入产程，即将准备分娩。

21 坐草：又称"草蓐"，古代妇女临产时多坐在草蓐上，代指临产，郎瑛《七修类稿·谚语始》说："今谚谓临产曰坐草，起自晋也。"

22 梧巢：梧桐树上的巢穴，代指凤凰巢穴，出自《庄子·秋水》："夫鹓雏发于南海，而飞于北海，非梧桐不止，非练实不食。"鹓雏，一种形似凤凰的鸟，常栖息在梧桐树上，所以梧桐被认为是凤凰巢穴，郭璞《梧桐赞》说："桐实佳木，凤凰所栖。"

译文

　　我恭敬地跪伏在日吉时良、天地畅通之时，金炉上供奉五根香火，虔诚拜请今年今月今日今时的当值符使，谦卑地盼望您的光临，有事劳烦您的帮助。现在有某道某府某县某乡某里某社的奉教信徒，根据术士挑选，认为今年某月某日的吉时吉方建造房屋大吉大利，不敢自专，仰仗直符使转寄香火信物，拜请三界四府高真、十方贤圣、诸天星斗、十二宫神、五方地主明师、过路鬼神、福德灵聪、家宅香火、道释神佛、众真门官、井灶司命六神、鲁班真仙匠人公输先生前来，先传后教，跟从先师，希望赐恩降临。恭敬盼望诸位神明，骑乘仙鹤，驾驶鸾车，暂时离开宫殿，来到小小的屋子。如果已经承蒙降临，当用酒祭奠三回，奠酒诗写道：

　　第一杯酒刚刚斟满，圣贤神明已经降临。享用祭品完成祭祀，奏响古瑟还有古琴。神仙赐福如天地大，我辈受恩如江海深。仰赖圣道降临凡尘。再次敬上第二杯酒，凡人神佛共享喜乐，上天垂赐恩惠恩光，享受无尽高官厚禄。第二杯酒已然敬上，永远消除所有灾殃。各种祥瑞福气绵长，希望能够万寿无疆。于是来倒第三杯酒，从此家庭顺遂恒昌，男女老少如意安康，仰望圣贤流布恩泽，广置田产降下福祥。三杯祝酒祭奠完毕，礼数已经安排周全，不敢过度逾越礼制。

　　恭敬希望信徒某人，自从建屋上梁之后，家门繁荣生计昌盛，积粮千仓聚财万箱，既能富贵又可寿长。于公于私两处得利，光耀门楣家宅兴隆，火患盗贼无所侵扰，诸事吉庆顺利成功。长年不遇祸事困境，每天常有万事太平（如有妇人临产临盆，则希望安全无虞，能够诞生聪明富贵、足能持家的子孙，等等）。凶煞全部消散隐藏，没有一处冒犯妨害；人神共同欢喜快乐，广泛赐福预兆吉祥。长年累月无论何时，各种善行都能显现。另，希望匠人动工建造，使用刀斧眼明心亮，搬运各种轻重物品，手脚无不敏捷轻快。仰赖神通降下保佑，希望没有任何祸伤。不敢耽搁神仙久留，钱财奉送万望笑纳，迎接敬献下车美酒，送行敬献上马琼浆。各路神佛回到仙宫，如果以后又有所请，希望能够再次降临赐予钱财（匠人出煞，等等）。

　　天地开辟通畅，日期时辰吉祥，皇帝儿女子孙，开始建造高堂（如果建造庙宇、庵堂、寺观，则改称："仙师建筑，先调阴阳"）。凶神退散，恶煞隐藏，此处房屋，永远吉昌。恭敬希望迁居以后，神龙回归藏宝洞穴，凤凰栖息梧桐枝头，能够荫庇后代子孙，家产万贯繁荣不休。

　　有诗言道：一声槌响穿透天门，千万圣贤左右分阵。天煞要被打回天上，地煞逃到地里隐藏。千间大厦诞生富贵，全家各行有益儿孙。金槌敲处诸神保护，恶煞凶神四散奔逃。

补述

三煞

三煞是针对修造方位的一种禁忌。传说居于人宅的三位凶神为青羊、乌鸡、青牛。修造时先从吉利的方位动工，然后依次修造，就可无害。其推算方法为：寅午戌合火局，火旺于南方，则北方（亥子丑）与其对冲，北方为三煞（亥为劫煞，子为灾煞，丑为岁煞，也叫墓库煞）。申子辰合水局，水旺于北方，则南方（巳午未）与其对冲，南方为三煞（巳为劫煞，午为灾煞，未为岁煞）。亥卯未合木局，木旺于东方，则西方（申酉戌）与其对冲，西方为三煞（申为劫煞，酉为灾煞，戌为岁煞）。巳酉丑合金局，金旺于西方，则东方（寅卯辰）与其对冲，东方为三煞（寅为劫煞，卯为灾煞，辰为岁煞）。据《宗镜》载，"三煞"是极为凶猛的神煞，伏兵大祸潜伏其中。根据风

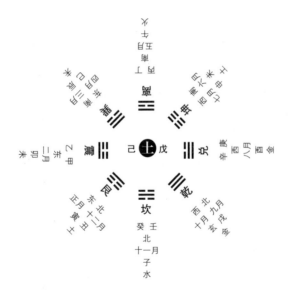

□ 三煞方位

如图，可以直观地看出各年与之对冲的方位，从而选择修造的方位。比如子年，南方与其对冲，即三煞在巳午未的方位（即南方）；如果巽坤的方位有吉星，则从这个方位开始动工，然后到达巳午未的方位，最后，直到坤的方位时停止。

水术的说法，"伏兵""大祸"为年神类的恶神，所到之地，忌出兵行师、修造，若有冲犯，预示着有兵伤刑戮的祸患，因此，要制服得当。另外，占卜山头吉凶选择墓穴的建造地点，都要回避这两个凶神。只要占卜的格局能制服它，就可修造。

奇门遁甲

奇门遁甲是中国古老的一门术数，也是奇门、六壬、太乙三大秘宝中的第一大秘术，其中包含了天文学、历法学、谋略学等。相传是最高层次的预测学。奇门遁甲由"奇""门""遁甲"三个概念组成，即以十天干中的乙丙丁为"三奇"，以休、生、伤、杜、景、死、惊、开八门为"门"，"遁"意为隐藏，"甲"则指六甲，即甲子、甲戌、甲申、甲午、甲辰、甲寅，"遁甲"即隐而不现，藏匿于六仪之下。六仪则指戊、己、庚、辛、壬、癸，再将三奇、六仪分别置于九宫，以甲统之。六甲的隐遁原则是甲子同六戊，甲戌同六己，甲申同六庚，甲午同六辛，甲辰同

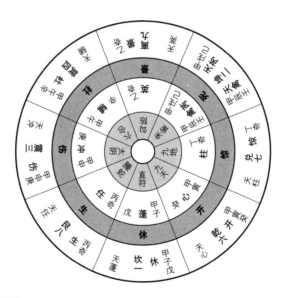

□ 奇门遁甲三盘图示

奇门遁甲用于占卜预测，主要分天、人、地三盘，象征三才。天盘分布九星，人盘分布八门，地盘分布八卦，代表八个方位，是静止不动的。天地两盘上，又同时各自排布着特定的奇（乙、丙、丁），仪（戊、己、庚、辛、壬、癸），如此，根据具体时日，以六仪、三奇、八门、九星排局，占卜预测万事万物、选择吉时吉方。

六壬，甲寅同六癸。另外还配合蓬、任、冲、辅、英、芮、柱、心、禽九星。奇门遁甲有八神，分别是：直符、腾蛇、太阴、六合、勾陈、朱雀、九地、九天。直符是八神的元首，居贵人之位，是九星的领袖；直符所到之处，各种恶煞凶神消散；直符是最吉最善的神煞之一，能够孕育万物，造化世界。甲子旬（每月10天为一旬）从乾的方位算起，甲戌旬从兑的方位算起，甲申旬从艮的方位算起，甲午旬从离的方位算起，甲辰旬从坎的方位算起，甲寅旬从坤的方位算起，均顺次推行。

造屋间数吉凶例

一间凶，二间自如[1]，三间吉，四间凶，五间吉，六间凶，七间吉，八间凶，九间吉。

歌曰：五间厅，三间堂，创后三年必招殃。始五间厅，三间堂，三年内杀五人，七年庄败，凶。四间厅，三间堂，二年内杀四人，三年内杀七人来[2]，二间无子，五间绝[3]。三架厅、七架堂，凶；七架厅，吉；三间厅、三间堂，吉。[4]

注解

1 自如：安然自若，这里指舒适泰然的状态。

2 来：语气词，无实际意义。

3 绝：后代断绝。古代非常重视传宗接代，所以绝后被视为家族大灾祸。

4 歌曰：残卷本此段作"五间厅，三间堂，创后三年必招殃。四间厅，五间堂，起造后也不祥"，后附有双行小字："厅屋不可车（连）双曲，堂屋亦同例一。"

译文

一间为凶，二间自然无妨，三间为吉，四间为凶，五间为吉，六间为凶，七间为吉，八间为凶，九间为吉。

有歌谣唱道：五间厅，三间堂，建完三年招祸殃。若五间厅三间堂，三年内五人命丧，七年内庄园败亡，凶。若四间厅，三间堂，二年内四人命丧，三年内七人死亡。二间无子，五间绝后。三厅七堂会遭殃，七间厅吉。三厅三堂才吉祥。

补述

古代造房除二间外，房间数均是奇数，自春秋时代便如此。这种习惯的形成原因很难科学地解释，但在古代阳宅风水学中，却可以从一套阴阳五行观念中找到所谓的依据。

阳宅，除奇数1间被视为孤阳煞外，其余3、5、7间，大致都被视为吉数。3间，合乎天一地二，所以阴阳相合，为吉；5间，因与天整五、地数五的圆满格局对应，也为吉；7间，由天三地四，奇偶配，即阴阳和合而成，所以大吉；9间，是先天乾一，与先天坤八，阴阳二德化合之数，所以认为此间数形成的格局发福。

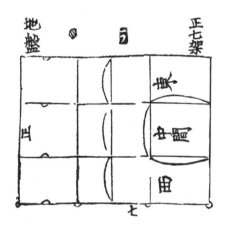

正七架地盘 《鲁般营造正式》残卷本 插图

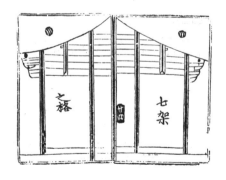

七架之格 《鲁班营造正式》残卷本 插图

断水平法[1]

《庄子》云："夜静水平。"[2] 俗云：水从平则止。造此法，中立一方表[3]，下作十字拱头[4]，蹄脚上横过一方，分作三分[5]，中开水池，中表安

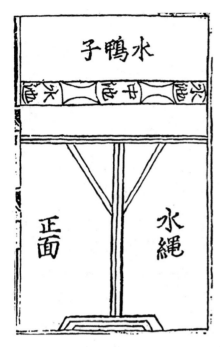

水鸭子 《鲁般营造正式》残卷本
插图

水鸭子又称"水浮子"，古时建筑房屋，
无现代专业精密的水平仪器，故多用断水平
法，水鸭子便为古代简陋的测量器具构件，用
于测量是否水平。

二线垂下，将一小石头坠正中心水
池，中立三个水鸭子[6]。实要匠人定
得木头端正，压尺十字。不可分毫走
失。若依此例，无不平正也。

注解

1 断水平：判断水平面的方法。该方法
运用水平面和重力，使坠物自然垂直
于地面，以便测量平直。

2 夜静水平：夜深人静，水面平稳。出自
《庄子·天道》："水静则明烛须眉，
平中准，大匠取法焉。"大意是说水
面平静就可以照见眉毛胡须等极细微
的差别，规范水平标准，工匠多所取
用。或出自《庄子·德充符》："平者，
水停之盛也。"大意是说静止的水面
最为平稳。

3 方表：竖立的方形木牌。

4 十字拱头："十"字形底座。

5 横过一方，分作三分：十字拱头分出四块区域，方表下部两端跨过一方，
占用了一块区域，还剩下三块，所以说分成三份。

6 水鸭子：又称"水浮子"，浮在水面的木块，用来测量水高和平面。

译文

《庄子》有"夜静水平"的说法。俗话说：水面平静时，就停止了流动。
这种判断水平的方法，需要竖立一块方形木牌，下端与十字交叉的拱头相连，
方牌下部两端须跨过一方，将剩下的地方分作三份。在中间开一个水池，方牌
上安装两根线垂下来，将一块小石头系在线上，下坠在正中心的水池里，水池
中放三个水鸭子。这个方法，要求匠人把木头安放端正，压尺十字不可有分毫
偏差。依照这样的方法，没有不平正的。

补述

定平

"定平"又称"平水""断水平",是古建筑营造的前期准备工作,以便确定房屋的台基水平和相对标高,大致对应现代施工的水平仪测量环节。古代采用水平板和木真尺等工具进行定平:在台基四角各立标杆,中心安置水平板,板上凿出两水池及中槽,池中各放浮块,比照浮块与标杆位置,即可确定地面高低。《营造法式·壕寨制度》记载颇为详细:"定平之制,既正四方,据其位置,于四角各立一表,当心安水平。其水平长二尺四寸,广二寸五分,高二寸。下施立桩,长四尺,上面横坐水平,两头各开池,方一寸七分,深一寸三分。身内开槽子,广深各五分,令水通过。于两头池子内各用水浮子一枚,方一寸五分,高一寸二分,刻上头令侧薄,其厚一分,浮于池内。望两头水浮子之首,遥对立表处,于表身内画记,即知地之高下。"台基水平在定平后还需使用定盘真尺进行校验,在真尺中央安放立表,中心从上至下画出墨线,顶端吊垂重物,垂线与墨线重合,则台基水平。

画起屋样[1]

木匠按式,用精纸一幅,画地盘[2]阔狭深浅,分下间架[3],或三架、五架、七架、九架、十一架[4],则在主人之意[5]。或柱柱落地,或偷柱[6]及梁枋[7],使过步梁[8]、眉梁、眉枋,或使斗磉[9]者,皆在地盘上停当。

注解

1 画起屋样:绘制建筑式样。

2 地盘:地基。古人会将房屋结构框架先定好画在纸上,然后再用白灰画出地基。

3 间架:组成木架构房屋建筑的基本结构单位。梁与梁之间的空间称为"间",桁与桁之间的空间称为"架"。所以古建筑结构也称间架。

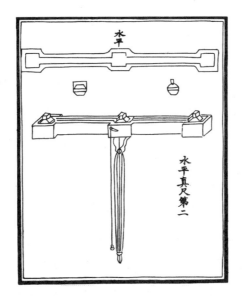

水平真尺　宋　李诫　《营造法式》插图

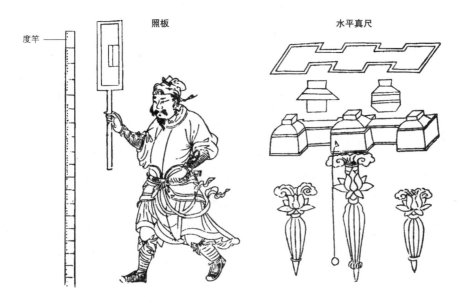

□ 各种水平测量工具

　　《三才图会》中的水平真尺、照板、度竿，在测量水平时可一同使用。观测时，将水注入水平真尺的水槽中，浮子随之浮起，浮子上的立齿尖端则会保持在同一水平线上，然后以立齿尖端水平瞄准远处的度竿。度竿上刻有刻度，共两千“分”，但由于刻度太小，需由手持度竿的人另一只手再握照板，将照板调整角度在度竿后上下移动。当观测者见到板上的黑白交线与其瞄准视线平齐，则手持照板的人停止移动，并记录下度竿上相对应的刻度。

4 十一架：底本"十一"误作"十二"，当为奇数，据万历本改。

5 在主人之意：遵照主人的意思。底本"在"误作"王"，据残卷本改。

6 偷柱：又称"童柱""瓜柱"，房梁下较短的梁柱，上端承托梁枋，下脚落在梁背，需要在柱下铺垫砖石。计成《园冶·地图式》："凡兴造，必先式斯。偷柱定磉，量基广狭，次式列图。"瓜柱具体位置可见后文专页"古代木架构建筑形制"。

7 梁栿：一种由小木料拼接而成的横梁。栿，与"并、拼、骿"同源，有并排拼接之义，即指拼合梁或包镶梁，《营造法式》称为"缴背""缴贴"，姚承祖《营造法原》称为"骿料""承重骿"。

8 过步梁：又称"乳栿"，栿就是梁。房梁层层相叠，上层较下层渐短，如同脚步长短，因此得名。长一步架称为单步梁，长两步架称为双步梁，长三步架称为三步梁。

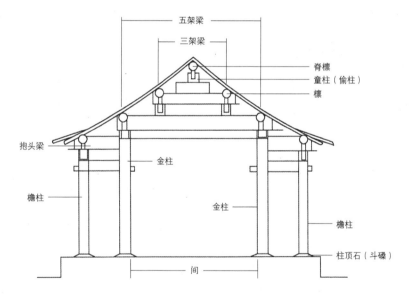

□ **七檩硬山构架（侧面）**

三架梁，也叫平梁，上承三根檩，长为二步架梁，位于屋顶的上金部位，两端下压梁垫或瓜柱。五架梁，上承五根檩，长为四步架梁；七架梁，上承七根檩，长为六步架梁。

9 斗磉：据孙博文《从"栿"到"地盘"格式——〈鲁般营造正式〉所描绘的构架系统》一书所言，叉槽为安插在柱列中，搭楣为搭在门楣上，斗磉为圆形柱础。一说指童柱与横梁搭接的三种方式之一，叉槽为童柱底部开槽，又接在梁枋上；搭楣为童柱直接搭放在梁枋上；斗礅为童柱底部垫放皿斗。

译文

木匠确定好式样，用一张好纸，画出房间地基的宽窄深浅，确定房屋的布局结构，三架、五架、七架、九架、十一架，都由主人决定。或者是每根柱子都接在地上，或者用不落地的偷柱和梁枡，或者用过步梁、眉梁、眉枋，以及斗拱和斗礅等，都需要在地基上安排妥当。

鲁般真尺[1]

按鲁般尺乃有曲尺一尺四寸四分，其尺间有八寸[2]，一寸准曲尺[3]一寸八分。内有财、病、离、义、官、劫、害、吉[4]也。凡人造门，用依尺法[5]也。假如单扇门，小者开二尺一寸，一白[6]，般尺在"义"上。单扇门开二尺八寸，在八白，般尺合"吉"上。双扇门者，用四尺三寸一分，合四绿一白，则为本门，在"吉"上。如财门者，用四尺三寸八分，合"财"门，吉。大双扇门，用广五尺六寸六分，合两白，又在"吉"上。今时匠人则开门阔四尺二寸，乃为二黑，般尺又在"吉"上。及五尺六寸者，则"吉"上二分，加六分正在"吉"中，为佳也。皆用依法，百无一失，则为良匠也。

□ 鲁般真尺 《鲁般营造正式》残卷本 插图

注解

1 鲁般真尺：又称"门光尺""八字尺"，主要用以量裁门户尺寸，以定吉凶。相传鲁班曾发明尺法，但早已失传，王圻《续文献通考·度量衡》载"鲁班尺即今木匠所用曲尺，盖自鲁班传至于唐，由唐至今用之"，亦不甚可信。现存最早关于鲁班尺的记载，出自南宋陈元靓《事林广记·鲁般尺法》："其尺也，以官尺一尺二寸为准，均分八寸，其文曰财、曰病、曰离、曰义、曰官、曰劫、曰害、曰吉，乃北斗中七星与辅星主之。用尺之法，从财字量起，虽一丈十丈皆不论，但于丈尺之内量取吉寸用之，遇吉星则吉，遇凶星则凶。亘古及今，公私造作，大小方直，皆本乎是，作门尤宜仔细。"相传鲁班尺非常灵验，所以又名"真尺"，明清时期工匠多用以修造施工，王君荣《阳宅十书·用门尺法》说："海内相传门尺数种，屡经验试，惟此尺为真。长短协度，凶吉无差。盖昔公输子班，造极木作之圣，研究造化之微，故创是尺，后人名为'鲁班尺'。非止量门可用，一切床房器物，俱当用此，一寸一分，灼有关系者。"

2 其尺间有八寸：鲁班尺的一尺相当于曲尺的一尺四寸四分，尺间分八寸，那么鲁班尺的一寸，便相当于曲尺的一寸八。

3 曲尺：又称"矩尺""压白尺"，用以量裁门户尺寸，多与鲁班尺搭配使用，分为十等份，根据洛书九宫和紫白九星，每份各有一星，分别是一白、二黑、三碧、四绿、五黄、六白、七赤、八白、九紫、十白。李斗《工段营造录》："门尺有曲尺、八字尺二法……曲尺长一尺四寸四分，八字尺长八寸，每寸准曲尺一寸八分，皆谓门尺，长亦维均。八字：财、病、离、义、官、劫、害、本也。曲尺十分为寸：一白，二黑，三碧，四绿，五黄，六白，七赤，八白，九紫，十白也。"可知鲁班尺的一寸，相当于曲尺的一寸八分。底本"准"误作"堆"，义不可通，今改。

4 吉：木匠尺法的最后一个刻度，有"吉"字和"本"字两个版本，《事林广记·鲁般尺法》："又有以官尺一尺一寸而分作长短寸者，但改吉字作本字，其余并同。然而黄钟积黍之法，其为分、为寸、为尺、为丈，即无长短之说，今人多只用一尺二寸者为法。"可知确实存在两种八字官尺，鲁班尺作"吉"字，而另一种"九天玄女尺"作"本"字，本文应指鲁班尺，故作"吉"字。底本作"本"，据残卷本改。

5 依尺法：万历本作"伏尺法"，今从残卷本及底本改。

6 一白：曲尺的刻度之一。曲尺以天元九星为依据，分为一白、二黑、三碧、四绿、五黄、六白、七赤、八白、九紫、十白，其中"一白、八白、九紫、十白"为吉色，与鲁班尺的"财、义、官、吉"相应。《事林广记·用尺定法》："一寸合白星与财。六寸合白又合义。一尺六寸合白财。二尺一寸合白义。二尺八寸合白吉。三尺六寸合白义。五尺六寸合白吉。七尺一寸合白吉。七尺八寸合白义。八尺八寸合白财。一丈一寸合白财。推而广之算一同。"

译文

据考，鲁班尺的一尺有曲尺的一尺四寸四分长，分为八寸，每寸相当于曲尺的一寸八分，每寸分别对应八个字：财、病、离、义、官、劫、害、吉。凡制造门，要依照鲁班尺的尺法。假如是造单扇门，小门要开两尺一寸宽，正好在一白上，鲁班尺在"义"字上。单扇门要开两尺八寸宽，合在八白，鲁班尺在"吉"字上。双扇门，宽度要四尺三寸一分，合在四绿一白，即为本门，鲁班尺在"吉"字上。如果要建财门，宽度要在四尺三寸八分，正好在"财"字上，很吉利。建造双扇大门，宽度需要五尺六寸六分，合在两白，也在"吉"字上。如今匠人造门，宽度在四尺二寸，正好合在二黑，鲁班尺亦在"吉"字上。至于宽度达到五尺六寸的门，就比"吉"字多了二分，如果再加宽六分，又正好在"吉"字中，这样会更好。造门都要用鲁班尺法，能百无一失，堪称良匠。

鲁般尺八首[1]

财字

财字临门仔细详，外门招得外财良。若在中门常自有，积财须用大门当。中房若合安于上，银帛千箱与万箱。木匠若能明此理，家中福禄自荣昌。

病字

病字临门招疫疾，外门神鬼入中庭。若在中门逢此字，灾须轻可免危声。更被外门相照对，一年两度送尸灵。于中若要无凶祸，厕上无疑是好亲。

离字

离字临门事不祥，仔细排来在甚方。若在外门并中户，子南父北自分张。房门必主生离别，夫妇恩情两处忙。朝夕主家[2]常作闹，悽惶无地祸谁当？

义字

义字临门孝顺生，一安中户[3]最为真。若在都门招三妇[4]，廊门淫妇恋花声。于中合字虽为吉，也有兴灾害及人。若是十分无灾害，只有厨门实可亲。

官字

官字临门自要详，莫教安在大门场。须防公事亲州府，富贵中庭房自昌。若要房门生贵子，其家必定出官郎[5]。富家人家有相压，庶人之屋实难量。

劫字

劫字临门不足夸，家中日日事如麻。更有害门相照看，凶来叠叠祸无差。儿孙行劫身遭苦，作事因循害却家。四恶四凶星不吉，偷人物件害其他。

害字

害字安门用细寻，外人多被外人临。若在内门多兴祸，家财必被贼来侵。儿孙行门于害字，作事须因破其家。良匠若能明此理，管教宅主永兴隆。

吉字

吉字临门最是良，中门[6]内外一齐强。子孙夫妇皆荣贵，年年月月旺蚕桑[7]。如有财门相照者，家道兴隆大吉昌。使有凶神在傍位，也无灾害亦风光。

本门诗

本字[8]开门大吉昌，尺头尺尾正相当。量来尺尾须当吉，此到头来财上量。福禄乃为门上致，子孙必出好儿郎。时师依此仙贤造，千仓万廪有余粮。

注解

1 鲁般尺八首：鲁般尺八字各有诗一首，分别是《财字》《病字》《离字》《义字》《官字》《劫字》《害字》《吉字》，后附《本门诗》一首，共计九首。因诗歌内容比较浅易，不再出具翻译。
2 主家：底本、万历本均作"士家"，义不符，据残卷本改。

3 一安中户：安设在中户位置。底本作"一字中字"，义不可通，据残卷本改。

4 三妇：即大妇、中妇、小妇，泛指妻妾。

5 官郎：泛指做官的男性。底本"郎"作"廊"，据残卷本改。

6 中门：正中的大门。底本作"中官"，据残卷本改。

7 旺蚕桑：蚕桑兴旺。底本"旺"误作"在"，据残卷本改。

8 本字：底本误作"本子"，义不通，据残卷本改。

补述

陈元靓《事林广记》

《事林广记》别集卷六《算法类》，是现存较早记载"鲁般尺法"的文献资料，且附有《鲁般尺诗》一首及八字诗各一首，可能是本篇九首诗歌的原型，但文本内容相去甚远，同时该诗还指出了八门的别称，极有参考价值，故一并附录如下。

鲁般尺诗

八位星辰世罕闻，古今排定合乾坤。阴阳未必全山水，祸福由来半在门。

财门（一名天门）

财门开者便多财，自见金银日日来。万事皆和增六畜，家中福禄甚荣哉。

病门（一名冤门）

病门开者能招病，婢走奴亡家已尽。急改向东及向西，庶几可保妻儿命。

离门（一名凶门）

离门开者主分离，男女潜游不见归。夫妇终须相别去，更兼公事闷依依。

义门（一名宜门）

义门开者出孝义，又主门阑多喜气。须信状元从此来，作事和谐五福备。

官门（一名荣门）

官门开者喜加官，仕宦逢之乃喜欢。庶人莫用僧尼忌，犯着时时讼事关。

◎鲁班真尺与曲尺

真尺与曲尺是古人按尺丈量，确定物件和门窗尺寸的工具。

鲁班真尺

即门光尺，又叫"文公尺""八字尺"。门光尺全长约42.9厘米，平均分为八份，每份对应一个字，分别是"财、病、离、义、官、劫、害、吉"，不同的字有不同的象征含义。修造时匠师会以门光尺取量尺寸，与尺上财、义、官、吉等吉利的字相应的尺寸则十分吉利。但不同用途、等级的建筑，其房屋规制、门的大小等都是有区别的，诸如"义门惟寺观学舍义聚之所可装，官门惟官府可装"。

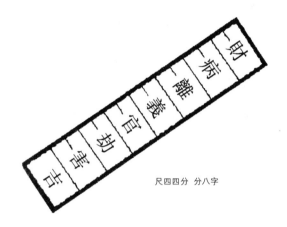

尺四四分 分八字

下图是更为细致的鲁班真尺图，尺上标有刻度，将刻度平均分为八份，从右到左为"财"字到"本"字。营造时使用真尺测量尺寸，看尺寸是否合吉，在这八字下还有更细的吉凶划分。古人认为营造时尺寸压中相应的位置，便可逢凶化吉。

柒		陆		伍		肆		叁		贰		壹	
義				離				病				財	
大吉	贵子	益利	添丁	失脱	官鬼	劫财	长库	孤寡	牢执	公事	退财	迎福	六合	宝库	财德

肆		叁		贰		壹		拾		玖		捌	
本				害				劫				官	
興旺	进宝	登科	财至	口舌	病临	死绝	灾至	财失	离乡	退口	死别	富贵	进益	横财	顺科

《事林广记》门户尺度表

营造尺	紫白	门光尺	尺尾数	八字
2.8	八白	15.56	7.56	吉
3.6	六白	20.00	4.00	义
7.1	一白	39.44	7.44	吉
7.8	八白	43.33	3.33	义
8.8	八白	48.89	0.89	财
10.1	一白	56.11	0.11	财

为便于记忆，《事林广记》还将此表编为歌诀：一寸合白星与财，六寸合白合义，一尺六寸合白财，二尺一寸合白义，二尺八寸合白吉，三尺六寸合白义，五尺六寸合白吉，七尺一寸合白吉，七尺八寸合白义，八尺八寸合白财，一丈一寸合白财。

《鲁班经》门户尺度表

门名称	营造尺	折合门光尺	所余尾数	合何八字
小单扇门	2.10	11.67	3.67	义
大单扇门	2.80	15.56	7.56	吉
小双扇门	4.20	23.33	7.33	吉
	4.31	23.94	7.94	吉
	4.38	24.33	0.33	财
大双扇门	5.60	31.11	7.11	吉
	5.66	31.44	7.44	吉

《阳宅十书》说："（鲁班尺）非只量门可用，一切床房器物当用此，一寸一分，灼有关系者。"可见鲁班尺与曲尺搭配，应用范围明显扩大。

劫门（一名殃门）

劫门开者恐遭劫，殴打死伤去田业。宅舍多灾妻产亡，更兼公事不宁帖。

害门（一名衰门）

害门开着招灾害，相斗相殴家道败。公方重惹为君愁，万万田庄皆典卖。

吉门（一名安门）

吉门开者永无凶，珍宝钱财是事丰。子息昌荣皆习读，谋为万事尽亨通。

曲尺诗

一白难如[1] 六白良，若然八白亦为昌。

不将[2] 般尺来相凑[3]，吉少凶多必主殃。

曲尺之图

一白、二黑、三碧、四绿、五黄、六白、七赤、八白、九紫、一白[4]。

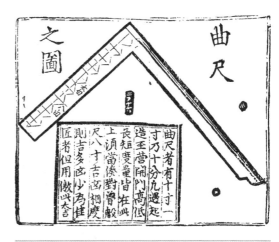

□ 曲尺　《鲁般营造正式》残卷本　插图

论曲尺根由[5]

曲尺者，有十寸，一寸乃十分。凡遇起造经营、开门高低、长短度量，皆在此上。须当凑对鲁班尺八寸吉凶相度[6]，则吉多凶少为佳。匠者但用仿此，大吉也。

注解

1 难如：比不上。底本作"惟如"，据残卷本改。

2 不将：底本作"但将"，据残卷本改。

3 相凑：相互参照比对。

4 一白：一作"十白"，紫白九星自"一白"始，至"一白"终，以此循环。另有一种刻度方法，将第十个位置的"一白"改为"十白"，实质相同。

5 根由：这里指用途。

6 相度：相互比对。

译文

曲尺诗

一白的尺寸不如六白的尺寸吉利，不然八白的尺寸也很吉利。（修造时）要将鲁班尺配合着使用，如果吉利的尺寸少而灾祸的尺寸多，就一定有祸害。

（"曲尺之图"译略）

论曲尺用途

曲尺有十寸，每寸为一分。凡建造施工，涉及开门的高低及长短的度量，都在曲尺的使用上。必须要与鲁班尺八寸对应估量，才能确保吉多凶少。好的工匠使用时仿照这一规矩，就能够大吉大利。

补述

紫白九星

九星，指北斗七星与左辅、右弼两颗星。因地轴正好朝向北极星，其位在正北方向，故古代人们以北极星决定方位和时间。在北极星外围，有一个由七颗星连成勺子形状的星座，就是北斗七星。北斗七星分别为天枢（北斗一）、天璇（北斗二）、天玑（北斗三）、天权（北斗四）、玉衡（北斗五）、开阳（北斗六）、瑶光（北斗七），前四颗星连成一个方形的斗，

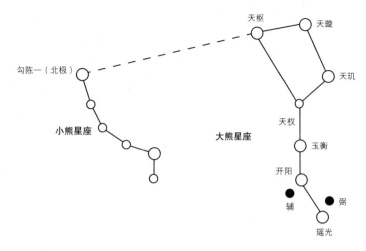

北斗七星图示

统称为"魁"，后三颗星连成一线似柄，统称为"杓"。在开阳、瑶光旁还有两颗较暗的小星，左边叫辅，右边叫弼，共为九星。北斗星环绕北极星，自东向西旋转，一年旋转一周，所以古人借北斗七星来判定方位和四时。由此，风水家演变出贪狼、破军、武曲、廉贞、文曲、巨门、禄存、右弼、左辅九星，并把它们的次序和形态与五行方位等相配，形成一套完整的紫白九星学说，与颜色相配而得一白贪狼、二黑巨门、三碧禄存、四绿文曲、五黄廉贞、六白武曲、七赤破军、八白左辅、九紫右弼。

三元九运

解读紫白九星，自然需要了解三元九运之说。古代术数家将六十甲子与九宫相配，其中第一甲子为上元，第二甲子为中元，第三甲子为下元，三元中的每一元都是六十年，共有一百八十年；而每二十年为一运，故共有九运，这就是"三元九运"。

年、月、日、时，这四类时间均有紫白星相对应，但其取法不同，具体可见年、月、日、时紫白表。三元、紫白、九星，是风水学中阴阳宅和择吉术中的常用术语，后被匠师用到房屋营建中，为建筑学增添了神秘色彩。

年紫白表

　　年紫白从上元甲子年起，一白入中宫开始逆推，依次为乙丑年九紫入中宫，丙寅年八白入中宫，丁卯年七赤入中宫等，见表"上元甲子"栏。中元甲子年，从四绿入中宫开始逆推，依次为乙丑年三碧入中宫，丙寅年二黑入中宫等；下元甲子年，从七赤入中宫开始逆推，依次为乙丑年六白入中宫，丙寅年五黄入中宫等，见表中"中元甲子"和"下元甲子"栏。上元、中元、下元，即三个甲子。

九星	一白	九紫	八白	七赤	六白	五黄	四绿	三碧	二黑
上元甲子	甲子	乙丑	丙寅	丁卯	戊辰	己巳	庚午	辛未	壬申
	癸酉	甲戌	乙亥	丙子	丁丑	戊寅	己卯	庚辰	辛巳
	壬午	癸未	甲申	乙酉	丙戌	丁亥	戊子	己丑	庚寅
	辛卯	壬辰	癸巳	甲午	乙未	丙申	丁酉	戊戌	己亥
	庚子	辛丑	壬寅	癸卯	甲辰	乙巳	丙午	丁未	戊申
	己酉	庚戌	辛亥	壬子	癸丑	甲寅	乙卯	丙辰	丁巳
	戊午	己未	庚申	辛酉	壬戌	癸亥			
中元甲子							甲子	乙丑	丙寅
	丁卯	戊辰	己巳	庚午	辛未	壬申	癸酉	甲戌	乙亥
	丙子	丁丑	戊寅	己卯	庚辰	辛巳	壬午	癸未	甲申
	乙酉	丙戌	丁亥	戊子	己丑	庚寅	辛卯	壬辰	癸巳
	甲午	乙未	丙申	丁酉	戊戌	己亥	庚子	辛丑	壬寅
	癸卯	甲辰	乙巳	丙午	丁未	戊申	己酉	庚戌	辛亥
	壬子	癸丑	甲寅	乙卯	丙辰	丁巳	戊午	己未	庚申
	辛酉	壬戌	癸亥						
下元甲子				甲子	乙丑	丙寅	丁卯	戊辰	己巳
	庚午	辛未	壬申	癸酉	甲戌	乙亥	丙子	丁丑	戊寅
	己卯	庚辰	辛巳	壬午	癸未	甲申	乙酉	丙戌	丁亥
	戊子	己丑	庚寅	辛卯	壬辰	癸巳	甲午	乙未	丙申
	丁酉	戊戌	己亥	庚子	辛丑	壬寅	癸卯	甲辰	乙巳
	丙午	丁未	戊申	己酉	庚戌	辛亥	壬子	癸丑	甲寅
	乙卯	丙辰	丁巳	戊午	己未	庚申	辛酉	壬戌	癸亥

月紫白表

　　月紫白从子、午、卯、酉年正月八白入中宫，二月七赤入中宫……开始逆推；辰、戌、丑、未年则从正月五黄入中宫、二月四绿入中宫……开始逆推；寅、申、巳、亥年则从正月二黑入中宫开始逆推。见表中各栏。上古纪年从甲子年甲子月始，现在纪年则从寅月始，而此表则从各年正月始，故加说明。

中星年 ＼ 月令	正	二	三	四	五	六	七	八	九	十	十一	十二
子午卯酉	八白	七赤	六白	五黄	四绿	三碧	二黑	一白	九紫	八白	七赤	六白
辰戌丑未	五黄	四绿	三碧	二黑	一白	九紫	八白	七赤	六白	五黄	四绿	三碧
寅申巳亥	二黑	一白	九紫	八白	七赤	六白	五黄	四绿	三碧	二黑	一白	九紫

日紫白表

冬至一阳生，阳局开始；夏至一阴生，阴局开始；是故，冬至后顺行九星，冬至后从甲子日一白入中宫起，雨水后甲子日七赤入中宫，谷雨后甲子日四绿入中宫，都顺推。但夏至后逆行九星，夏至后从甲子日九紫入中宫开始，处暑后甲子日三碧入中宫，霜降后甲子日六白入中宫开始，都逆推。这是与年紫、月紫顺逆的不同。

节 ＼ 日 ＼ 九星入中	一白	二黑	三碧	四绿	五黄	六白	七赤	八白	九紫
冬至到立春	甲子	乙丑	丙寅	丁卯	戊辰	己巳	庚午	辛未	壬申
	癸酉	甲戌	乙亥	丙子	丁丑	戊寅	己卯	庚辰	辛巳
	壬午	癸未	甲申	乙酉	丙戌	丁亥	戊子	己丑	庚寅
	辛卯	壬辰	癸巳	甲午	乙未	丙申	丁酉	戊戌	己亥
	庚子	辛丑	壬寅	癸卯	甲辰	乙巳	丙午	丁未	戊申
	己酉	庚戌	辛亥	壬子	癸丑	甲寅	乙卯	丙辰	丁巳
	戊午	己未	庚申	辛酉	壬戌	癸亥			
雨水到清明							甲子	乙丑	丙寅
	丁卯	戊辰	己巳	庚午	辛未	壬申	癸酉	甲戌	乙亥
	丙子	丁丑	戊寅	己卯	庚辰	辛巳	壬午	癸未	甲申
	乙酉	丙戌	丁亥	戊子	己丑	庚寅	辛卯	壬辰	癸巳
	甲午	乙未	丙申	丁酉	戊戌	己亥	庚子	辛丑	壬寅
	癸卯	甲辰	乙巳	丙午	丁未	戊申	己酉	庚戌	辛亥
	壬子	癸丑	甲寅	乙卯	丙辰	丁巳	戊午	己未	庚申
	辛酉	壬戌	癸亥						
谷雨到芒种				甲子	乙丑	丙寅	丁卯	戊辰	己巳
	庚午	辛未	壬申	癸酉	甲戌	乙亥	丙子	丁丑	戊寅
	己卯	庚辰	辛巳	壬午	癸未	甲申	乙酉	丙戌	丁亥
	戊子	己丑	庚寅	辛卯	壬辰	癸巳	甲午	乙未	丙申
	丁酉	戊戌	己亥	庚子	辛丑	壬寅	癸卯	甲辰	乙巳
	丙午	丁未	戊申	己酉	庚戌	辛亥	壬子	癸丑	甲寅
	乙卯	丙辰	丁巳	戊午	己未	庚申	辛酉	壬戌	癸亥
夏至到立秋	壬申	辛未	庚午	己巳	戊辰	丁卯	丙寅	乙丑	甲子
	辛巳	庚辰	己卯	戊寅	丁丑	丙子	乙亥	甲戌	癸酉
	庚寅	己丑	戊子	丁亥	丙戌	乙酉	甲申	癸未	壬午
	己亥	戊戌	丁酉	丙申	乙未	甲午	癸巳	壬辰	辛卯
	戊申	丁未	丙午	乙巳	甲辰	癸卯	壬寅	辛丑	庚子
	丁巳	丙辰	乙卯	甲寅	癸丑	壬子	辛亥	庚戌	己酉
				癸亥	壬戌	辛酉	庚申	己未	戊午

续表

节＼日＼九星入中	一白	二黑	三碧	四绿	五黄	六白	七赤	八白	九紫
处暑到寒露	丙寅	乙丑	甲子						
	乙亥	甲戌	癸酉	壬申	辛未	庚午	己巳	戊辰	丁卯
	甲申	癸未	壬午	辛巳	庚辰	己卯	戊寅	丁丑	丙子
	癸巳	壬辰	辛卯	庚寅	己丑	戊子	丁亥	丙戌	乙酉
	壬寅	辛丑	庚子	己亥	戊戌	丁酉	丙申	乙未	甲午
	辛亥	庚戌	己酉	戊申	丁未	丙午	乙巳	甲辰	癸卯
	庚申	己未	戊午	丁巳	丙辰	乙卯	甲寅	癸丑	壬子
霜降到大雪	己巳	戊辰	丁卯	丙寅	乙丑	甲子	癸亥	壬戌	辛酉
	戊寅	丁丑	丙子	乙亥	甲戌	癸酉	壬申	辛未	庚午
	丁亥	丙戌	乙酉	甲申	癸未	壬午	辛巳	庚辰	己卯
	丙申	乙未	甲午	癸巳	壬辰	辛卯	庚寅	己丑	戊子
	乙巳	甲辰	癸卯	壬寅	辛丑	庚子	己亥	戊戌	丁酉
	甲寅	癸丑	壬子	辛亥	庚戌	己酉	戊申	丁未	丙午
	癸亥	壬戌	辛酉	庚申	己未	戊午	丁巳	丙辰	乙卯

时紫白表

注意此表，即子、午、卯、酉日，冬至后从子时一白入中宫起顺推，夏至后从子时九紫入中宫起逆推；寅、申、巳、亥日，冬至后从子时四绿入中宫起顺推，夏至后从子时六白入中宫起逆推；辰、戌、丑、未日，冬至后从子时七赤入中宫起顺推，夏至后从子时三碧入中宫起逆推。此顺逆也与冬至后、夏至后九星的顺、逆运行相应。

顺局	冬至后			一白	二黑	三碧	四绿	五黄	六白	七赤	八白	九紫
逆局	夏至后			九紫	八白	七赤	六白	五黄	四绿	三碧	二黑	一白
日支	子午卯酉日	寅申巳亥日	辰戌丑未日									
各时到方	子酉	卯	未	中	乾	兑	艮	离	坎	坤	震	巽
	丑戌	辰	申	巽	中	乾	兑	艮	离	坎	坤	震
	寅亥	巳	子酉	震	巽	中	乾	兑	艮	离	坎	坤
	卯	午	戌丑	坤	震	巽	中	乾	兑	艮	离	坎
	辰	未	寅亥	坎	坤	震	巽	中	乾	兑	艮	离
	巳	申	卯	离	坎	坤	震	巽	中	乾	兑	艮
	午	子酉	辰	艮	离	坎	坤	震	巽	中	乾	兑
	未	戌丑	巳	兑	艮	离	坎	坤	震	巽	中	乾
	申	寅亥	午	乾	兑	艮	离	坎	坤	震	巽	中

注：以上是年、月、日、时与紫白九星相对应的规律，但各自取法又有不同。比如，年与紫白九星的对应是逆向推

算，在上元的甲子年，一白位于中宫，第二年为乙丑年，九紫位于中宫，第三年为丙寅年，八白位于中宫，此后每年依此逆向推算即可。如此，到了中元的甲子年时，四绿便位于中宫，然后又依此规律推算，到了下元的甲子年，七赤位于中宫，也依此规律逆向推算。其余月、日、时与紫白九星的对应也各有规律，在表中都有体现。

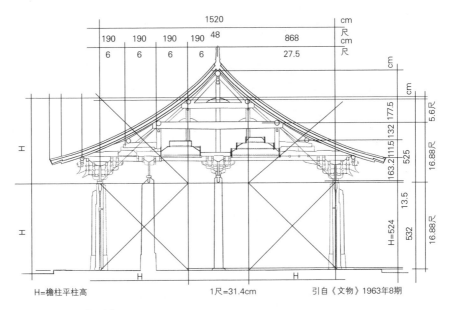

H=檐柱平柱高　　　　　1尺=31.4cm　　　引自《文物》1963年8期

□ **永济永乐宫三清殿横剖面图**

三清殿是道教供奉最高尊神——三清祖师的殿堂，图中三清殿的尺寸，处处符合一、六、八三白，大吉。

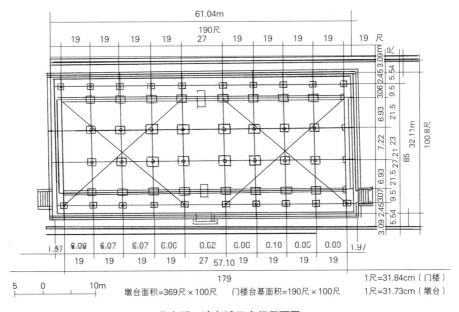

墩台面积=369尺×100尺　　门楼台基面积=190尺×100尺

1尺=31.84cm（门楼）
1尺=31.73cm（墩台）

北京明、清皇城天安门平面图

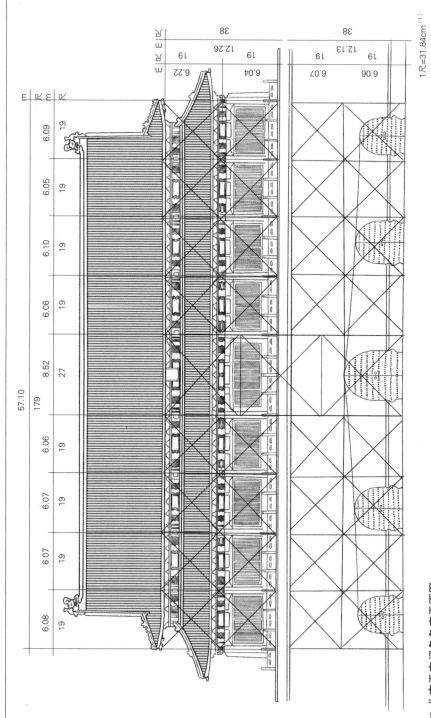

□ 北京天安门各角度平面图

从天安门的平面图可以看到，天安门的进深、面阔等各项尺寸多合九紫与五黄，因为在古代，"九五"两数暗合"九五之尊"之意，代表至高无上，因此天安门这种皇家建筑与上图三清殿这种民间建筑不同。

[1] 书中尺寸图来自不同版本，因此尺与厘米的换算标准略有差异，本书未严格按照现在的数据处理办法处理数值。

1尺=31.84cm[1]

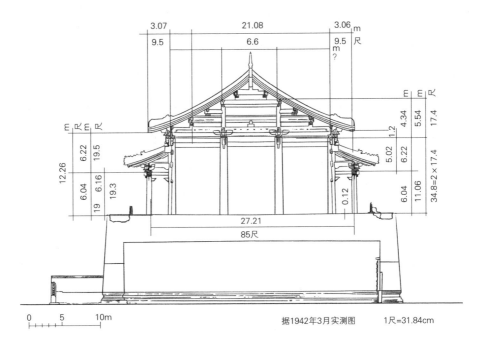

据1942年3月实测图　　　1尺=31.84cm

北京天安门横剖面图

推起造向首[1] 合白吉星

　　鲁般经营[2]：凡人造宅开门[3]，一须用准与不准。及起造室院，修缉车箭[4]，须用准合阴阳，然后使尺寸量度，用合"财吉星"[5]及"三白星"，方为吉。其白外，但则九紫为小吉。人要合鲁般尺与曲尺，上下相同为好，用克定神人运宅[6]及其年向首大利。

注解

1 起造向首：修造建筑的朝向。底本"向"误作"何"，形近而讹，据下文"其年向首"及残卷本改。起造向首，是一种推断法，即修造岁年应注意的太岁对冲的方向。如当年在子，向首则是午。午，就是太岁对冲的方向，又名二杀，很凶险，所以应用所选紫白克制。如果子年向首在午，午居火，当用一白水克午火，所以宜造一白尺寸的门才吉。门光尺与营造尺（曲尺）各为"财、官、义、吉"和"一白、六白、八白、九紫"为吉，所以造门，要门光尺与营造尺（曲尺）参合使用。

2　鲁般经营：用鲁班尺筹划修造。残卷本作"《鲁般经》云"，亦可通。

3　开门：修造大门。底本"开（開）"误作"门（門）"，据残卷本改。

4　修缉车箭：修缮。修缉，修缮整理，底本"修"误作"条（條）"，据残卷本改。车箭，不详，一说为拼接木料，或将木材加工成长条等各种形状。

5　财吉星：指鲁班尺上的财、吉二字，这里指代尺上表示吉利的尺寸。

6　神人运宅：八字相关的吉凶方位之一。《居家必用事类全集·丁集》："兴工造作日：大凡起造，先以作主本命纳音与起造年太岁纳音对勘，相生相旺，命克岁，吉；相冲相刑，岁克命，凶……即将运身九星推究，得作主行年，值三白大吉，九紫小吉。又将运宅、身宅、禄宅推究，自生至旺为有气年月，吉；自衰至养为无气年月，凶。"意思是起造时，应先比较家主的本命纳音和当年的太岁纳音，相互生旺则吉，相互冲犯则凶。推算方法是用运身九星代入家主行年，三白则为大吉，九紫则为小吉，再分别代入运宅、身宅、禄宅等，有气的年月则吉，无气的年月则凶。

译文

用鲁班尺筹划修造时，凡是修造家宅、开设大门，都要用鲁班尺测量尺寸吉凶是否适宜。建造室院、拼接木料，也要先用鲁班尺调和阴阳，然后才用来测量尺寸长短是否合乎财、吉二字等表示吉利的尺寸，并与三白星比较才吉利。三白星外，九紫是小吉。人们使用鲁班尺和曲尺，要把两尺刻度对应好，须上下相同，然后用以推定神人运宅以及太岁的方向，这样的朝向才会非常吉利。

九天玄女[1]尺

按九天玄女装门路，以玄女尺算之，每尺止得九寸有零，却分财、病、离、义、官、劫、害、本八位，其尺寸长短不齐，惟本门与财门相接最吉。义门惟寺观、学舍，义聚之所可装。官门惟官府可装。其余民俗只装本门与财门相接最吉。大抵尺法，各随匠人所传，术者当依《鲁般经》尺度为法。

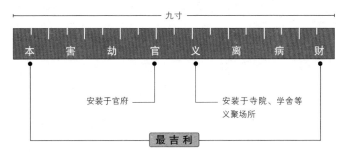

□ 九天玄女尺

　　此为鲁班所定九天玄女尺，该尺一尺为九寸，九尺为一丈，分"财""病""离""义""官""劫""害""本"八位。其长度及各寸的所示吉凶与鲁班尺有一定的区别，但其最大的特点是，门窗尺寸的数目均不离九。

注解

1　九天玄女：原为道教神仙名，这里指九天玄女尺，木匠用尺之一。此尺相传为九天玄女所造，长十五寸，分十五门，分别是田宅、疾病、长命、少亡、外家、招害、孤寡、官非、须劫、进益、七恶、外姓、六合、旺益、玄女。《事林广记·玄女尺法》说："《灵异记》曰：玄女乃九天玄女，造此尺专为开门设，湖湘间人多使之。其法以官尺一尺一寸为准，分作十五寸，亦各有字用之法，亦如用鲁般尺，遇凶则凶，遇吉则吉。其间只有田宅、长命、进益、六合、旺益、玄女六星吉，余并凶。"而《鲁班经》则将九天玄女尺定为长九寸，分为财、病、离、义、官、劫、害、本八位，系时代不同所致的形制改变。

译文

　　考查用九天玄女尺装门路的方法，按玄女尺来测算，每尺只有九寸出头，而分为财、病、离、义、官、劫、害、本八个刻位，刻度长短并不均匀，只有本门和财门相接最吉利。义门只有寺庙、道观，以及聚义的场所可以安装。官门只有官府可以安装。其余的门，依照民俗，只有本门和财门相接最吉。大概每位工匠传授的用尺方法都各有不同，还是应该以《鲁班经》的尺度为准。

论开门步数¹

论开门步数：宜单不宜双。行惟一步、三步、五步、七步、十一步吉，余凶。每步计四尺五寸为一步，于屋檐滴水²处起步，量至立门处，得单步，合前财、义、官、本门，方为吉也。

注解

1　步数：古代常用的长度计量单位。一步为步，半步为跬；一步折算的长度历代各有不同，《礼记·王制》说："古者以周尺八尺为步，今以周尺六尺四寸为步。"孔颖达疏："古者八寸为尺，周尺八尺为步，则一步六尺四寸。"开门步数，即从屋檐滴水处到立门处的步数。

2　滴水：又称"霤"，屋檐的排水道。《说文解字·雨部》说："霤。屋水流也。"段玉裁注："当今之栋下直室之中，古者霤下之处也。"

译文

大门到屋檐的步数：以步数计，宜用单数，不适宜用双数。行步只有一步、三步、五步、七步、十一步才吉利，其余都凶险。每步为四尺五寸，从屋檐滴水处开始，一直量到立门的地方，步数为单数，则符合前述的财门、义门、官门或本门，才是吉利。

补述

官步法

古人营造房屋，从立门处到屋檐滴水处的距离要用官步计量，此外，天井、阳埕等露天空间的进深计量，也是用官步计定。"步"宜一步、三步、五步、七步、十一步等单数，而不能是二步、四步、六步、八步、十步等双数，否则不吉。有诀云："一步青龙多吉庆，二步朱雀起官灾，三步端正招吉事，四步灾祸动瘟疫，五步贪狼金贵吉，六步灾祸动相当，七步金堂多福禄，八步瘟瘝是伤残，九步兴旺主富贵，十步冷落损财丁，十一步大旺田蚕发，十二步又是两重丧……"用步计定时，讲求"步宜初

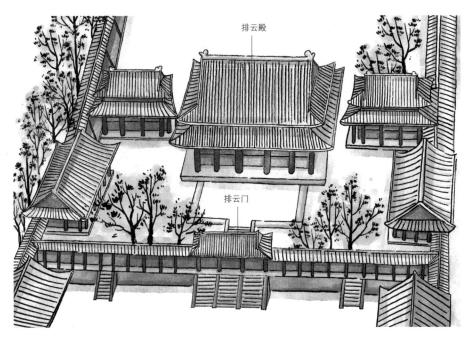

排云殿

排云门

□ 颐和园平面图示　局面

　　图中为颐和园排云殿及排云殿的大门——排云门，从排云门到排云殿屋檐滴水处的距离，当合宫步法。

交，不宜尽步"。"初交"按宫步换算，一步为四尺半，如果是四尺八寸八，那么刚过一步算两步，此即为初交。如果某座房宅的天井进深是一丈八尺六寸，折合步数是四步零六寸，尽管跨入第五步，但距离只六寸，也为五步，或叫作"初交五步"。如果这个天井深为二丈二尺五寸，折算后恰为五步，但此步数已近"六步"，此步数并不吉利，所以不用"尽步"。同样，屋宅的台阶数，也是宜单不宜双，其理相同。

定盘真尺[1]

　　凡创造屋宇，先须用坦平地基，然后随大小阔狭安磉平正。平者，稳也。次用一件木料，（长一丈四五尺有郁[2]，长短在人[3]。用大四寸，厚二寸，中立表，）长短在四五尺内实用[4]，压曲尺，端正两边[5]，安八字，射中心。（上

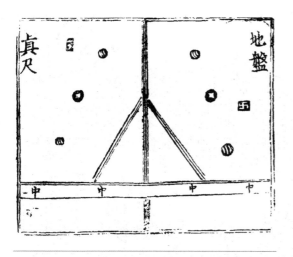

系一线垂下[6]，吊石坠，则为平正，直也，有实样可验。）

诗曰：

世间万物得其平，全仗权衡及准绳。创造先量基阔狭，均分内外两相停。石磉切须安得正，地盘先宜镇中心。定将真尺分平正，良匠当依此法真。

□ 地盘真尺　《鲁班营造正式》残卷本　插图

注解

1 定盘真尺：用固定的曲尺、木杆和石坠，以测量地基、横木是否水平。李诚《营造法式·定平》说："凡定柱础取平，须更用真尺较之。其真尺长一丈八尺，广四寸，厚二寸五分，当心上立表高四尺，于立表当心，自上至下施墨线一道，垂绳坠下，令绳对墨线心，则其下地面自平。"

2 有郁：表示约数。郁，疑为"余"字音近假借。

3 长短在人：根据实际情况确定长短。底本"在"作"有"，据残卷本改。

4 长短在四五尺内实用：指立表长度宜在四五尺内。

5 压曲尺，端正两边：用曲尺使"立表"与长"一丈四五尺"的木材垂直。

6 垂下：底本"垂"误作"重"，据残卷本改。

译文

凡修造房屋，首先得有平整的地基，然后再根据地基的大小宽窄，将磉柱固定平正。"平"，就是稳当。然后选择一方木料，长一丈四五尺长左右，长短据地基面积而定。宽四寸，厚二寸，中立木杆，长短在四五尺内较为实用，将曲尺端正两边，固定成"八"字形状，对准地基中心。（上系一根细线，吊一块石坠使之垂下，直到平、正、直。这一方法之用可都有实据可验。）

诗曰：

世间万物要想平直，都要仰仗权衡准绳。盖房先量地基宽窄，分配场地内外得当。石磉必须安放平正，地盘先要镇住中央。要用真尺测量平正，良匠依此最为正宗。

推造宅舍吉凶论

　　造屋基浅，在市井中人魅[1]之处，或外阔内狭，或内阔外狭[2]，具得[3]随地基所作。若内阔外狭[4]，乃名为"蟹穴屋"[5]，则衣食自丰也。其外阔内侧[6]，则名为"槛口屋"[7]，不为奇也。造屋切不可前三直后二直[8]，则为"穿心栟"[9]，不吉。如或新起栟，不可与旧屋栋齐过，俗云："新屋插旧栋，不久便相送。"须用放低于旧屋，则曰"次栋"。又不可直栋穿中门，云"穿心栋"[10]。

注解

1 人魅：人口稠密。魅，或为"密"字音近假借，底本作"魅"、残卷本作"魃"、《三台万用正宗·营宅门》作"魁"，均是"魅"字的俗讹字形，今据改。

2 或外阔内狭，或内阔外狭：外侧宽阔里侧狭小，内侧宽阔外侧狭小。古人认为房宅内外的宽窄与吉凶有关，王君荣《阳宅十书·阳宅外形吉凶图说》："前狭后宽，气束而聚，故吉；前宽后狭，俗称'簸箕形'，气泄而散，故凶。"底本两"狭"字后各衍"为"字和"穿"字，据残卷本删。残卷本作"外开内挟、内开外挟"，亦可通。

3 具得：都要。底本"具"作"只"，据残卷本改。

4 内阔外狭：残卷本作"内开外侧"，亦可通。底本无"狭"字，今据文意补。

5 蟹穴屋：外窄内宽的房屋，形如螃蟹巢穴，因此得名。螃蟹在沙滩掘沙下钻，形成一个外窄内宽的巢穴，表面只一小口，但内部空间却很宽大。

6 外阔内侧：底本无"内侧"二字，据残卷本补。侧，通"仄"，狭窄。

7 槛口屋：内窄外宽的房屋，形如围有栏杆，因此得名。槛口，栏杆。

8 前三直后二直：不详。一说"三"通"扇（楄）"，与"栟"义近，即前文"定磉扇架"之"扇"，"三直"意为"笔直的楄架"，地基不直而两楄直，称为"穿心"，详见孙博文《山（扇）/排山(扇)/扇架/栟/扶栟——江南工匠竖屋架的术语、仪式及〈鲁班营造正式〉中一段话的解疑》。

9 穿心枊：穿堂而过的横梁，一说为穿过地基边缘的横梁。

10 穿心栋：穿过中门的主梁。残卷本、《三台万用正宗·营宅门》均无"又不可……穿心栋"一句，残卷本后附双行小字注文："又不可吉栋宇中门，云穿心，不行，官合官兑凡后。或造庄廊，目廊有三直后开，则无害庙宇不女。"文本错讹较多，《三台万用正宗·营宅门》此段引作："又不可植栋穿中门，凶。穿心门不吉，若合官兑则吉。或造在庚，自庚有三白合门，则无害庚年不安。"可知"穿心栋"即栋柱穿过中门，不吉，须合正西方的兑官，或西方偏南的庚方，方可转凶为吉。

译文

建造房屋的地基较浅，位于市井中各色人等杂处之地，无论是外宽内窄，还是内宽外窄，都要根据地基的实际情况进行建造。内宽外窄的房屋，称为"蟹穴屋"，能让家门衣食丰足。外宽内窄的房屋，称为"槛口屋"，也不奇怪。建造房屋切不可前三直，后二直，这样称为"穿心枊"，不吉利。如果新造房屋，架设横梁，不可与旧屋栋柱平齐，俗话说："新屋插旧栋，不久便相送。"要放得比旧屋更低，这样才是"次栋"。也不能让主梁直穿中门，这样是"穿心栋"。

补述

相宅

根据宅屋方位测定吉凶的习俗，可以上溯至秦汉时期，《荀子·礼论》说："月朝卜日，月夕卜宅。"《淮南子·人间训》说："鲁哀公欲西益宅，史争之，以为西益宅不祥。"《汉书·艺文志》"数术略"载有"形法"类："形法者，大举九州之势以立城郭室舍形，人及六畜骨法之度数、器物之形容，以求其声气贵贱吉凶，犹律有长短，而各征其声，非有鬼神，数自然也。"形法类内还录有《宫宅地形》二十卷，可见秦汉间堪舆地理之学正是阳宅风水文化的前身。《隋书·经籍志》著录有《宅吉凶论》三卷、《相宅图》八卷，《旧唐书·经籍志》著录有《五姓宅经》二卷，皆是相宅理论的传承和发展。宋元间旧题《黄帝宅经》是相宅著

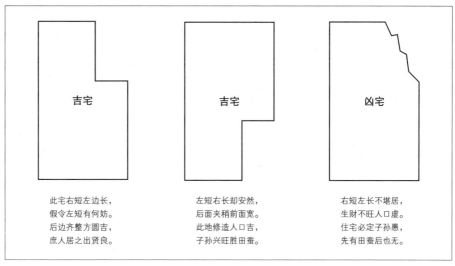

此宅右短左边长，
假令左短有何妨。
后边齐整方圆吉，
庶人居之出贤良。

左短右长却安然，
后面夹稍前面宽。
此地修造人口吉，
子孙兴旺胜田蚕。

右短左长不堪居，
生财不旺人口虚。
住宅必定子孙愚，
先有田蚕后也无。

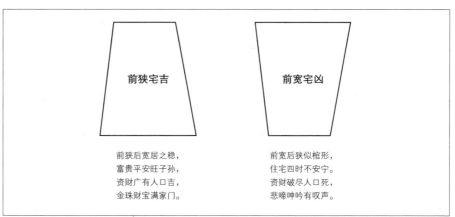

前狭后宽居之稳，
富贵平安旺子孙，
资财广有人口吉，
金珠财宝满家门。

前宽后狭似棺形，
住宅四时不安宁。
资财破尽人口死，
悲啼呻吟有叹声。

□ 阳宅外形吉凶

《阳宅十书》载："人之居处，宜以大地山河为主，其来脉气势最大，关系人祸福最为切要。若大形不善，总内形得法，终不全吉，故论宅外形第一。"古人认为屋宅最重要的就是外形，如果只有内形吉利而外形不好，终究不是最吉利的。前狭后宽或前宽后狭，即指形制，《阳宅十书》有《阳宅外形吉凶图说》专章论述，这几幅图便出自其中。

述中的集大成者，在民间影响最大，号称参证了黄帝、淮南、李淳风、吕才等历代《宅经》共二十九种。书中以"阴阳相得"为要旨，以八卦乾、坎、艮、震、辰为阳，巽、离、坤、兑、戌为阴。阳以亥为首、巳为尾，阴以巳为首、亥为尾，全面推证阳宅方位的吉凶休咎。四库馆臣称其"颇有义理，文辞雅驯"，收录在《四库全书·术数类》"相宅相墓之属"。

后有丘陵谓之玄武

右有长道谓之白虎

前有淤池谓之朱雀

左有流水谓之青龙

阳宅四象

　　阳宅风水先论四象，前朱雀，后玄武，左青龙，右白虎，是为风水宝地。

地势：住宅西北方地势向高伸展，东南方向有山冈，西南、东北两方地势平坦。

吉宅

　　在此居住必定富贵昌盛，农桑丰收，家畜兴旺。

山冈：住宅西北、西南、东北、正北方均有山冈，且前方地势平坦又相容让。

吉宅

　　在此居住必定人丁兴旺，儿孙出众且多出英雄豪杰。

山水：住宅前后方有山，左右方有沙、水。

吉宅

　　在此居住必定家室显赫富贵，家人长寿。

北高南低：住宅后有山冈，地势北高南低。

吉宅

　　在此居住必定子孙兴旺，农桑昌盛，吃穿不尽。

乾方有岭：住宅西北方有丘陵。

吉宅

　　在此居住必定家道兴隆，女子入宫为妃，子孙升做高官。

□ 择宅风水图示

　　古代建造房屋讲究周边风水，所谓的"风水宝地"其实就是能满足人的生存需求，使人生活得更舒适。因此，择地时，房屋北面最好有高大山岭以阻挡寒风，南面最好有宽阔平原以便耕作，周边最好有活水流动，远处最好有宜人的风景，这样的地方能满足食物、水源、保暖等需求，是建宅的良好地形。

□ 《仿古山水册》之一　清　王翚

　　房屋外形的风水影响：前面宽阔后面狭窄，或前面狭窄后面宽阔，都是指房屋的外形。《阳宅十书》将房屋外形问题列为第一要义，其中所记，人居住的地方应当以大地山河为主，其来脉（山脉水流来去的走势。风水术把山川的高低起伏称为龙脉，其龙脉有来、去的走势）气势最大，关系到人的祸福，最为重要；如果大的地形不好，即使房内的形势合乎法则，但终归不完全吉利。房屋外形前面狭窄后面宽阔，会使生气聚集，所以吉利；前面宽阔后面狭窄，俗称"簸箕形"，这样会使生气泄散，所以为凶。古人不仅讲究房屋前后的宽窄，也十分注意八个方位的凹凸地势，其吉凶各有含义。

三架屋¹后连三架²法

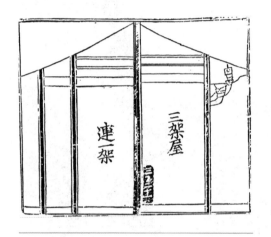

□ 三架屋连一架　《鲁般营造正式》残卷本　插图

造此小屋者，切不可高大。凡步柱只可高一丈零一寸，栋柱高一丈二尺一寸，段深³五尺六寸，间阔⁴一丈一尺一寸，次间⁵一丈零一寸。此法则相称也。

诗曰：

凡人创造三架屋，般尺须寻吉上量。阔狭高低依此法，后来必出好儿郎。

注解

1　三架屋：两段进深的小屋，其屋架有三根檩条。架，椽架，指两根檩条之间的空间，架数越多，进深越大，但以单数为吉。

2　连三架：接续着三根椽架的空间。底本"连"作"车"，据残卷本附图改。

3　段深：又称"进深"，即古建筑平面开间的纵向长度。《营造法式·大木作制度》说："用椽之制，椽每架平不过六尺，若殿阁或加五寸至一尺五寸。"椽每架平，即两根檩条之间的距离，可以用来推算开间进深和总进深。

4　间阔：又称"面阔"，即古建筑平面开间的横向宽度。《营造法式·壕寨制度》说："凡定柱础取平，须更用真尺校之。其真尺长一丈八尺，广四

□ 三架屋后连三架法　《新镌京板工师雕斫正式鲁班经匠家镜》万历本　插图

寸，厚二寸五分。"可见开间面阔不可超过一丈八寸，即民间所谓"当心间不超十八尺"。

5　次间：次等房间。古代宅舍房间根据所在位置，分为明间、次间和梢间。明间为房屋正中央的开间，梢间为最两侧的开间，明间和梢间之间的房间即为次间。底本"间"作"问"，据残卷本改。

译文

建造这样的小屋，一定不能高大。步柱只可以高到一丈零一寸，栋柱高一丈二尺一寸，进深为五尺六寸，面宽为一丈一尺一寸，次间则为一丈零一寸。按这样的法则，就很相称。

诗曰：凡人创造三架屋，般尺须寻吉上量。阔狭高低依此法，后来必出好儿郎。

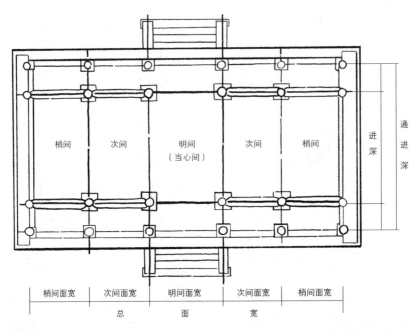

□ **古代宅舍房间平面图**

古代房间平面图，正中最大的房间为明间，又称当心间，是古代建筑物中间四根檐柱之内的空间，一般比其他各间略大。明间两侧为次间，再两侧为梢间，梢间常用于堆放柴草等。

文中三架房步柱、栋柱等的尺寸与紫白对应表

名称	步柱	栋柱	段深	间阔	次间
尺寸	一丈零一寸	一丈二尺一寸	五尺六寸	一丈一尺一寸	一丈零一寸
紫白	一白吉	一白吉	六白吉	一白吉	一白吉

五架房子格

正五架三间，拖后一柱，步[1]用一丈零八寸，仲[2]高一丈二尺八寸，栋高一丈五尺一寸，每段四尺六寸，中间一丈三尺六寸，次阔一丈二尺一寸。地基阔狭，则在人加减，此皆压白[3]之法也。

诗曰：

三间五架屋偏奇[4]，按白量材实利宜。住坐安然多吉庆，横财入宅不拘时。

注解

1 步：步柱的简称，亦可能"柱"字脱漏。此句有另一种断句方式，即"正五架三间，拖后一柱步，用一丈零八寸"，"柱步"为"步柱"倒乙。

2 仲：中柱，即脊柱，建筑物中最高的主柱。一说仲为"伯仲"之"仲"，"仲柱"即檐柱后的第二根柱，又称"金柱"。

3 压白：符合白吉之数。曲尺，又称"飞白""压白"，刻度压中白色则为大吉，《事林广记·飞白尺法》说："《阴阳书》云：一白、二黑、三绿、四碧、五黄、六白、七赤、八白、九紫，皆星之名也，惟有白星最吉。用之法不论丈尺，但以寸为准，遇一寸、六寸、八寸乃吉。纵合鲁般尺，更须巧算，参之以白，乃为大吉，俗呼谓之'压白'。其尺只用十寸一尺。"压白的法则是要与五架屋的主要尺寸相合，比如，一丈零八寸及一丈二尺八

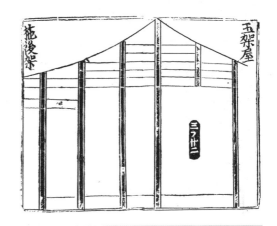

□ 五架屋拖后架　《鲁般营造正式》残卷本　插图

□ 正（五）架式图　《新镌京板工师雕斫正式鲁班经匠家镜》万历本　插图

寸，便与"八白吉"相合；而一丈五尺一寸和一丈二尺一寸，则与"一

白吉"相合；八尺六寸和一丈三尺六寸，则与"六白吉"相合。压白法不仅民间建筑用，寺庙、宫殿等皇家建筑在营造时也用。

4 偏奇（jī）：倾向使用奇数。古代建筑结构以单数为吉，所以形制多为一、三、五、七、九架。

译文

正五架三间的房屋，后面再加一根步柱，步柱高一丈零八寸，中柱高一丈二尺八寸，栋高一丈五尺一寸，段深四尺六寸，正中的开间宽一丈三尺六寸，次间宽一丈二尺一寸。地基面积的宽窄，可以凭家主的意愿增减，但都要符合压白之法。

有诗写道：三间五架屋偏奇，按白量材实利宜。住坐安然多吉庆，横财入宅不拘时。

五架屋柱步、栋高等的尺寸与紫白对应表

名称	柱步	仲高	栋高	每段	中间	次间
尺寸	一丈零八寸	一丈二尺八寸	一丈五尺一寸	四尺六寸	一丈三尺六寸	一丈二尺一寸
紫白	八白吉	八白吉	一白吉	六白吉	六白吉	一白吉

补述

金柱

传统木构架建筑中，位于最外列廊柱后一界的柱子，即步柱，也叫外柱；而在檐柱以里，位于内侧的柱子称"金柱"，多见于带外廊的建筑。金柱是除檐柱、中柱和山柱外柱子的通称，据其位置不同，又可分为外金柱和内金柱。

随梁

随梁式连接前后金柱，并使之形成一个稳定排架的横向连接构件，它并不直接承重。在山墙部位的排架中不设随梁，只是将三架梁、五架梁等分割成两根单梁，它们直接与中柱连接，形成排山梁架。这些被分割的梁架，都按步架数进行命名，如三架梁被分割后，成为两根只有一个步架的单

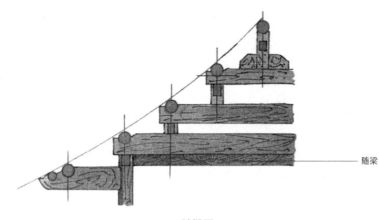

随梁图

梁。随梁图如上图。

正七架三间格

　　七架堂屋：大凡架造，合用前后柱高一丈二尺六寸，栋高一丈零六寸。中间用阔一丈四尺三寸，次阔一丈三尺六寸。段四尺八寸。地基阔窄、高低、深浅，随人意加减，则为之。

　　诗曰：经营此屋好华堂，并是工师巧主张。富贵本由绳尺得，也须合用按阴阳。

译文

　　七架堂屋：其构造，适合用前后柱高一丈二尺六寸，栋高一

□ 正七架三间格　《新镌京板工师雕斫正式鲁班经匠家镜》万历本　插图

丈零六寸，居中房间宽一丈四尺三寸，次间宽一丈三尺六寸，段深四尺八寸。地基的宽窄、高低、深浅，在修造时则随家主的意愿增减。

有诗写道：经营此屋好华堂，并是工师巧主张。富贵本由绳尺得，也须合用按阴阳。

七架房前后柱、栋高等尺寸与紫白对应关系表

名称	前后柱	栋高	中间	次间	段
尺寸	一丈二尺六寸	一丈零六寸	一丈四尺三寸	一丈三尺六寸	四尺八寸
紫白	六白吉	六白吉	三碧凶	六白吉	八白吉

正九架五间堂屋格

□ 九架式　《新镌京板工师雕斫正式鲁班经匠家镜》万历本　插图

凡造此屋，步柱用高一丈三尺六寸，栋柱或地基广阔，宜一丈四尺八寸。段浅者四尺三寸，或十分深[1]，高二丈二尺栋为妙。

诗曰：阴阳两字最宜先，鼎创兴工好向前。九架五间堂夭夭[2]，万年千载福绵绵。谨按先师真尺寸，管教富贵足庄田。时人若不依仙法，致使人家两不然。

注解

1　或十分深：底本"或"作"成"，据残卷本改。"或十分深，高二丈二尺栋为妙"一句，残卷本作双行小字。

2 夭夭：灿烂茂盛的样子，《诗经·桃夭》："桃之夭夭，灼灼其华。"底本作"九天"，据残卷本改。

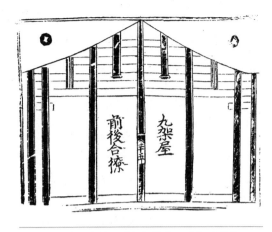

□ 九架屋前后合僚 《鲁般营造正式》残卷本插图

译文

建造九架五间屋，步柱要一丈三尺六寸高，栋柱有的因为地基宽阔，适合高一丈四尺八寸，那么段深至少也要四尺三寸，有的因为十分深，那么栋高就需要二丈二尺。

诗曰：阴阳两字最宜先，鼎创兴工好向前。九架五间堂夭夭，万年千载福绵绵。谨按先师真尺寸，管教富贵足庄田。时人若不依仙法，致使人家两不然。

《鲁班经匠家镜》各架式建筑的主要部件尺度表（单位：尺）

项目	正三架	三架后拖一架	正五架	五架后拖一架	五架后拖两架	正七架	正九架
前步柱高	10.1	10.1	10.8	10.8	11.8	12.6	13.6
后步柱高		8.1		8.8	7.8		
栋高	12.1	12.1	15.1	15.1	16.1	19.1/19.6	21.1/22.1（最高）
段深	5.6	5.6	4.6	4.6	4.6	4.8	4.6（最小）
中间阔	11.1	11.1	13.6	13.6	13.6	14.3	13.8
次阔	10.1	10.1	12.1	12.1	12.1	13.6	13.8
前坡屋面高深比	1：2.8	1：2.8	1：2.14	1：2.14	1：2.14	1：2.21	1：2.49
后坡屋面高深比				1：2.19	1：2.216	1：2.06	1：2.16
前坡屋面斜度比	35.7%	35.7%	46.7%	46.7%	46%	45%	40%
后坡屋面斜度比				46.5%	45%	48%	46%
中间阔与次阔比	1：0.9	1：1	1：0.89			1：0.95	1：0.93
次间与步柱高比	1：1	1：1	1：0.89	1：0.89	1：0.97	1：0.92	1：0.99
厅阔与厅深比	1：1	1：1	一步廊1：1.05 无廊1：1.34	一步廊1：1.34	一步廊1：1.69	一步廊1：1.68	一步廊1：2.17 两步廊1：1.86

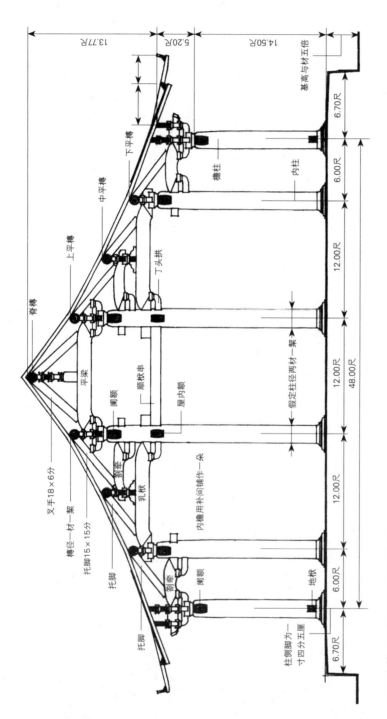

□ 厅堂等八架椽间缝内用梁柱侧样

此图为厅堂等八架椽内缝间用梁柱侧样，八架椽是宋代的说法，指房屋的进深有"八椽"之深，也就是屋架有九根檩木，即清代所说的"九架"。此屋屋前后各六柱，九架六柱，即六排五间房，为大吉同数。

◎古代木架构建筑形制

　　主要有三种形制，即柱梁式、穿斗式和井干式。柱梁式，又叫"抬梁式""叠梁式"，是在房屋前后檐对应的柱间架设大梁，大梁上再架设小梁，梁下置瓜柱或驼峰，以形成稳定的三角形构架，每两道屋架间的空间即为"间"。穿斗式，是沿每间进深方向，内柱逐渐增高直接承托屋檩，用一组木枋穿过各柱（称为"穿"），另用一组木枋连接各屋架（称为"斗"）。井干式，则是一种不用立柱和大梁的房屋架构，以圆木或矩形、六角形木平行向上层层叠置，在转角处木料端交叉咬合，形成房屋四壁，形如古代井上的木质围栏，再在左右两侧壁立矮柱承脊檩构成房屋。《鲁班经》中的房屋形制多为柱梁式和穿斗式。

抬梁式示意图

　　抬梁式构架，是古代建筑中极为普遍的木构架形式，即在柱上放梁，梁上放短柱，短柱上放短梁，层层叠落直至屋脊；各个梁头上再架檩条以承托屋椽的形式。抬梁式结构复杂，却更为坚固耐用，而且内部使用空间大，兼顾美观和实用。抬梁式构架的基本构件有梁（由所承支在上面的檩木根数命名，承受几根檩子就叫几架梁），柱（包括角柱、檐柱、金柱、瓜柱等）和檩（与屋脊平行，有檐檩、脊檩、金檩等）。

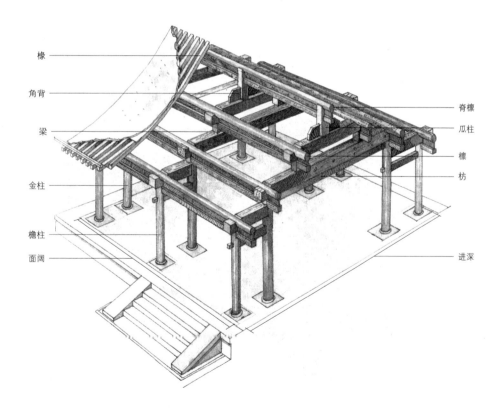

穿斗式示意图

　　穿斗式构架，又叫立贴式构架，为檩柱结构。特点是，柱子较细、密，每根柱上顶一根檩条，柱与柱之间用木串接，成为一个整体。穿斗式构架在南方更为普遍，用料少、整体性好，但因室内柱子紧密而使空间不够开阔。穿斗式构架的基本构件有柱（每根柱都落地的结构多见于川滇地区，有些柱不落地而插入下方穿枋之上的结构多见于湘鄂地区），穿枋（穿过横向柱间，将柱连成排架式屋架的构件）和挑檐（用挑枋穿过柱，承托挑檐，其尾穿入内柱，或是置于穿枋下）。

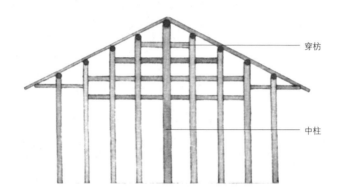

穿枋

中柱

井干式示意图

　　井干式采用木头围成矩形木框，层层叠置，形成由木头承重的墙体。井干式结构需大量木材，在空间大小和开设门窗等方面都很受限制，因此不如抬梁式和穿斗式通用，但具有更好的保暖性、稳定性，因此在森林资源丰富或环境寒冷的地区常见。

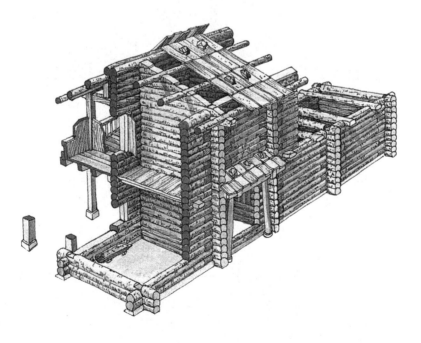

梁

梁，宋代又称栿，是架在墙上或柱子上用于承重的横木，沿着房屋进深方向放置，起主要稳定作用。据梁间距和梁架层数，可分为单步梁（又叫抱头梁、宋称劄牵）、双步梁（宋称乳栿）、三架梁（平梁）、五架梁（四椽栿）和七架梁（六椽栿）。按梁在构架中的位置，又可分为顺梁、扒梁、角梁（阳马）等。

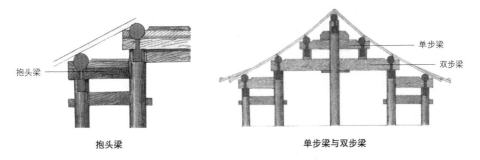

抱头梁　　　　　　　　　　　　　　　　单步梁与双步梁

桁

桁，或叫檩，宋称槫。通常沿着房屋的正立面度方向放置，是梁上或门框、窗框上面的横木，起连接、辅助稳定作用。依部位，桁可分为脊桁（宋称脊槫）、上金桁（宋称上平槫）、中金桁（中平槫）、下金桁（下平槫）、正心桁（牛脊槫）和挑檐桁（撩风槫）等。

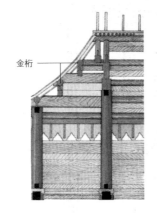

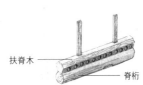

瓜柱

是支撑上下两层梁架之间的短柱，也称"童柱"。在屋脊部位支撑脊檩的叫"脊瓜柱"或"脊童柱"，其他部位叫"金瓜柱"或"金童柱"。但脊瓜柱因其高而独立，上面没有梁架连接，直接支撑脊檩，故稳定性较差，因此，在柱脚处常辅以稳定的木块（"角背"）。其他瓜柱因梁架的垂直距离不同而有高有低，但当瓜柱高度小于本身的横向尺寸时，通常将这种矮瓜柱称为"托墩"，《营造法式》中称为"侏儒柱"。

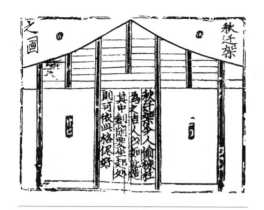

□ 秋千架之图 《鲁般营造正式》残卷本 插图

□ 秋千架式 《新镌京板工师雕斫正式鲁班经匠家镜》万历本 插图

秋千架[1]

　　秋千架，今人偷栋栟[2]为之，吉。人以如此造，其中创间[3]要坐起[4]处，则可依此格尽好。

注解

1 秋千架：又称"凳门式"。内柱数量减少后，屋架形如秋千，如残卷本附图所示。万历本附图并非房屋结构，而是用来玩耍的秋千，是错误的。

2 偷栋栟：又称"减柱造"，指减去部分落地的内柱，用不落地的童柱，以增加室内空间。残卷本"栟"作"柱"，亦可通。偷柱，又称"童柱""瓜柱"，房梁下较短的梁柱，上端承托梁枋，下脚落在梁背上。

3 创间：修造房间。底本作"创闲"，义不通，今据义改，古代刻本"间""闲"经常相混。

4 坐起：一种小隔间，可供起坐休息。《警世通言·白娘子永镇雷峰塔》说："许宣转到里面，只见四扇槅子间，揭起青布幕，一个坐起。"

译文

　　形如秋千的屋架，今人认为不落地的童柱设计比较吉利。人们修造房间，如果需要增设小隔间，就可以依照这种形制。

补述

减柱造与室内隔断

古代木结构建筑有时会减少内柱数量，改用瓜柱承接小梁，使梁架结构产生不规则变化，以便有效利用空间，但这样做也存在一定的施工风险。这种构造方式称为"减柱造"。另外，根据傅熹年《中国古代建筑概说》介绍，木结构建筑不需要承重墙，所以室内空间既可以全部打通，也可以根据需要灵活分隔。分隔方式可实可虚，实的有屏门、板壁等，虚的有落地罩、栏杆罩、多宝槅等。大多半隔半敞，不设门扇，既表示有所限隔，又不阻挡视线，还可自由穿行，真正做到隔而不断。本篇所谓"坐起"，便是利用室内隔断营造出的部分开敞、部分隐秘的室内空间。

小门¹式

凡造小门者，乃是冢墓之前所作。两柱前仅在屋皮上²，出入不可十分长，露出杀伤其家子媳。不用使木作门蹄³。二边使四只将军柱⁴，不宜太高⁵也。

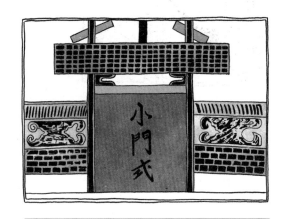

□ 小门式 《新镌京板工师雕斫正式鲁班经匠家镜》万历本 插图

注解

1 小门：原型是"乌头门（棂星门）"，后演变成牌楼和墓园用门。

《营造法式·小木作制度》说："乌头门（其名有三：一曰乌头大门，二曰表碣，三曰阀阅。今呼为棂星门。）……造乌头门之制，高八尺至二丈二尺，广与高方。若高一丈五尺以上，如减广者不过五分之一。"

2 两柱前仅在屋皮上：两侧立柱只能与门顶齐平。两柱，残卷本作"两棳"，

□ 小门式 《鲁般营造正式》残卷本 插图

亦可通，即挟门柱，指乌头门的两侧立柱。《营宅法式·小木作制度》："挟门柱。方八分。（其长每门高一尺，则加八寸柱，下栽入地内，上施乌头。）"仅，底本作"重"、残卷本作"㡀"形近而讹，义不可通，《三台万用正宗·营宅门》作"仅（僅）"且有图文对照，今据改。

3 门蹄：又称"抱鼓"，挟门柱前后起固定作用的门脚。

4 将军柱：又称"冲天柱"，屋脊上起装饰作用的立柱，牌楼建筑常见。一说为"将军石"，《营造法式·石作制度》说："城门心将军石。方直混棱。造其长三尺，方一尺。（上露一尺，下栽二尺入地。）"

5 太高：底本作"大高"，据残卷本改。

译文

凡是修造小门，都是在坟墓前修造。两侧立柱只能与门顶齐平，不能过长，一旦露出柱头，就会祸害家族中的子女后代。不能用木材制作门脚。两边用四根大型立柱，也不宜太高。

补述

小木作与大木作

在《营造法式》中，木匠制度分为小木作和大木作，二者分工明确，紧密配合，共同劳作营建房屋。大木作包括柱、梁、枋、椽等，以整体结构和重要部件为主，一般不可变更。小木作包括门、窗、隔断、栏杆、外檐、地板、天花等，以小型构件和局部装修为主，可以经常更换或改造。

□ 乌头门

　　乌头门也叫棂星门，是唐宋时期流行的一种大门，由二或四根出头挟门柱和横梁组成门架，中装门扇。柱头有线脚与花纹，并绘乌色，故称乌头门。

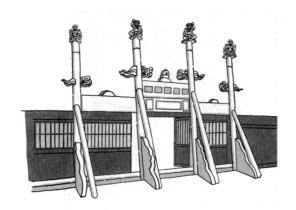

□ 棂星门

　　棂星门也叫乌头门，是古代一种院门形式。图示棂星门为四楹三间，石柱铁梁，铁梁铸有十二个龙头阀阅。石柱缀祥云，顶雕的天将怒目端坐。额枋雕火焰宝珠，下层刻乾隆皇帝手书"棂星门"三字。

楼焦亭[1]

　　造此亭者，四柱落地，上三超四[2]结果[3]，使平盘方[4]中，使福海顶[5]、藏心柱[6]，十分要耸[7]。瓦盖用暗镫[8]钉住，则无脱落。四方可观之。

注解

1　楼焦亭：当作"楼谯亭"，即城门上的谯楼，可以望远方。《三台万用正宗·营宅门》此篇标题作《楼谯亭式》且有图文对照，可知底本"楼焦"、残卷本"焦"均为形近而讹，义不可通，今据改。

2　上三超四：屋顶举折的比例超过三分举一和四分举一。古代用举折法修造屋

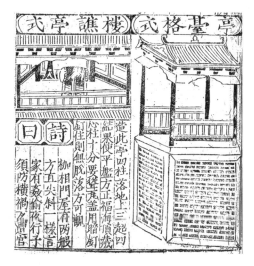

□ 楼谯亭　明　《三台万用正宗·营宅门》插图

□ 棱焦亭 《新镌京板工师雕斫正式鲁班经匠家镜》万历本 插图

顶，往往可以通过调整屋架高度与进深长度的比例，从而使屋顶形成不同的曲面坡度。这种屋顶修造方法，最早可以追溯到《周礼·考工记》说："茸屋三分，瓦屋四分。"郑玄注："各分其修，以其一为峻。"其中，修是长度，峻是高度，大意是说草屋屋架高度为进深的三分之一，瓦屋屋架高度为进深的四分之一。

3　结果：又称"攒尖"，指房屋封顶。

4　平盘方：又称"普拍方""平板枋"，阑额上承托斗拱的构件。

5　福海顶：即"覆海"，又称"藻井"，内有花纹雕刻图案的天花穹顶。沈括《梦溪笔谈·器用》说："屋上覆橑，古人谓之'绮井'，亦曰'藻井'，又谓之'覆海'。今令文中谓之'斗八'，吴人谓之'罳顶'。唯宫室、祠观为之。"一说为某种宝顶结构。

6　藏心柱：又称"枨杆""雷公柱"，一种收束结顶的不落地短柱。《工程做法》说："凡雷公柱，以檐柱径一分半定径，如檐柱径七寸，得径一尺五分；以本身之径七分定长，得长七尺三寸五分。"

7　要耸：要上耸。杨筠松《撼龙经》说："细认真龙此处生，华盖穿心正龙出。此龙最贵难寻觅，五吉要耸华盖出。"

8　暗镫：一种内部固定的榫卯部件。镫，通"钉"。

译文

　修造这样的亭子，四根主柱要落地，屋顶的举折比例要超过三分举一和四分举一修成，使平盘枋处在正中，让"福海顶"和"藏心柱"都耸起。瓦盖用暗钉钉住，就不会脱落。（这种亭子）可以眺望四方。

诗曰二首

诗曰：枷梢[1]门屋有两般，方直尖斜一样言。家有奸偷夜行子[2]，须防横祸及遭官。

诗曰：此屋分明端正奇，暗中为祸少人知。只因匠者多藏素[3]，也是时师不细详[4]。使得家门长退落，缘他屋主大隈衰[5]。从今若要儿孙好，除是从头改过为。

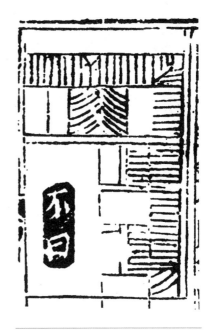

□ 《鲁般营造正式》万历本　插图

此图为《鲁班经》万历本原图，但未标注图名与含义，且图有缺漏，遵循万历本暂且放在此处。

注解

1 枷梢：枷具末梢。这里指枷锁和屋门外形相似，都由两片木板和闩锁组成，所以不太吉利。

2 奸偷夜行子：泛指奸徒罪犯。奸偷，偷盗财物，底本"偷"误作"伦（倫）"，据残卷本改。夜行子，夜晚的窃贼。

3 藏素：隐瞒。素，疑为"廋"字音转，隐匿义。

4 细详：仔细考察。残卷本作"细损"。

5 隈衰：狼狈不堪，窘迫潦倒。朱熹《周易大全》说："吉凶悔吝……吝则是那隈隈衰衰不分明底，所以属阴。"

（"诗口二首"译略）

补述

举折法

屋顶呈下凹坡度，是中国古建筑的重要特征之一。这种凹曲线由若干斜折线组成，每根斜折线是屋顶两根檩木间的斜距，通过调整檩木的间距和长度，即可确定斜折线的水平长度和垂直高度，从而推算出合适的屋顶坡度，这种建造方法称为"举折"。"举"即举高，"折"即折算。举折法就是通过计算举高来确定屋顶坡度斜折线的方法。在《营造法式·大木作制度》中，"举折"分为"举屋之法"和"折屋之法"，前者用来计算总举高，后者用来计算分举高："举屋之法，如殿阁楼台，先量前后橑檐方心，相去远近，分为三分。方背至脊槫背举起一分，如甋瓦厅堂，即四分中举起一分，又通以四分所得丈尺，每一尺加八分。若甋瓦廊屋及瓪瓦厅堂，每一尺加五分。或瓪瓦廊屋之数，每一尺加三分。""折屋之法，以举高尺丈，每尺折一寸，每架自上递减半为法。如举高二丈，即先从脊槫背上取平，下至橑檐方背，其上第一缝折二尺，又从第一缝槫背取平，下至橑檐方背，于第二缝折一尺。若椽数多，即逐缝取平，皆下至橑檐方背，每缝并减去上缝之半。如取平，皆从槫心抨绳令紧为则。如架道不匀，即约度远近，随宜加减。"陈耀东《鲁班经匠家镜研究》指出，在《鲁班经》中，屋面坡度的做法与宋式相同，先确定屋面总举高，然后确定分举高，总举高约在总进深的六分之一至四分之一之间。

造作门楼[1]

新创屋宇开门之法：一自外正大门而入，次二重较门[2]则就东畔开，吉。门须要屈曲，则不宜太直[3]。内门不可较大，外门用依此例也。大凡人家外大门，千万不可被人家屋脊[4]对射，则不祥之兆也。

千秋亭

藕香榭

□ 亭榭

　　亭与榭都是古代供人休息的建筑，其外形亦有相似，但亭是一个孤立的建筑，有顶无墙、四面迎风；榭又称"水榭"，除了供人歇息、纳凉、避雨外，也有观景功能。榭是在水边建一平台，一半伸入水中，一半架于岸边，平台四周设低矮栏杆，临水一面尤为开敞通透；或内圈以漏窗粉墙和圆洞落地罩分隔出外回廊，回廊开敞，设栏杆或美人靠。

◎门的样式

门既具有防卫作用，又具有隔断建筑不同部分的作用，又被称为"门面""门脸"，很大程度上也体现着建筑的规格与主人的身份地位。中国的门可以大致分为两大系统，一是划分区域的门，二是作为建筑物自身组成部分的门。第一种门多以单体建筑的形式出现，如城门、屋宇式大门、垂花门、门楼等，第二种门则只是建筑的一个构件，如棋盘门、屏门、隔扇门等。根据门的不同属性、在不同建筑物的不同位置，以及建筑主人的不同身份，门又有多种样式。

乌头门

又叫棂星门，是唐宋时期流行的一种宅门，由二或四根出头挟门柱和横梁组成门架，中装门扇。柱头有线脚与花纹，并绘乌色，故称乌头门。隋唐时为六品以上官员府邸的宅门，后来逐渐发展为起旌表作用的牌坊，大多已不作门扇之用。

垂花门

又叫仪门，是古代中国民居院落内部的门，是内宅与外宅（前院）的分界线和通道。古时"大门不出、二门不迈"的"二门"指的就是这扇门。门上檐柱垂吊在屋檐下，通常彩绘或雕刻花瓣、莲叶，所以叫垂花门。垂花门的门有两道，一道在中柱位置，白天开启晚上关闭；另一道是在内檐柱位置上的屏门，平时关闭，只在重大仪式时开启。

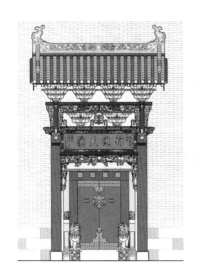 

门楼式大门

又叫牌楼门，这种门直接开在墙上，然后用砖石在门上砌筑出门楼的样式，顶部屋脊两端常做成吻兽样式，在晋中、皖南、江南等地常用。

广亮大门

又叫广梁大门，是屋宇式大门的一种，是四合院宅门中等级、形制最高的一种大门。其门厅高大，门槛较高，有两扇厚实的大木门，门环用铜制或铜鎏金的兽头铺首，门两边做抱鼓石，门前有广场和照壁，有的人家门口还设有石狮。

屏门

传统建筑中遮隔内院与外院，或遮隔正院或跨院的门，通常出现在建筑内檐明间的后金柱间，或大门和垂花门的后檐柱间，起屏风作用，故称屏门。屏门以木板作为门扇，门扇为偶数，常见为四扇或六扇，多为方形，也有圆形、六角形、八角形等不同形状，但这些形式多用于园林中，民居少见。

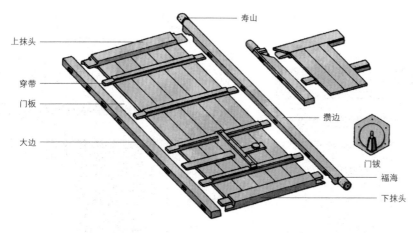

上抹头
穿带
门板
大边
寿山
攒边
门钹
福海
下抹头

棋盘门

又叫攒边门，是板门的一种，两扇对开，常用于室内。门的边框攒边，装板心，背后穿四根带，分成格状，形似棋盘，故名棋盘门。

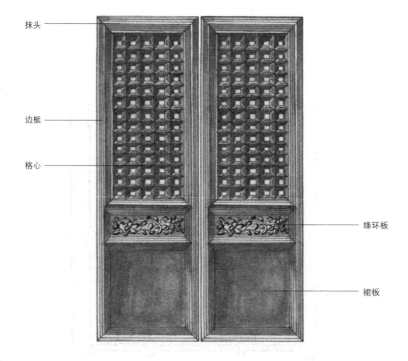

抹头
边梃
格心
绦环板
裙板

隔扇门

传统建筑的装饰构件之一，通常出现在建筑的金柱或檐柱间。门带格心，因此又称格扇门。隔扇门上部为格心，由各种花式棂格拼装而成，可以透光；下部为裙板，不透光，可以开启、拆卸。隔扇门具有装饰和隔断作用，通常为四扇、六扇、八扇。宋代称为格门或格木门，清代用于内檐装修的隔扇门又称碧纱橱。

注解

1 门楼：宅门和厅堂门。残卷本此篇标题作《造门法》，《三台万用正宗·营宅门》此篇标题作《创大门厅堂门格式》。

2 较门：侧面小门。较，疑通"角"，较门即角门。

3 太直：底本作"大直"，据残卷本改。

4 屋脊：残卷本作"屋栋"。

译文

新盖房屋开设大门的方法：从正大门进入后，两个内门要从东面开，这样才算吉门。大门至二门之间要屈曲，不宜太直。内门不能比外门大，开设外门也要遵照这个办法。大凡家宅的外大门，千万不可正对别人家的屋脊，这是不祥之兆。

论起厅堂门例

或起大厅屋，起门须用好筹头¹向首²。或作槽门³之时，须用放高，与第二重门同，第三重却就栿地上做起⁴，或作如意门，或作古钱门与方胜门⁵，在主人意爱而为之。如不作槽门，只做都门⁶、作胡字门⁷亦住矣。

诗曰：大门安者莫在东，不按仙贤法一同。更被别人屋

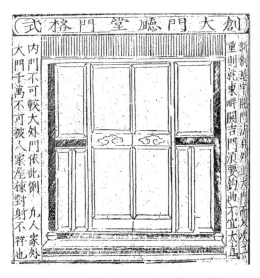

□ 厅堂门　明　《三台万用正宗·营宅门》插图

□ 创门正式　《鲁般营造正式》残卷本　插图

149

□ 如意纹厅门　明　《画意西厢记》插图

栋射，须教祸事又重重。

　　上户门[8]：计六尺六寸。中户门：计三尺三寸。小户门：计一尺一寸。

州县寺观门：计一丈一尺八寸。阔[9]。

庶人门：高五尺七寸，阔四尺八寸。

房门：高四尺七寸，阔二尺三寸。

春不作东门，夏不作南门，秋不作西门，冬不作北门。

注解

1 筹头：筹划。一说为"寿梁"，两檐柱之间的通材，残卷本"筹"作"寿"。

2 向首：朝向，古代认为开门朝向与祸福有关。蒋大鸿《天元五歌》："向首一星灾福柄，去来二口死生门。"底本、万历本缺漏"首"字，据残卷本补足。

3 槽门：大门内外有过道如门洞。一说为"凹寿"，大门靠内安装，使门前形成槽口，即门檐下的步廊。

槽门

4 栿地上做起：从地栿上开始修造。栿地，疑为"地栿"，屋脚与地面相接部位的承重面，一般为石制或木制，《营造法式·地栿》："造城门石地栿之制，先于地面上安土衬石，上面露棱，广五寸，下高四寸，其上施地栿，每段长五尺，广一尺五寸，厚一尺一寸。上外棱混二寸，混内一寸，凿眼，立排叉柱。"原文作"栿柁起"，"柁（杝）"为"地"字形讹，

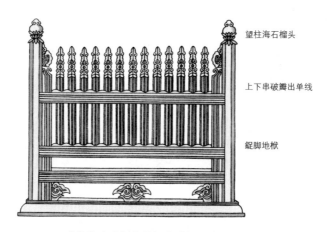

望柱海石榴头

上下串破瓣出单线

錠脚地栿

《营造法式》中的錠脚地栿

义不可通，据残卷本改。

5　或作如意门，或作古钱门与方胜门：刻有如意状、古钱状、方胜状花纹的
大门。

6　都门：这里指官署祠庙的大门款式。

7　胡字门：或指"壶门"，即"壶门"的讹称。壶门，《说文解字》"壶"
作"壸"，内庭及壁龛常见的镂空或嵌刻型的花边小门。

8　上户门：富裕人家的大门。底本"上户"误作"上下"，今改。

9　阔：上户门、中户门、小户门、州县寺观门，均仅有高度数据，而无宽度
数据，疑有脱文，海南出版社整理本作"州县寺观门高一丈一尺八寸，阔
六尺六寸"，但查各版本该处均无异文，不知其书据何文献增改。"上户
门……冬不作北门"，残卷本无。这些门都不是具体指某种形制的门，而
是泛称，上户门、中户门、小户门分别泛指上层人家的门、中层人家的
门、下层人家的门，州县寺观门则泛指州县里寺庙、道观、庵堂等使用的
门，庶人门也泛指平民百姓的门，房门则泛指房间门。具体门的样式可
见前文"鲁般真尺"一条。

译文

建造大厅的房屋时，修造大门要详细筹划，确定好朝向。修造槽门，要
放高一些，与第二重门高度相同，而第三重门则要从地栿开始修造。修造如意
门，或修造古钱门和方胜门，全在家主的意愿和喜好。如果不修造槽门，只修

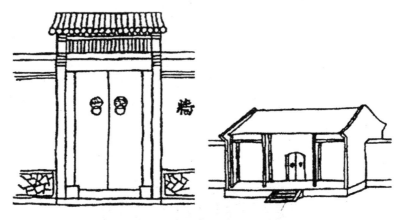

□ 门的形制

门，即建筑物在出入口设置的开关构件，形制多样。图中左为设于外墙之上的门，设于居宅的前阙墙中，即今之墙门。右为屋门，设于屋下，上宇下基，门框门扇另有装置。

造都门或胡字门，也很不错。

有诗说：大门安者莫在东，不按仙贤法一同。更被别人屋栋射，须教祸事又重重。

上户门：计六尺六寸。

中户门：计三尺三寸。

小户门：计一尺一寸。

州县寺观门：计一丈一尺八寸高，阔。

庶人门：高达五尺七寸，阔达四尺八寸。

房门：高达四尺七寸，阔达二尺三寸。

春季不作东门，夏季不作南门，秋季不作西门，冬季不作北门。

各类门楼尺寸与紫白八字对应表

门类	上户门	中户门	小户门	寺观门	庶人门	房门
尺寸	六尺六寸	三尺三寸	三尺一寸	六尺八寸	四尺八寸	二尺三寸
门尺	4.58	2.29	2.15	4.72	3.33	1.6
八字	官	离	离	官	义	病
紫白	六白	三碧	一白	八白	八白	碧

◎各等级门的形制

　　大门在古代是社会等级的体现，不同阶级的人家用大门的规格有不同规定。贵族人家用广亮大门，这是各四合院大门中等级最高的一种；稍次一点的官宦门第用金柱大门，个头略小于广亮大门；蛮子门等级又比金柱大门略低，是商人富户常用的宅门形式；平民百姓则用如意门，两个门簪迎面多刻"如意"二字，故称。

广亮大门

　　广亮大门是贵族人家才能用的大门形制，到清朝时，只有七品以上官员的宅子才可以用此门。广亮大门的过道在门扇内外各有一半，进深略微大于毗邻的房屋，大门屋顶内部大多没有天花，外檐多饰彩画。

金柱大门

　　金柱大门等级略低于广亮大门，但也是有一定品级的官宦人家采用的宅门形式。金柱大门的门扇装在外金柱的位置，故名。门扇外的过道浅，门扇里的过道深，屋脊为平草屋脊，门前台阶为如意踏跺。

蛮子门

  蛮子门等级略低于金柱大门，商人富户常用。其结构门与广亮大门、金柱大门基本相同，但槛框、余塞板、门扇等都安装在前檐檐柱之间，门外没有容身空间，门扇里的空间却大，门前台阶为礓磋踏跺。

如意门

  如意门等级低于蛮子门，多为一般百姓所用，形制不高，但可随意进行装饰，根据主人的兴趣爱好和财力而定，屋檐下、门楣上的部位是雕刻装饰最集中的区域。如意门多用五檩硬山形式，两根前檐柱被砌在墙内。

各花纹门扇

如意纹门   方胜纹门   铜钱纹门

◎门的各种构件

　　大门，不仅是连接房宅内外的出入口，有防卫和保护家宅隐私的作用，更是社会等级的体现，所以门在古代都按一定的礼仪制度来修造。地位较高或家境殷实的家庭，屋门更是庄重华丽，门上、门前多有装饰性的铺首、门钉、门簪、抱鼓石等部件。

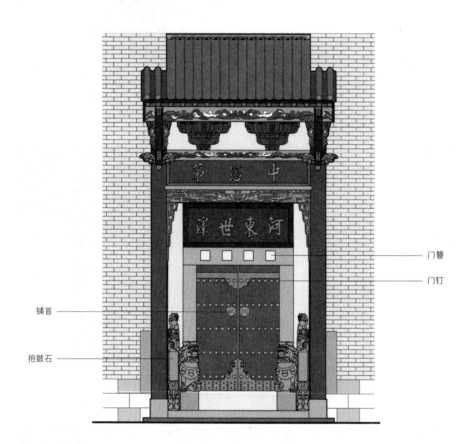

门簪

门钉

铺首

抱鼓石

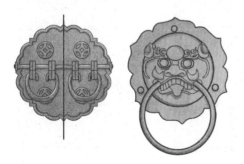

铺首

　　铺首是门钹的一种，是大门门环与门板连接处的装饰性底座。门钹因为形状类似倒扣的乐器"钹"而得名，上面有花纹，也有做成吉祥符号或如意纹的。铺首则多为金属材质的兽面，有虎、螭、龟、蛇等形，用金打造的称金铺；用银打造的称银铺；用铜打造的称铜铺。门环安装在兽口内。据考证，汉代就已有这种门上的装饰物了。这种装饰物，除了装饰，还具有所谓的驱邪作用。

门簪

门簪是大门上锁合中槛和连楹的构件，如同大木的销钉，有木质和石质的，有方形、菱形、六角形等形状，做雕饰或不做。有雕饰的门簪主要在簪头正面雕刻纹样，题材有牡丹、荷花、菊花等四季花卉，或者"吉祥""团寿""福"等文字，一般是雕刻做好后再贴在门簪上。据考证，汉代就已出现门簪，《河南省北部古建筑调查记》："门簪的数目，在中国营造学社已经调查的辽、宋遗物中，均为二具。唯此寺（指少林寺）金正隆二年西堂老师培，与元泰定三年聚公塔，增为四具，足证金代的门簪数目已与明、清同。"门簪数量的变化，体现了门簪从实用性到装饰性的过渡。

抱鼓石

抱鼓石是门枕石的一种。门枕石是在门的下槛两端放置的墩台，起承托门扇、门轴的作用，分为内外两部分，门扇外部被雕刻为鼓形的就叫抱鼓石。抱鼓石是中国宅门"非贵即富"的门第符号。抱鼓石有圆形、方形，都雕刻有花草纹、动物纹等纹饰。圆形抱鼓石多用于大中型宅院的宅门，方形抱鼓石体型较小，多用于体量较小的宅门。圆形抱鼓石分为上下两个部分，上部即"鼓"，鼓下面是一个底座，称须弥座；而方形抱鼓石的上部为方形，称为"幞头"，有些方形抱鼓石不做底部的须弥座，这样的抱鼓石就叫"门墩"。

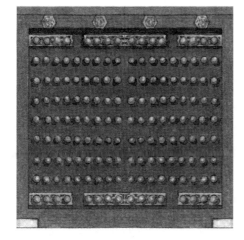

门钉

门钉只在板门上使用。门钉原本是门板上穿插的钉子的钉帽，后逐渐演变成了装饰性大于实用性的部件。门钉有铁质、铜质、木质、石质四种，唐宋时期寺庙建筑的板门上多用铁质门钉；到明清时期，门上则多用铜质门钉，并镀一层金，与朱红的大门形成色彩对比，显得尊贵厚重；晚清也时有木质门钉出现，上面涂黄漆，但这种门钉一般用在不太重要的小门上；石质门钉则多用在墓室石门上。清朝以前，门钉的数量和排列并没有规定，到了清朝则明确规定，只有宫门才可以使用九行九列的门钉，亲王府、郡王府、庙宇等，随着级别的降低，门钉逐渐减少，平民百姓家中则不可使用门钉装饰。

债木星[1]逐年定局方位

戊、癸年，坤庚方。甲、己年，占辰方。乙、庚年，兑坎寅方。丙、辛年，占午方。丁、壬年，乾方。

债木星逐月定局

大月[2]：初三、初六、十一、十四、十九、廿二、廿七，（日凶）。

小月：初二、初七、初十、十五、十八、廿三、廿六（日凶）。

庚寅日：门大夫死[3]。甲巳日：六甲胎神[4]（占门）。

塞门吉日[5]：宜伏断、闭日。忌丙寅、己巳、庚午、丁巳。

红嘴朱雀凶日[6]：庚午、己卯、戊子、丁酉、丙午、乙卯。

注解

1 债木星：修造宅门禁忌日之一，《阳宅十书·修门杂忌》："债木星占门方：戊、癸年占坤，甲、己年占辰，乙、庚年占坎寅。丙、辛年占午，丁、壬年占乾，不宜作门安门。债木星占日：大月初三、十一、十九、廿七，小月初二、初十、十八、廿六，不宜作门安门。"底本"木"误作"不"，今改。

2 大月：农历将十二个月分为大月、小月，大月三十天，小月二十九天。

3 门大夫死：修造宅门禁忌日之一，相传庚寅日为门大夫死日。《居家必用事类全集·丁集》："庚寅日不可作门，门大夫死日。"门大夫，古代官门的守卫官，民间多代指门神。

4 六甲胎神：修造宅门禁忌日之一，相传胎神司掌妊娠，但会堵占门户，故不宜修门。《造命宗镜集·修门杂忌》："忌作门安门六甲胎神占忌：甲巳年，占门。卯、酉日，占大门。二月，户窗。三、九月，占门。"

5 塞门吉日：修造宅门禁忌日之一，仅伏断、闭日为吉日，《便民图纂·涓吉类》："塞门：塞路、筑堤、塞水同。伏断、闭，忌丙寅、己巳、庚午、丁巳。"

6 红嘴朱雀凶日：修造宅门禁忌日之一，《阳宅十书·修门杂忌》："红嘴朱雀人离宫日：庚午、己卯、戊子、丁酉、丙午、乙卯，忌安大门。"底本无"凶"字，据万历本补。

译文

债木星每年的情况和方位

戊、癸年，在坤庚方位。甲、己年，在辰方位。乙、庚年，在兑坎寅方位。丙、辛年，在午方位。丁、壬年，在乾方位。

债木星每月定局

大月的初三、初六、十一、十四、十九、廿二、廿七。小月的初二、初七、初十、十五、十八、廿三、廿六。

庚寅日是门大夫死日。甲巳日是六甲胎神占门日。

塞门吉日是伏日、断日、闭日，忌讳丙寅、己巳、庚午、丁巳。

红嘴朱雀凶日，指庚午、己卯、戊子、丁酉、丙午、乙卯等日。

修门杂忌

九良星[1]年：丁亥、癸巳占大门，壬寅、庚申占门，丁巳占前门，丁卯、己卯，占后门。

丘公杀[2]：甲、己年占九月，乙、庚占十一月，丙、辛年占正月，丁、壬年占三月，戊、癸年占五月。

逐月修造门吉日

正月癸酉，外丁酉。二月甲寅。三月庚子，外乙巳。四月甲子、庚子，外庚午。五月甲寅，外丙寅。六月甲申、甲寅，外丙申、庚申。七月丙辰。八月乙亥。九月庚午、丙午。十月申子、乙未、壬午、庚子、辛未，外庚午。十一月甲寅。十二月戊寅、甲寅、甲子、甲申、庚子，外庚申、丙寅、丙申。

以上吉日，不犯朱雀[3]、天牢[4]、天火[5]、独火[6]、九空[7]、死气[8]、月破、小耗[9]、天贼、地贼[10]、天瘟、受死[11]、冰消瓦陷[12]、阴阳错[13]、月建、转杀、四耗[14]、正四废、九土鬼、伏断、火星、九丑[15]、灭门、离窠[16]、次地火[17]、四忌[18]、五穷[19]、耗绝[20]、庚寅门、大夫死日、白虎、炙退[21]、三杀、六甲胎神占门，并债木星为忌。

注解

1　九良星：修造禁忌日之一，主死伤凶祸，姚际隆《卜筮全书》说："九良星杀，丧殃丧杀之神，并自刎、被刑、阵亡一应伤亡。"其占方口诀说：子日中宫不可修，丑日厨中莫去游，寅日艮方忌动土，卯日卯时不宜求，辰日独来堂上位，巳日门前忌大厦，午日中宫莫说法，未日却冶水步步，申日中宫为山鬼，酉日卯位凶难当，戌日却当社庙处，亥日寿中不堪修。九良星虽是小凶星，修造时也应无犯。

2　丘公杀：修造禁忌日之一，但有看法认为不可信，详见本篇延展引徐善继《论通书诸神煞之谬》。丘公，即丘延翰，唐代著名风水学者。

3　朱雀：指朱雀黑道，月内凶日之一，正月在卯、二月在巳、三月在未、四月在酉、五月在亥、六月在丑、七月复在卯……顺次推行六个阴支，周而复始。

4　天牢：又称"天牢黑道"，月内凶日之一，正月子日、二月丑日、三月寅日、四月卯日、五月辰日、六月巳日、七月午日、八月未日、九月申日、十月酉日、十一月戌日、十二月亥日。《造命宗镜集·六壬类》说："天牢煞，正月起子，顺行十二辰。"

5　天火：月内凶日之一，不宜修造墙屋。《星历考原·月事凶神》说："《玉帐经》曰：天火者，月中凶神也，其日忌苫盖筑垒垣墙、振旅兴师、会亲娶妇。历例曰：天火者，正月在子，顺行四仲。"子午卯酉为四仲，顺行四仲即每月依次循环子日、午日、卯日、酉日。天火日，正月、五月、九月在子日，二月、六月、十月在午日，三月、七月、十一月在卯日，四月、八月、十二月在酉日。

6　独火：月内凶日之一，《协纪辨方书》说："子午年在艮日，丑寅午年在震日，卯年在坎日，辰巳年在巽日，午年在兑日，未申年在离日，酉年在坤日，戌亥年在乾日。"而《象吉通书》说："正月在戌日，二月在辰日，三月在亥日，四月在巳日，五月在子日，六月在午日，七月在丑日，八月在未日，九月在寅日，十月在申日，十一月在卯日，十二月在酉日。”二者记载不同。《协纪辨方书》认为，独火是取当年太岁对宫下一爻变的格局。如太岁在子，对应的宫则为离，离卦下一爻变则为艮，故艮为独火。丑年、寅年为艮方，对应的宫则为坤，坤卦下一爻变则为震，所以丑寅年在震，其余年份都如此推算。如果该年的天干丙丁，正飞临“独火”格，才可认为是凶。如果没有丙丁飞临，并无妨碍。此观点似乎更合乎义理。

7 九空：月内凶日之一，主犯墓库破散，不宜修造。《星历考原·月事凶神》说：“《广圣历》曰：九空者，月内杀神也，其日忌修造、仓库出入货财。历例曰：九空者，正月在辰，逆行四季。曹震圭曰：九空者，墓库破散之神也。库破则空、冲则散。假令寅、午、戌月，火库在戌、辰，能冲散也；亥、卯、未月，木墓在未、丑，能冲散也；申、子、辰月，水墓在辰、戌，能冲散也；巳、酉、丑月，金墓在丑、未，能冲散也。”

8 死气：月内凶日之一，与生气相对，多在月建前四日。《星历考原·月事凶神》说：“《神枢经》曰：死气者，无气之辰也。其日忌战斗、征伐、疗病、求医、安置产室、经营栽植。李鼎祚曰：死气者，常居月建前四辰。曹震圭曰：死气者，以月建为临官前临死位也。假令二月建卯为临官，帝旺在辰，衰在巳，病在午，死在未也。或云生气之冲辰也，谓此爱其生，彼爱其死，我旺而彼死也，故常与生气对冲。”

9 小耗：“小耗”分为“年小耗”和“月小耗”，因此条目主要讲述逐月吉日，所指应是“月小耗”，月内凶日之一。月建气绝，故名“小耗”。《星历考原·月事凶神》说：“小耗。《枢要历》曰：亦月内之耗神也。其日忌经营、种莳、纳财、交易、开市。历例曰：小耗者，常居月建前五辰。曹震圭曰：小耗者，小损也，乃月建气绝之辰，大耗之从神也。”月小耗，子月在巳，丑月在午，寅月在未，卯月在申，辰月在酉，巳月在戌，午月在亥，未月在子，申月在丑，酉月在寅，戌月在卯，亥月在辰，因正月建寅，所以是以寅月为一月，卯月为二月，以此类推。

10 地贼：月内凶日之一，《造命宗镜集·杂用类》说，月内地贼日：“正月子日，二月子日，三月亥日，四月戌日、五月酉日、六月午日、七月午日、八月午日、九月巳日、十月辰日、十一月卯日、十二月子日。”

11 受死：月内凶日之一。《卜筮全书·神煞歌例》说：“受死，凡事忌之。正戌二辰三亥死，四巳五子六午宫。七丑八未九羊是，十申子卯丑酉

161

逢。"即正月在戌，二月在辰，三月在亥，四月在巳，五月在子，六月在午，七月在丑，八月在未，九月在寅，十月在申，十一月在卯，十二月在酉。

12　冰消瓦陷：即"冰消瓦解日"，月内凶日之一，不宜修造。《造命宗镜集·日法》说："冰消瓦解日者何也？子上遇午日，午上遇子日，乃凶也。"冰消瓦陷日，正月在巳，二月在子，三月在丑，四月在申，五月在卯，六月在戌，七月在亥，八月在午，九月在未，十月在寅，十一月在酉，十二月在辰。

13　阴阳错：月内凶日之一，分为阳错、阴错和阴阳俱错。《星历考原·时总类》说："以阳建之支配当方之干，阴阳自相配合为日，以值所冲之宿，为阳错……以阴建之支配当方之干，阴阳自相配合为日，以值所冲之宿，为阴错……五月、十一月，阴阳二气同建一辰，则以所建之支配所近之干，共为一日，月宿居月建所冲之辰，为阴阳俱错。"阴错正月在庚戌，二月在辛酉，三月在庚申，四月在丁未、己未，七月在丁巳、己巳，八月在甲辰，九月在乙卯，十月在甲寅，十一月在癸丑，十二月在癸亥；阳错正月在甲寅，二月在乙卯，三月在甲辰，四月在丁巳、己巳，七月在丁未、己未，八月在庚申，九月在辛酉，十月在庚戌，十一月在癸亥，十二月在癸丑。

14　四耗：月内凶日之一，离春秋分或夏冬至最近的天干凶日，即春季的壬子日、夏季的乙卯日、秋季的戊午日、冬季的辛酉日。《星历考原·月事凶神》说："四耗。《总圣历》曰：四耗者，谓四时休干临分至之辰也，其日忌会亲姻、出师、开仓、库施、债负。历例曰：春壬子、夏乙卯、秋戊午、冬辛酉。曹震圭曰：物之将分者必散也。至者，尽也，是阴阳数尽而将分也。又得休干临之，故曰耗。"

15　九丑：月内凶日之一，天干"乙、戊、己、辛、壬"遇到地支"子、午、卯、酉"的日期，不宜筑室。《星历考原·月事凶神》说："《金柜经》曰：乙者，雷电始发之日。戊、己者，北辰位下之日。辛者，万物决断之日。壬者，三光不照之日。子、午、卯、酉，四仲之辰，日月之门，阴阳之界。五干临此四辰，其日不可出军、嫁娶、移徙、筑室。曹植曰：九丑者，乙卯、己卯、辛卯、乙酉、己酉、辛酉、戊午、戊子、壬午、壬子。曹震圭曰：卯、酉为日月出入之门，子、午为阴阳交争之界，乙为六合，辛为太阳，壬为玄武，己为六贼，戊为勾陈，故此五干加此四辰，名曰丑。又以五干四辰，其共数九，故以名之。"

16 灭门、离窠：均为月内凶日之一，流行较晚，不甚可信，《造命宗镜集·神煞类》说："离窠日不通，禽兽方有窠，以人比畜乃戏骂也，而信之是甘为禽兽也。灭门日、绝烟火日，皆近时新增者，削之可也。"有认为，离窠日为丁卯日、戊辰日、己巳日、戊寅日、辛巳日、戊子日、己丑日、戊戌日、己亥日、戊午日、辛丑日、壬戌日、癸亥日、辛亥日、壬午日、壬申日、戊申日。

17 次地火：月内凶日之一。《星历考原·月事凶神》说："《神枢经》曰：地火者，月中凶神也。其日忌修筑园圃、栽植种莳。历例曰：地火者，正月起戌，逆行十二辰。曹震圭曰：地火者，阴夺阳也，是阴建之权势也。《天文志》曰：阴行阳之政，物伤而必克，终以自害也。"次地火日为：正月起巳，二月在午，三月在未，四月在申，五月在酉，六月在戌，七月在亥，八月在子，九月在丑，十月在寅，十一月在卯，十二月在辰。

18 四忌：月内凶日之一，《协纪辨方书·义例》说："《神煞起例》曰：四忌，春甲子、夏丙子、秋庚子、冬壬子……四忌日，以本令阳干，加于辰首也。"

19 五穷：五穷日，即正月初五。五穷，又叫五鬼，指"智穷，学穷，文穷，命穷，交穷"，在五穷日，民间会举办各样的"破五"活动，以送走"五穷"。

20 耗绝：凶日之一，为庚辰日、辛巳日、丙戌日、丁亥日、庚戌日、辛亥日、丙辰日、丁巳日。

21 炙退：月内凶日之一。《造命宗镜集·体用类》说："炙退，占山、休囚、退财。此十者乃开山之紧要凶神，勿造勿葬可也。内中年克忌修造。"炙退日，子年在卯日，丑年在子日，寅年在酉日，卯年在午日，辰年在卯日，巳年在子日，午年在酉日，未年在午日，申年在卯日，酉年在子日，戌年在酉日，亥年在午日。

译文

修门杂忌

九良星午：丁亥、癸巳午，对应大门。壬寅、庚申年，对应所有门。丁巳年，对应前门。丁卯、己卯年，对应后门。

丘公杀：逢甲、己的年份，在九月。逢乙、庚的年份，在十一月。逢丙、辛的年份，在正月。逢丁、壬的年份，在三月。逢戊、癸的年份，在五月。

逐月修门的吉日

正月的癸酉日、外丁酉日。二月的甲寅日。三月的庚子日、外乙巳日。四月的甲子日、庚子日、外庚午日。五月的甲寅日、外丙寅日。六月的甲申日、甲寅日、外丙申日、庚申日。七月的丙辰日。八月的乙亥日。九月的庚午日、丙午日。十月的申子日、乙未日、壬午日、庚子日、辛未日，外庚午日。十一月的甲寅日。十二月的戊寅日、甲寅日、甲子日、甲申日、庚子日、外庚申日、丙寅日、丙申日。

上述是吉日，不触犯朱雀、天牢、天火、独火、九空、死气、月破、小耗、天贼、地贼、天瘟、受死、冰消瓦陷、阴阳错、月建、转杀、四耗、正四废、九土鬼、伏断、火星、九丑、灭门、离窠、次地火、四忌、五穷、耗绝、庚寅门、大夫死日、白虎、炙退、三杀，还有对应在门的六甲胎神等。同时也要忌讳债木星当值的日期。

补述

诸神煞之谬

明清民间的术数命理书籍及日用类书中，记载着大量光怪陆离的神煞禁忌，内容泥沙俱下，转相杂抄，谬论邪说纷涌递出，愈演愈烈、愈传愈真，而普通百姓很难加以分辨，因此笃信不疑，事事受其摆布。但事实上，制造出各种禁忌使民众产生畏惧，是古代阴阳五行家的一贯伎俩，早在汉代司马谈《论六家要旨》中即已说破："尝窃观阴阳之术，大祥而众忌讳，使人拘而多所畏……夫阴阳、四时、八位、十二度、二十四节各有教令，顺之者昌，逆之者不死则亡，未必然也，故曰'使人拘而多畏'。"北齐颜之推《颜氏家训·杂艺》也感叹说："世传术书，皆出流俗，言辞鄙浅，验少妄多。至如反支不行，竟以遇害；归忌寄宿，不免凶终。拘而多忌，亦无益也。"明代吴天洪《造命宗镜集·神煞类》则对各种神煞进行详细辨伪，他对所谓"门大夫死日"调侃道："庚寅日，门大夫死。门大夫姓甚名谁，何方人氏，而知其庚寅日死乎？门诸侯又何日死乎？大可笑！"足可见文人学者对怪力乱神的普遍态度。徐善继《人子须知资孝地理心学统宗》专门撰有《论通书诸神煞之谬》一篇，明确揭示出各种神煞穿凿附会、愚弄世人的本质："《通书》神煞皆起于郭氏《元经》。杨公云'景纯虽说无年月'，则知《元经》亦非郭氏书。《通书》诸神煞又多出于《元经》之外，各家杜撰，巧立异名，使人畏恐。如云李广箭，则广汉武时人；丘公煞，丘公唐人；杨公忌，杨公南唐时，是唐汉之前无其煞与？他如所谓阎王催尸之煞、催尸上马之煞、血光打足、披头跌蹼之煞、风波自起之杀，类皆诳世。又有以定位为拾害，以开位为拾财、极富之类，又皆愚弄世人。至于有口鹢快、秋天日、长寿不老之类，是皆巧立异名之尤者。然名愈巧而术愈陋矣。"然而，普通百姓毕竟不像文人士子那样学识渊博，不太具备较强的判断能力，迷信神煞也只是出于趋吉避凶的朴素感情，我们亦不可以太过苛责。

门光星[1]

大月从下数上，小月从上数下。

白圈者吉，人字损人，丫字损畜。

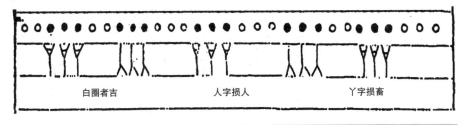

白圈者吉　　　　人字损人　　　　丫字损畜

□ 门光星　《新镌京板工师雕斫正式鲁班经匠家镜》万历本　插图

门光星吉日定局

大月：初一、初二、初三、初七、初八、十二、十三、十四、十八、十九、二十、廿四、廿五、廿九、三十日。

小月：初一、初二、初六、初七、十一、十二、十三、十七、十八，十九、廿三、廿四、廿八、廿九日。

总论

论门楼，不可专主《门楼经》《玉辇经》[2]，误人不浅，故不编入。门向须避直冲尖射[3]、砂水[4]、路道、恶石、山坳、崩破、孤峰、枯木、神庙之类，谓之乘杀入门，凶。宜迎水、迎山，避水斜割、悲声。《经》云：以水为朱雀[5]者，忌夫湍。

注解

1　门光星：修门吉日之一，须根据图例确定具体的吉凶。"门光星"是除鲁班尺之外的另一种用尺方法，还有九良星、丘公杀等，都是帮助匠师选择造门时间用的。《造命宗镜集·杂用类》说："门光星：造门安大小门，并宜过门光星，大月从下数上。修门开门基，并宜过门光星，小月从上数下。白圈者吉，人字损人，丫字损畜，黑圈者凶。"据门光星吉日图表，一圈代表一天，图表共三十个小圈，大月从右至左数；小月从左至右数，数至第二十九天为止。小圈分空心和实心两种，空心即"白圈"，代表门光星吉日；实心即"黑圈"，代表光星凶日。每个凶日都有所妨对象，对应"人"字符号则代表妨生人，对应"丫"字符号则代表妨牲畜。

2　《门楼经》《玉辇经》：《门楼玉辇经》，旧题唐代杨筠松撰，形式为七言歌谣，内容以修造宅门为主，语言浅陋不经，且多为夸诞恐吓之辞，今收录在清代箬冠道人《八宅明镜》。

3　尖射：即尖射煞，家宅方位禁忌之一，指宅门正对建筑棱角、石山等尖锐物体，或正对两条路相交的尖角。《玉髓真经·猛虎避箭形》说："面前尖射形煞，有可避忌者，有不可避忌者，亦有不必避忌而当收拾之者。直射当面，斜射近穴，此不容不避者也。"

4　砂水：古代风水形势之一，与家宅门前的砂石和水流有关。马泰清《地理辨惑》说："以势为专主，深明龙穴砂水之法，则于地理一道，亦思过半矣。"

5　水为朱雀：又称"朱雀悲泣"，古代堪舆学"四危"之一，指家宅前水流湍急作响。《葬书》："以水为朱雀者，衰旺系乎形应，忌乎湍激，谓之悲泣。"

译文

门光星

大月从下往上数，小月从上往下数。

白圈为吉日，"人"字妨害家人，"丫"字妨害牲畜。

（"门光星吉日定局"译略）

总论

谈到门楼，不能只听信《门楼玉辇经》，这本书误人不浅，所以此书不编入。宅门朝向必须要避开直接朝向尖射、砂水、道路、恶石、山坳、崩破、孤峰、枯木、神庙等，否则杀气会趁机入门，凶险。门宜迎山迎水，但要避免河道斜割以及听得到悲怆的水声。《葬经》说："朱雀水势，忌讳湍流。"

论黄泉门路[1]

《天机诀》[2]云："庚丁坤上是黄泉，乙丙须防巽水先，甲癸向中休见艮，辛壬水路怕当乾。"犯主枉死少丁[3]，杀家长，长病，忤逆。

庚向忌安单坤向门路水步，丙向忌安单坤向门路水步，乙向忌安单巽向门路水步，丙向忌安单巽向门路水步，甲向癸向忌安单艮向门路水步，辛壬向忌安单乾向门路水步。[4]其法乃死绝处，朝对宫[5]为黄泉是也。

郭璞[6]相宅[7]诗三首

屋前致栏杆，名曰纸钱山。家必多丧祸，哭泣不曾闲。

诗云：门高胜于厅，后代绝人丁。门高过于壁，其家多哭泣。门扇两枋欺[8]，夫妇不相宜。家财当耗散，真是不为量。

□ 两檐相交 《鲁般营造正式》残卷本 插图

注解

1 黄泉门路：即黄泉煞，又称"四金水""四路黄泉"。后演变为"八路黄泉"。古人认为，河水流向和宅门朝向会影响阳宅吉凶。徐善继《人子须知资孝地理心学统宗·四墓黄泉水》说："反复黄泉水，来去皆凶，总不宜见……亦曰四路黄泉，最忌水来。按《海角经》云：'假如丙向隶艮，乙向隶坤，艮属土，土墓于辰，绝于巳，而巽居辰巳之间，故凶。门路亦忌之，犯者主祸与四墓黄泉同。'……反复黄泉诗云：庚丁坤上是黄泉，坤向庚丁不可言。巽向最嫌流丙乙，乙丙须防巽水先。甲癸向中忧见艮，艮逢甲癸祸炎炎。干向辛壬为不吉，辛壬向首怕流干。"也就是说，庚丁向忌在坤方安门、放水；乙丙向忌在巽方安门、放水；甲癸向忌在艮方安门、放水；辛壬向忌在乾方安门、放水。

2 《天机诀》：应指杨筠松《天玉经·外编》："庚丁坤上是黄泉，乙丙须防巽水先。甲癸向中忧见艮，辛壬水路怕当乾。"《天玉经》，理气派风水学著作，旧题唐代杨筠松撰，明代蒋大鸿辑注，今存四卷。

3 主柱死少丁：家主横死，人丁不旺。底本"主"作"正"，据万历本改。

4 庚向忌……乾向门路水步：即"八路黄泉"，与河水流向和宅门朝向有关，《人子须知资孝地理心学统宗·四墓黄泉水》说："坤向忌见庚、丁水，巽向忌见乙、丙水，艮向忌见甲、癸水，乾向忌见辛、壬水。此名八路黄泉，忌水去，主祸同上。"

5 对宫：底本误作"对官"，据万历本改。

6 郭璞：字景纯，河东闻喜人，东晋著名文学家、方术家，少从河东郭公学习卜筮术法，曾通过占卜劝阻权臣王敦谋反。相传郭璞擅长预卜先知和奇异方术，同时还精通文字训诂、天文历算、诗歌辞赋等知识，民间广泛流传着他无所不晓、法术神妙的传说，被尊为风水堪舆的祖师，所以许多方技命理作品都伪托在他的名下，以增强影响力和传播度。本篇三首诗亦为

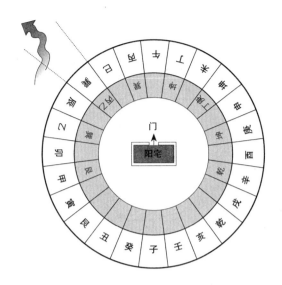

□ 八煞黄泉盘

八煞黄泉盘也称八路黄泉煞、天干反复黄泉。该盘在明代之后的堪舆术中应用广泛，其理出自三合水法，即以生长十二宫"黄泉煞水"而论吉凶。所谓"黄泉煞水"，即指旺位见去水，使旺气有去无回，生气耗散，故堪舆家认为建筑凡立旺向，忌水流出临官位；凡立衰向，忌水流出帝旺位。

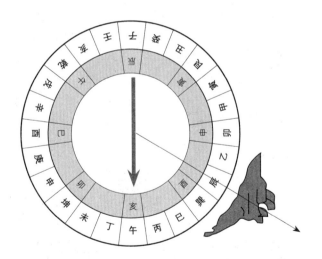

□ 八宫黄泉例

阳宅坐子午向，辰为八宫黄泉。辰山砂带煞，应立它线消煞。

托名作品。

7 相宅：古代观察地理形势以判断家宅吉凶的方术。

8 欹：通"敧"，倾斜。

◎相宅

相宅即择地定居，是以观察地形地物判定住屋吉凶的一种方术。古代没有现代的生产力，对大自然的改造能力不强，因此只能顺应自然、敬畏天地，于是产生了"相宅"这种活动，目的在于选择自然条件最好，最宜人的地方进行生产生活。相宅活动在顺应自然方面多有道理，但后来规则发展得越来越繁杂，更加无忌。

太保相宅

图为晚清时选择宅址的画面。宅应在好山好水之间，民间有"靠山起伏，高低错落，曲曲如活，中心出脉，穴位突起，龙砂虎砂，重重环抱；外山外水，层层护己，乃发福发贵之宝地"之说。也就是说，宅之北最好有连绵不绝的山岭，冬天可以阻挡凌厉的寒风，春夏又有山珍和野味出产；南面有错落高低的山丘，可以观景，也可以种植各种山地作物；地势宽敞，曲水环抱，可以大量种植，又有水浇，旱涝无虑，自然是风水宝地。

风水师

太保坐观

罗盘

丈量师正
指导丈量

丈量者

理想阳宅

　　《后汉书》说，相宅是为了"使居有良田广宅，背山临流，沟池环币，竹木周布，场圃筑前，果园树后"。场圃，即是万物萃集之地。

家宅朝向的理想选择

　　图中房宅，北面有山岭屏障，可阻挡寒风；门前即南面为平原，通风良好，可以种植五谷；西面有斜谷，利于晾晒粮食；东方山低，清晨可见日出。远山林木苍郁，门前稻麦渐熟，自然是理想的生活之地。

译文

论黄泉的门口和路径

《天机诀》说："庚丁坤上是黄泉，乙丙须防巽水先，甲癸向中休见艮，辛壬水路怕当乾。"如果触犯黄泉煞，则家人横死、人丁不旺、长辈去世、家人多病、子孙忤逆。

庚向的宅门忌在坤向有水陆通道，丙向的宅门忌在坤向有水陆通道，乙向的宅门忌在巽向有水陆通道，丙向的宅门忌在巽向有水陆通道，甲向和癸向的宅门忌在艮向有水陆通道，辛向和壬向的宅门忌在乾向有水陆通道。这些都是极其凶险的死绝方位，它们的朝向冲犯黄泉煞。

郭璞相宅诗三首

屋前置栏杆，名曰纸钱山。家必多丧祸，哭泣不曾闲。

诗云：门高胜于厅，后代绝人丁。门高过于壁，其家多哭泣。门扇两枋欺，夫妇不相宜。家财当耗散，真是不为量。

□ 门外置栏杆式

　　古人认为，如果屋前有栏杆，会使生气堵塞而不能流通，所以不吉利。

□ 门高于厅壁式

　　门为外，厅为内，门比厅高，就是外比内高，预示外人欺负主人，所以是凶象。

补述

干支、八卦和方位

天干地支在风水学中对应着不同的方位，将360°平均分成24个区间，每个方位15°，称为二十四山。从正北开始，按顺时针顺序分别是：子、癸、丑、艮、寅、甲、卯、乙、辰、巽、巳、丙、午、丁、未、坤、申、庚、酉、辛、戌、乾、亥、壬。在洛书九宫八卦中，坎卦为一，居正北方；坤卦为二，居西南方；震卦为三，居东方；巽卦为四，居东南方；中宫为五，居正中；乾卦为六，位居西北方；兑卦为七，居西方；艮卦为八，居东北方；离卦为九，居南方。

□ 二十四山配八卦

在二十四山法中，八卦分别代表八官方位，在此基础上，风水学家又划出二十四个方位以判断吉凶，每个方位十五度。在罗盘上，"卯"代表东方，"午"代表南方，"酉"代表西方，"子"代表北方，"坤"代表正西南，"巽"代表正东南，"乾"代表正西北，"艮"代表正东北，天干、地支、八卦所在方位及对应关系见图。

福建派与江西派

明代风水术数盛行，江南地区主要可以分为重视理法的福建派和重视形法的江西派，深刻影响着当时的建筑营造文化。据包海斌《〈鲁班经匠家镜〉研究》介绍，福建派以八卦、干支、天星、五行为基础纲领，注重将卦象与宅法相结合，发展出八宅周书、紫元飞白、阳宅三要、阳宅六事等风水理论，用以推算家宅方位和主人吉凶。江西派则以地理五诀"龙、穴、砂、水、向"为基础纲领，注重家宅周边的山川形势和家宅本身的造型格式。《鲁班经》涉及的风水术数显然杂糅两派理论，并未严格区分辨明，既体现出木匠只是粗通术数知识，也反映出民间书籍转相抄撮的特点。对于两个派系的源流和特征，清代四库馆臣总结说："后世之为其术者分为二宗。一曰宗庙之法，始于闽中，其源甚远，至宋王伋乃大行。其为说主于星卦，阳山阳向，阴山阴向，不相乘错，纯取八卦五星以定生克之理，其学浙中传之，而用之者甚鲜。一曰江西之法，肇于赣人杨筠松、曾文遄及赖大有、谢子逸辈，尤精其学。其为说主于形势，原其所起，即其所止，以定位向，专指龙、穴、砂、水之相配，而他拘泥在所不论。今大江以南无不遵之者。"

□ 五架屋诸式图　《新镌京板工师雕斫正式鲁班经匠家镜》万历本　插图

五架屋诸式图

　　五架梁栿，或使方梁[1]者，又有使界梁[2]者，及叉槽[3]、搭榀[4]、斗磉[5]之类，在主人之所为也。

注解

1　方梁：又称"扁作梁"，方木制成的矩形横梁。用扁方木料修成的厅堂称为"扁作厅"。《营造法原·厅堂总论》说："扁作厅内四界及后双步之架梁，俱用扁方料，故名扁作。"

2　界梁：即屋架梁，承受屋面载重的主要横梁，因为两桁木间空当称为"界"，故屋架梁又可称"界梁"，分为四界梁、五界梁、六界梁等，四界梁即指横跨桁木间四个进深的横梁。《营造法原·厅堂总论》说："内四界之四界大梁简称大梁，架于两步柱之上……梁之做法形式颇与《营造法式》月梁之制相似，南方厅堂殿亭，尚盛行此制。"底本作"界板"，据残卷本改。

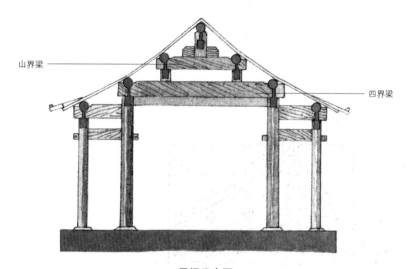

山界梁

四界梁

界梁示意图

3　叉槽：或指穿插枋的插槽，穿插枋又称"挑尖随梁"，是位于檐柱与金柱之间，与挑尖梁、抱头梁平行的横梁，连接两柱，辅助承重，用以提高木结构的稳定性。底本"叉"误作"又"，据残卷本改。

4　搭楣：即抱头梁，又称"乳栿""劄牵""眉川"，檐柱与金柱间承接屋顶檩木所传载重的横梁，因其是用于搭接的眉形横木，故称"搭楣"。《营造法原·厅堂总论》："眉川亦称骆驼川，川形似眉，又类驼峰。上端连于柱，下端架于斗。"底本作"搭栿"，据残卷本改。

5　斗礩：即斗盘枋，又称"普拍方""平板枋"，承接斗拱坐斗的枋木。《营造法式·大木作制度》："凡平坐铺作下用普拍方，厚随材广，或更加一栔。其广尽所用方木。"

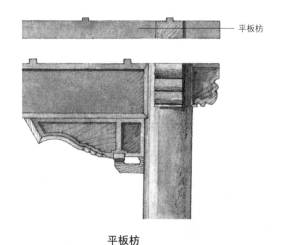

平板枋

□ 五架后拖两架式 《新镌京板工师雕斫正式鲁班经匠家镜》万历本 插图

译文

五架梁栿结构，有的使用方梁，还有的使用界梁，以及叉槽、搭楣、斗磉之类的设计，都根据主人的喜好来施工。

五架后拖两架

五架屋后添两架，此正按古格，乃佳也。今时人唤做前浅后深之说，乃住坐笑隐[1]，上吉也。如造正五架者，必是其基地如此，别有实格式，学者可验之也。

注解

1 住坐笑隐：可供笑隐禅师居住。住坐，居住、生活，底本作"生生"，义不可通，据残卷本改。笑隐，或指笑隐禅师，法号大䜣，字笑隐，元代临济宗大慧派禅僧，至元二年赐"释教宗主"封号，后被民间认为吉祥的象征。

译文

五架房屋后增添两架，正与古代的样式相符，是不错的设计。现在有人把它叫作"前浅后深"，认为可供笑隐禅师居住，是吉利的格式。如果是修造正五架的房屋，必定是房屋地基符合要求，并且是一种很实际的样式，学者可以验证。

正七架格式

正七架梁，指及七架屋川牌枡[1]，使斗磉或柱叉桁[2]并，由人造作，后有图式可准[3]。

注解

1　川牌枡：不详，或为穿（川）枋与立柱穿斗形成的枡。川，通"穿"。

正七架式

□ 正七架格式　《新镌京板工师雕斫正式鲁班经匠家镜》万历本　插图

2　柱叉桁：一种木架结构，指柱头直接承接桁条。桁，房梁或门窗框上的横木。底本"叉"作"義（义）"，据残卷本改。

3　可准：可以作为范式。底本"准"作"佳"，据残卷本改。

译文

正七架梁，指七架屋的川牌梁，使用斗磉或柱叉桁，都要由专人制作，后

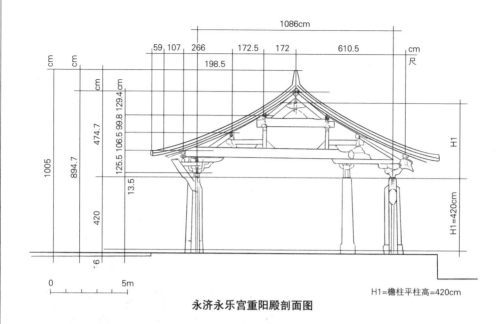

永济永乐宫重阳殿剖面图

面有图样可作范式。

王府宫殿

　　凡做此殿，皇帝殿九丈五尺[1]高，王府[2]七丈高，飞檐找角[3]，不必再白。重拖五架，前拖三架，上截升拱[4]天花板。及地量至天花板，有五丈零三尺高。殿上柱头七七四十九根。余外不必再记，随在加减。中心两柱八角，为之天梁辅佐。后无门[5]俱大厚板片。进金上前无门，俱挂朱帘。左边立五宫[6]，右边十二院，此与民间房屋同式，直出明律。门有七重，俱有殿名，不必载之。

注解

1　九丈五尺：这个数字正好与"九五之尊"相合，古人认为阳数中"九"
　　为最高、"五"为正中，故"九五"之数高而正，以示天子的权威。《周
　　易·乾》："九五，飞龙在天，利见大人。"

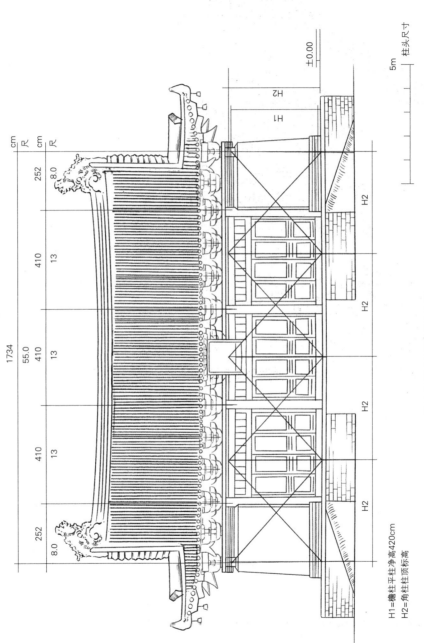

永济永乐宫重阳殿立面图

cm	尺	cm	尺

252 / 8.0

410 / 13

1734 / 55.0 / 410 / 13

410 / 13

252 / 8.0

H1=檐柱平柱净高420cm
H2=角柱柱顶标高

±0.00

H2

H1

5m

柱头尺寸

H2

H2

H2

H2

□ 王府宫殿 《新镌京板工师雕斫正式鲁班经匠家镜》万历本 插图

2 王府：明朝亲王和郡王的府邸。明太祖初年定制袭封，皇子封为亲王，亲王嫡长子年十岁立王世子，长孙立为世孙，冠服均视一品，为亲王继承人；诸子年十岁，则封为郡王。郡王嫡长子为郡王世子，嫡长孙则授长孙，冠服均视二品，是郡王继承人；诸子则授镇国将军，不再封王。

3 飞檐找角：屋檐外伸、檐角翘起的形制。飞檐，屋檐形式之一，多用在亭台、楼阁、宫殿、庙宇等建筑的屋顶转角处，屋角檐部四角翘伸，向上飞举，形如飞鸟展翅。找角，即翘角，"找""翘"音近相通。

4 升拱：升和拱都是斗拱的构件，"拱"是矩形断面的短

□ 飞檐

　　屋檐上翘，在屋角处更为突出，状如飞翼，轻盈上升。飞檐和翼角常并称为飞檐翼角，是传统建筑的一种檐部形式，不但可以扩大房屋的采光面，也利于排水，更能增加建筑物向上的动感。

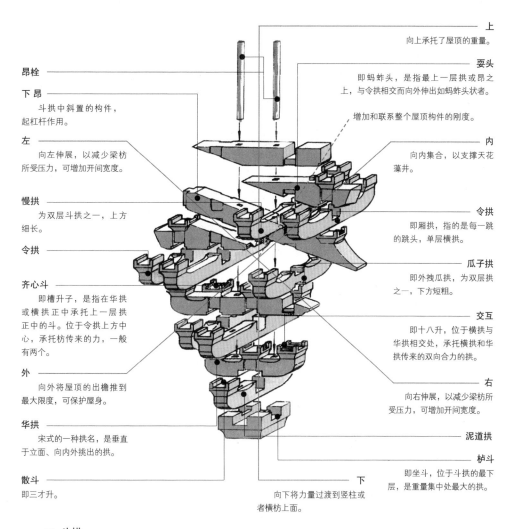

昂栓

下昂
　斗拱中斜置的构件，起杠杆作用。

左
　向左伸展，以减少梁枋所受压力，可增加开间宽度。

慢拱
　为双层斗拱之一，上方细长。

令拱

齐心斗
　即槽升子，是指在华拱或横拱正中承托上一层拱正中的斗。位于令拱上方中心，承托枋传来的力，一般有两个。

外
　向外将屋顶的出檐推到最大限度，可保护屋身。

华拱
　宋式的一种拱名，是垂直于立面、向内外挑出的拱。

散斗
　即三才升。

上
　向上承托了屋顶的重量。

耍头
　即蚂蚱头，是指最上一层拱或昂之上，与令拱相交而向外伸出如蚂蚱头状者。

　增加和联系整个屋顶构件的刚度。

内
　向内集合，以支撑天花藻井。

令拱
　即厢拱，指的是每一跳的跳头，单层横拱。

瓜子拱
　即外拽瓜拱，为双层拱之一，下方短粗。

交互
　即十八升，位于横拱与华拱相交处，承托横拱和华拱传来的双向合力的拱。

右
　向右伸展，以减少梁枋所受压力，可增加开间宽度。

泥道拱

栌斗
　即坐斗，位于斗拱的最下层，是重量集中处最大的拱。

下
　向下将力量过渡到竖柱或者横枋上面。

□ **斗拱**
　又称枓拱、斗科、铺作等，是木结构建筑中立柱和横梁交接处的支承构件，其功能是承受上部支出的屋檐，将其重量或直接集中到柱上，或间接地先转到额枋上再转到柱上。上图就清楚地展示了斗拱如何将重力分别向上、下、左、右、内、外分散。

　枋木，两端略微上翘，形似弓；"升"是上下两层拱间用以承托上层枋或拱的斗形木块。此处即指斗拱。

5　无门：即"庑门"，堂下四周走廊的门。无，通"庑"。

6　五官：底本作"五官"。义不通，据万历本改。

译文

修造这种宫殿，皇帝殿要九丈五尺高，王府要七丈高，要飞檐翘角等，这里不再细说。重要的是修造五架，前面增修三架，上方承托斗拱和天花板。从地面量到天花板，有五丈零三尺高。大殿共有七七四十九根立柱。其他的不必再记，都可以根据实际情况加减调整。中心两柱为八角形，帮助天梁分担承重。后虎门选用大厚木板制作，前虎门则上金漆，都要挂朱红色的门帘。宫殿左边建造五宫，右边建造十二院，这与民间房屋的式样相同，都有明代律法的规定。大门有七重，各自都有殿名，不必记载。

补述

斗拱

据傅熹年《中国古代建筑概说》介绍，早在西周时期，木构架建筑便已在柱头承梁檩处垫放木块，又从檐柱向外伸出悬臂梁，用木块或木枋垫高，以承托更多的屋檐外侧部分，这就是斗拱设计的雏形。唐宋时期，斗拱从简单的垫托构件发展为横梁和柱头间穿插交织的格形复合梁，不但承托室内天花和室外屋檐，还要保持整体柱网稳定。元明时期，柱头间通常使用大小额枋和随梁枋，不再需要斗拱负重，斗拱遂逐渐变为建筑的装饰性结构。回顾古代建筑中的斗拱设计，从简单垫托到核心承重，再到装饰作用，标志着木构架从简单到复杂再到简单的演变过程。

翼角

据傅熹年《中国古代建筑概说》介绍，汉代建筑多在椽子和角梁下面取平，所以屋檐平直；至南北朝时期开始出现椽子上皮略低于角梁上皮的做法，整体抬起诸椽，下用三角形木料垫托，产生了屋角起翘的效果。唐宋时期，屋角起翘逐渐变为通行设计，且不断加大翘起程度，以使视觉效果更加美观华丽，这种设计被称为"翼角"。

庑殿

庑殿是中国古代建筑中一种威严无上的形式。庑殿建筑屋面有四大

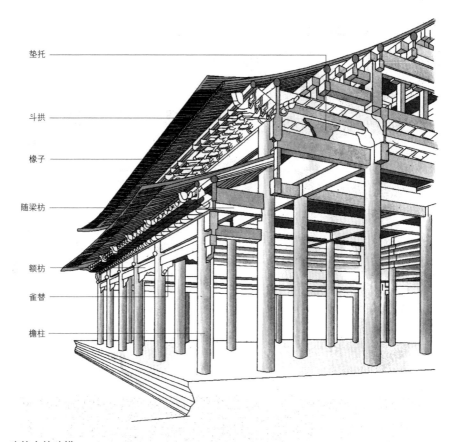

垫托

斗拱

椽子

随梁枋

额枋

雀替

檐柱

□ 建筑中的斗拱

　　斗拱是中国古代木构架建筑特有的结构部件。它位于木结构梁枋和柱子之间，具有传导屋面荷载、加大屋檐挑出长度、缩短梁枋跨度、吸收地震能量等结构作用和装饰作用，是中国古代建筑最具特色的部分之一。主要由水平放置的方形斗、升和矩形的拱以及斜置的昂组成。从唐到清，斗拱的结构作用越来越小，其装饰性日益增强，斗拱的排布由疏到密，由大变小。

　　坡，前后坡面相交形成一条正脊，两山屋面与前后屋面相交形成四条垂脊，故庑殿又称四阿殿、五脊殿。在等级森严的古代社会，这种建筑形式常用于宫殿、坛庙一类皇家建筑，是中轴线上主要建筑最常采用的形式。如故宫午门、太和殿、乾清宫、太庙以及明长陵棱恩殿等，都是庑殿式建筑。

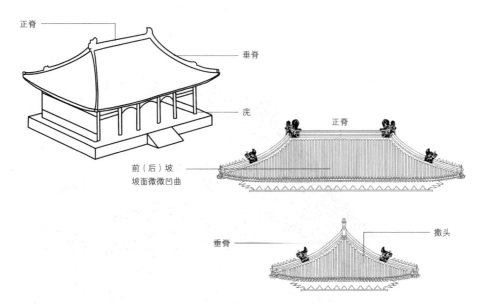

正脊

垂脊

庑

正脊

前（后）坡
坡面微微凹曲

垂脊

撒头

□ 庑殿式屋顶形制图

中国古代建筑的屋顶形制有多种，都代表着一定的等级。图为庑殿式建筑屋顶形制示意图，它是等级最高的屋顶形制，其特点是前后左右共四个坡面，交出五个脊，又称五脊殿或吴殿。如此隆重的建筑，结构却并不一定最复杂，其造型以中正平和、气派恢宏为尚。

□ 廊庑图示

廊庑，即堂下四周的廊屋。颜师古注廊庑："廊，堂下周屋也。庑，门屋也。"是屋壁与一排檐柱间的空间，顶上有檐。廊无壁，仅作通道；庑则有壁，可以住人。

司天台¹式

此台在钦天监²。左下层土砖石之类，周围八八六十四丈阔，高三十三丈，下一十八层，上分三十三层³，此应上观天文，下察地利。至上屋周围俱是冲天栏杆，其木里方外圆⁴，东西南北及中央立起五处旗杆。又按天牌二十八面⁵，写定二十八宿星主，上有天盘⁶流转，各位星宿吉凶乾象。台上又有冲天一直平盘，阔方圆一丈三尺，高七尺，下四平脚⁷穿枋串进，中立圆木一根。斗上平盘者，盘能转，钦天监官每看天文立于此处。

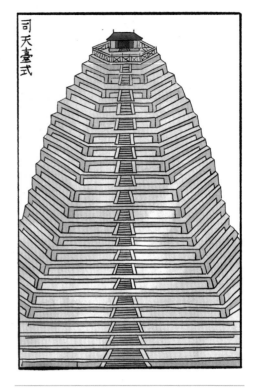

□ 司天台式 《新镌京板工师雕斫正式鲁班经匠家镜》万历本 插图

注解

1 司天台：古代司掌天文的官员观测天文星象的高台。

2 钦天监：明清观测天文星象的官员，负责推算节气、制定历法。秦汉至南朝设有太史令，隋代改为太史监，唐代改为太史局，又更名浑仪监等，乾元元年改为司天台。五代至宋初改为司天监，明代沿用司天监，后改为钦天监，清代沿用其制。

3 下一十八层，上分三十三层：下十八层，对应佛教《十八泥犁经》所谓"十八重地狱"。上三十三层，对应佛教《正法念处经》所谓"三十三重天"。

4 里方外圆：对应"天圆地方"的观念，《大戴礼记·曾子天圆》："天道曰圆，地道曰方，方曰幽而圆曰明。"

□ 元代司天台示意图

司天台即观星台，元代司天台位于今河南登封市告成镇，是我国及世界上现存最早、保护较好的天文建筑之一。元代科学家郭守敬曾在这里观测星宿的位置与运行轨迹，制定了当时世界上最先进的历法——授时历。

5 天牌二十八面：写有天文星宿的木牌，对应古代天文学二十八星宿。二十八宿指东方苍龙七星：角木蛟，名邓禹，吉；亢金龙，名吴汉，凶；氐土貉，名贾复，凶；心月狐，名寇恂，凶；房日兔，名耿弇，吉；尾火虎，名彭岭，吉；箕水豹，名冯异，吉。北方玄武七星：斗木獬，名朱佑，吉；牛金牛，名祭遵，凶；女土蝠，名景丹，凶；虚日鼠，名盖延，凶；危月燕，名坚铎，凶；室火猪，名耿纯，吉；壁水貐，名臧宫，吉。西方白虎七星：奎木狼，名马武，凶；娄金狗，名刘隆，吉；胃土雉，名乌成，吉；昴日鸡，名王良，凶；毕月乌，名陈俊，吉；觜火猴，名傅俊，凶；参水猿，名杜茂，凶。南方朱雀七星：井木犴，名姚期，吉；鬼金羊，名王霸，凶；柳土獐，名任先，凶；星日马，名李忠，凶；张月鹿，名万修，吉；翌火蛇，名邳仝，凶；轸水蚓，名刘直，吉。

6 天盘：绘制星图天象的圆盘，用来模拟星象运转。

7 高七尺，下四平脚：七尺四脚，对应古代占星学"七政四余"，七政即日、月、金、木、水、火、土七个曜星，四余即紫炁、月孛、罗睺、计都四个虚星。

译文

　　这种司天台是钦天监的建筑。下层用土和砖石垒砌，周围共有八八六十四丈宽，高达三十三丈，下有十八层，上有三十三层，对应所谓"上观天文，下察地理"。上层平台的四周都是冲天的栏杆，其木柱都内方外圆，东、南、西、北及中央分别竖起一根旗杆。又设立二十八面天牌，牌上写定二十八星宿的星主，顶上设置可以旋转的天盘，绘各种星宿和吉凶星象。台上还有一个高高耸立的直平盘，方圆达一丈三尺，高七尺，下面四个平脚用穿枋串接，中间竖立一根圆木，与圆盘拼合在一起，盘可以旋转。钦天监官员每天都在这里观测天象。

妆修正厅

　　妆[1]修正厅，左右二边，四大孔[2]水椹板，先量每孔多少高，带礤至一穿枋下有多少尺寸，可分为上下一半，下水椹带腰枋[3]，每矮九寸零三分，其腰枋只做九寸三分大。抱柱线[4]，平面九分，窄上五分，上起荷叶线，下起棋盘线[5]。腰枋上面亦然九分，下起一寸四分，窄面五分，下贴地栿。贴仔[6]一寸三分厚，与地栿盘厚，中间分三孔或四孔。檄枋仔[7]方圆一寸六分，斗尖一寸四分长。前楣、后楣比厅心每要高七寸三分。房间光显冲栏[8]二尺四寸五分。大厅心门框一寸四分厚，二寸二分大，或下四片或下六片，尺寸[9]要有零。子舍箱间[10]与厅心一同尺寸，切忌两样尺寸，人家不和。厅上前眉两孔，做门上截亮格[11]，下截上行板。门框起聪管线[12]，一寸四分大，一寸八分厚。

　　正堂妆修与正厅一同，上框门尺寸无二，但腰枋带下水椹，比厅上尺寸每矮一寸八分。若做一抹光[13]水椹，如上框门，做上截起棋盘线或荷叶线，平七分，窄面五分。上合角贴仔一寸二分厚，其别雷同。

注解

1 妆：底本作"粧"，"粧"通"妆"，通"装"，后文均同。

2 大孔：大块、大件。

3 水椹带腰枋：即"障水板"和"腰串"，均为厅堂内格子门式隔断的组成部分。《营造法式·小木作制度》："造殿内截间格子之制，高一丈四尺至七尺，用单腰串，每间各视其长，除桯及腰串外，分作三份。腰上二份，安格眼，用心柱、槫柱分作二间。腰下一份，为障水板，其板亦用心柱、槫柱分作三间。"

4 抱柱线：抱柱上的标记线，以便施工使用。

5 上起荷叶线，下起棋盘线：抱柱上荷叶状及棋盘状的装饰型线脚。

6 贴仔：即贴板，大梁或叠层梁的部件之一。

7 橄枋仔：或指穿枋内侧的横木。橄，疑为"敨"字异体。

8 光显冲栏：或指迎着门窗的栏杆，比较显眼，故称光显。

9 尺寸：底本作"八寸"，据万历本改。

10 子舍箱间：或指房屋侧厢。箱，通"厢"，侧面房间。

11 亮格：即窗棂格，可以透光。

12 聪管线：葱管状的装饰型线脚。聪（聪），疑通"葱（蔥）"。

13 一抹光：整体光滑。

译文

装修正厅，左右两边各四块水椹板，先测量每块木板的高度，以及础石到第一根穿枋的距离。可以分为上下两部分，下部是水椹和腰枋，每个矮九寸三分，腰枋只做在九寸三分处。抱柱线在平面为九分，窄处为五分，上部画荷叶线，下部画棋盘线。腰枋上面也是九分，下面则是一寸四分，窄面五分，下紧贴地栿。贴仔一寸三分厚，和地栿盘厚度相同，中间分为三块到四块。橄枋仔方圆一寸六分，斗尖长一寸四分。前门楣和后门楣都要比厅心高出七寸三分。房间里光显冲栏高二尺四寸五分。大厅心门框要一寸四分厚，二寸二分大，下四片或者下六片都可以，尺寸要有零头。子舍厢与厅心尺寸应一致，切忌尺寸不一，会导致家庭失和。厅上前楣两部分，做成宅门上截的透亮棂格，下截则安装门板。门框画出葱管线，大一寸四分，厚一寸八分。

正堂的装修和正厅相同，门框各类尺寸没有什么区别，只是腰枋包括水

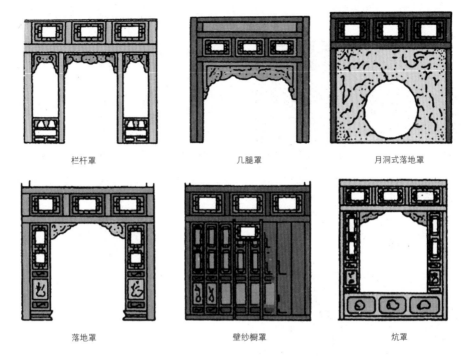

栏杆罩　　　　　　几腿罩　　　　　　月洞式落地罩

落地罩　　　　　　壁纱橱罩　　　　　　炕罩

□ 内檐装修六例

　　古时房宅的内檐装修，多采用罩形。罩分几腿罩、栏杆罩、落地罩、炕罩、壁纱橱罩等种类，一般用于房屋两种不同的地方之间作为软隔断，如三间大厅即可在左右两排柱上顺梁枋安栏杆或花罩。

　　椹，要比正厅装修的尺寸矮一寸八分。如果做全部光滑水椹，与安装框门相同，要在上截画出棋盘线或荷叶线，平面七分，窄面五分。上面合角的贴仔要一寸二分厚，其他部分完全相同。

寺观、庵堂、庙宇式

　　架学造寺观等，行人门身带斧器，从后正龙[1]而入，立在乾位，见本家人出，方动手。左手执六尺，右手拿斧，先量正柱，次首左边转身柱[2]，再量直出山门外止。叫伙同人，起手右边上一抱柱，次后不论。大殿中间无水椹或栏杆斜格，必用粗大，每算正数，不可有零。前栏杆三尺六寸高，以应天星。或门及抱柱各样，要算七十二地星[3]。庵堂、庙宇中

□ 寺观庵堂庙宇式 《新镌京板工师雕斫正式鲁班经匠家镜》万历本 插图

间水椹板，比人家水椹每矮一寸八分，起线抱柱尺寸一同，已载在前，不白。或做门，或亮格，尺寸俱矮一寸八分。厅上宝桌三尺六寸高，每与转身柱一般长，深四尺，面前叠方三层，每退墨[4]一寸八分，荷叶线下两层花板，每孔要分成双下脚，或雕狮象拖脚[5]，或做贴梢[6]，用二寸半厚，记此。

注解

1 后正龙：即龙脉主干，地理风水形势之一。正龙受穴则为吉象，《人子须知资孝地理心学统宗·论龙旁正》说："夫龙一也，而有旁正之分。盖正龙者，禀受得正气而行，而其旁受诸山皆来拱卫者也。"

2 转身柱：或指栏杆转角的望柱。

3 三尺六寸……七十二地星：三尺六寸，对应道教"北斗三十六天罡星"。七十二地星，对应道教"北斗七十二地煞星"。寺观、庙堂等供神煞之地，其尺寸都与三十六天罡对应。七十二地煞星每算整数，不可有零，是说寺观、庙堂的深、阔、高尺寸，下图所示河北省曲阳县北岳庙德宁殿，其尺寸大多为整数，正是基于这样的要求。

4 退墨：向后移动墨线，以减小尺寸。底本"墨"作"黑"，据万历本改。

5 狮象拖脚：刻有狮子图纹的板脚。

6 贴梢：指桌腿贴附的木片。

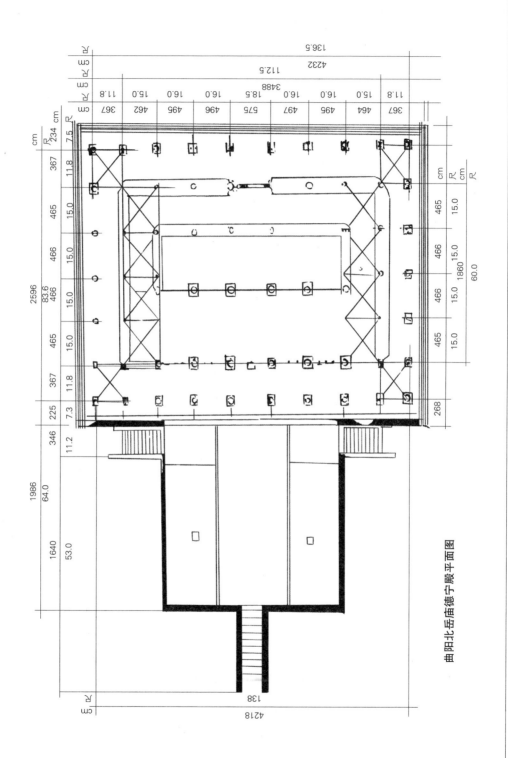

曲阳北岳庙德宁殿平面图

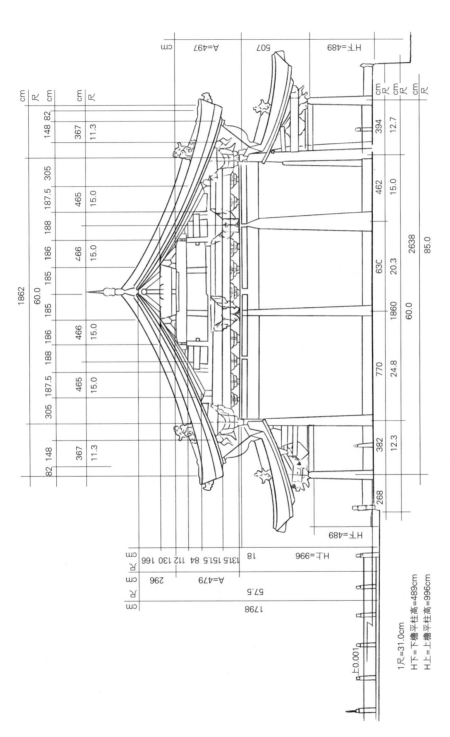

曲阳北岳庙德宁殿横剖面图

1尺=31.0cm
H下=下檐平柱高=489cm
H上=上檐平柱高=996cm

曲阳北岳庙德宁殿纵剖面图

译文

修造学校、寺观等建筑物时，匠师们身带斧器，应从龙脉主干进入，站立在西北乾位，等主家出来，才开始动手施工。左手拿六尺，右手拿斧头，先测量正柱，然后测量左边的转身柱，再量其他柱，一直测量到山门外为止。叫上同伴，从右上的抱柱开始，其他不再赘述。大殿中间无论水槛或栏杆斜格，必须要用粗大的木料，尺寸必须是整数，不能留有零余。前栏杆高度为三尺六寸，对应三十六天罡之数。大门和抱柱的数目，则要符合七十二地星之数。庵堂和庙宇中间的水槛板，比家宅中的水槛板要矮一寸八分，柱线和抱柱也一样，已经记录在前面，不再复述。无论制作大门，还是亮格，尺寸都要矮一寸八分。厅中的宝桌高度为三尺六寸，每根都和转身柱高度相同，深度为四尺，面前正好叠三层，每层应减少一寸八分。荷叶线下有两层花板，每块分为两个支柱，或做成雕出狮子图纹的拖脚，或做成贴梢，厚度为二寸半。都记在这里。

□ 装修祠堂式 《新镌京板工师雕斫正式鲁班经匠家镜》万历本 插图

妆修祠堂式

凡做祠宇，为之家庙[1]，前三门，次东西走马廊[2]，又次之大厅，厅之后明楼茶亭，亭之后即寝堂[3]。若妆修自三门做起，至内堂止。中门开四尺六寸二分阔，一丈三尺三分高，阔合得长天尺[4]方，在"义""官"位上。有等说"官"字上不好安门，此是祠堂，起不得"官""义"二字。用此二字，子孙方有发达荣耀。两边耳门[5]三尺六寸四分阔，九尺七寸高大，"吉""财"二字上，此合天星吉地德星[6]，况中门两边俱合格式[7]。家庙不比寻常人家，子弟贤否，都在此处种秀[8]。又且寝堂及厅两廊至三门，只可步步高，儿孙方有尊卑，毋小期大[9]之故。做者深详记之。

妆修三门，水椹城板下量起，直至一穿上平分上下一半，两边演开"八"字，水椹亦然。如是大门二寸三分厚，每片用三个暗串，其门笋[10]要圆，门斗要扁，此开门方向为吉。两廊不用妆架。厅中心四大孔水椹，上下平分，下截每矮七寸。正抱柱三寸六分大，上截起荷叶线，下或一抹光，或斗尖的，此尺寸在前可观。厅心门不可做四片，要做六片，吉。两边房间及耳房，可做大孔田字格或窗齿[11]可合式，其门后楣要留，进退有式。明楼不须架修，其寝堂中心不用做门，下做水椹带地栿三尺五高，上分五孔，做田字格，此要做活的，内奉神主祖先，春秋祭祀拿得下来。两边水椹，前有尺寸，不必再白。又前眉做亮格门，抱柱下马蹄抱柱[12]，此亦用活的。后学观此，谨宜详察，不可有误。

注解

1　祠宇、家庙：即祠堂，古代地方宗族祭祀祖先或商议家族事务的场所。

2　走马廊：又称"回廊"，庭院内的环形走廊。

3　寝堂：供奉灵位的祠堂正殿。

4　长天尺：不详，古代修造尺法之一，似与鲁班尺相仿，亦有八字刻度。明清工匠修造宅门多用玄女尺、鲁班尺、子房尺、曲尺四种尺法，《造命宗镜集·造门玉尺式》说："玄女尺以九寸分八部：贵人（吉）、天灾（凶）、天祸（凶）、天财（吉）、官禄（吉）、孤独（凶）、天败（凶）、辅弼（吉）。鲁班尺一寸管一字：财、离、病、义、官、劫、害、本，内财、义、官、本四字吉，余凶。惟子房尺、曲尺以九寸分九部，一寸为一白、六寸六白、八寸八白、九寸九紫皆吉。凡门之尺寸，俱以四样尺寸较量，取其皆吉为妙。"

5　耳门：中门两侧的偏门，形如一对耳朵，因此得名。

6　天星吉地德星：或指天德星和地德星，古代命理学吉神官位。

7 俱合格式：都符合格式要求。底本"合"误作"后"，义不可通，据咸同本改。

8 种秀：播种发芽。秀，原指植物抽穗开花，引申为优秀人才。

9 毋小期大：子孙后代尊卑有序，晚辈不欺侮长辈。期，通"欺"。底本"毋"误作"母"，据万历本改。

10 门笋：即门榫，固定宅门的部件。笋，通"榫"。

11 窗齿：直棂窗的栅栏状棂条。

12 马蹄抱柱：足端为马蹄状的抱柱。

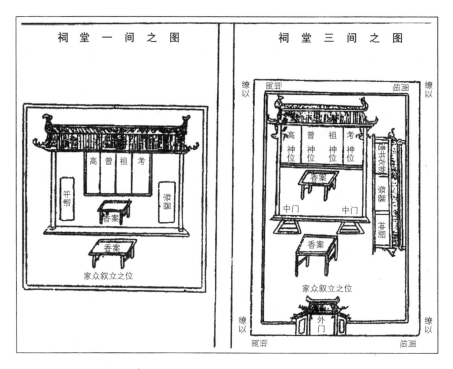

□ 祠堂 明 《三才图会》插图

祭祀祖上和先贤处，或商议同族大事之所即为祠堂。有宗祠、支祠和家祠之分。图为明朝王圻及其儿子王思义撰写的百科式图录类书《三才图会》中的祠堂插图。

译文

建造祠堂家庙时，前面三门，然后是东西走向的走马回廊，再是大厅，大厅后是明楼茶亭。茶亭之后是寝堂。装修应从三门做起，一直到内堂为止。

中门开四尺六寸二分，一丈三尺三分高，宽度与长天尺的"义"字和"官"字相合。有种说法认为"官"字上不适合修造安装门，说这里是宗族祠堂，不能用"官""义"二字呢。其实用此二字，子孙后代才有可能飞黄腾达、光宗耀祖。两边耳门宽度为三尺六寸，高度为九尺七寸，在"吉"字和"财"字上，亦顺应天德星和地德星，况且中门两边也都符合格式，非常吉利。家庙与寻常人家住宅有所不同，子孙后代是否贤明，都取决于祠堂的营造设计。而且寝堂、大厅、两廊直到三门，地势只可以步步升高，这样子孙后代才尊卑有序，不会出现晚辈欺凌长辈的现象。匠人要熟记这些要求。

装修三门，宜从水槛城板下开始量起，直到一穿枋上，平分为上下两部分，两边分开"八"字形，水槛板也这样。如此，大门要二寸三分厚，每片用三个暗串，门榫需要做成圆形，门斗需要做成扁形，这样的开门方向才吉利。两处回廊不必装修。大厅中心的四块水槛板，分为上下两部分，下半段都要矮上七寸。正抱柱三寸六分大，上端画荷叶线，下端可以做成光滑的，也可以拼成斗尖的，这里的尺寸可以参见前面的数据。大厅中央的门不能做成四扇的，一定要做成六扇的，才吉利。两边的房间和耳房，可以做成大孔的田字格窗户或者窗齿样式，房门后楣需要保留，这样才进退有式。明楼不必装修，寝堂中心不必做门，下面的水槛加地栿总共三尺五寸高，上部分为五块，做成田字格，这个部件要做成活的，里面供奉的祖宗牌位每年春秋祭祀时要拿得下来。两边的水槛板，前面已列出尺寸，这里不用再说。又有前楣做成亮格门，抱柱做马蹄抱柱的，也要做成活的。后辈木匠看到这里，应该认真学习，谨慎考察，不能有误。

中门耳门尺寸表

类别	中门		耳门	
	阔	高	阔	高
尺寸	4.62尺	13.03尺	3.64尺	9.97尺
门光尺	3.21尺	9.05尺	2.53尺	6.74尺
合八字	义字	病字	离字	害字

表中尺寸，除中门宽度与"义"字合，其余高宽尺寸都在"病、离、害"字上，似乎非吉。但此若为门光尺的尺寸，则只有中门的宽度、耳门的宽度分别在"官"字和"义"字上，而中门的高却在"劫"字上，耳门的高度又在"病"字上，也非吉数。也许重宽度，然后才是高度，所以宽度合也就行了。

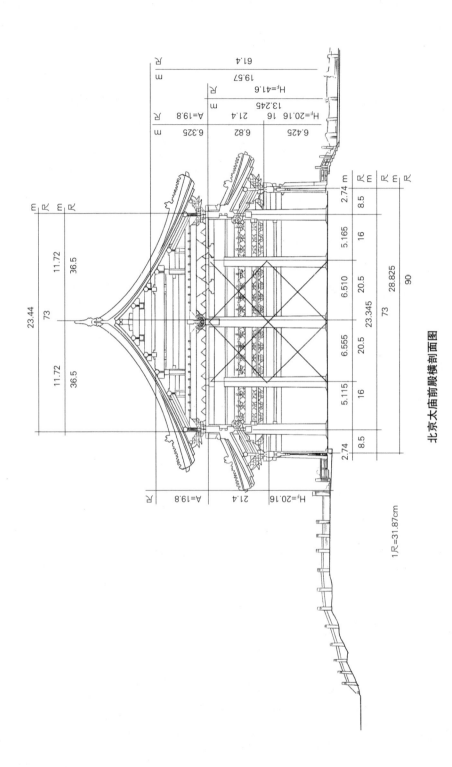

北京太庙前殿横剖面图

1尺=31.87cm

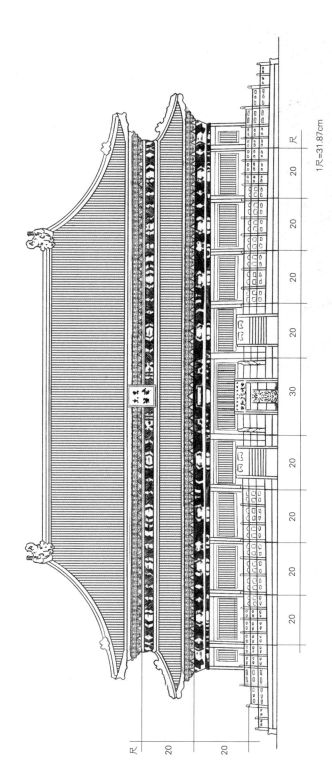

□ 北京太庙前殿正立面图

古人重视祠堂，比之寻常人家，皇家在祠堂修造上则更为考究。图为北京明清太庙剖面、立面图，其进深、阔、高、分间均合整数。

1尺=31.87cm

□ 神厨搽式 《新镌京板工师雕斫正式鲁班经匠家镜》万历本 插图

神厨搽式[1]

下层三尺三寸，高四尺，脚每一片三寸三分大，一寸四分厚，下锁脚方一寸四分大，一寸三分厚，要留出笋。上盘仔二尺二寸深，三尺三寸阔，其框二寸五分大，一寸三分厚，中下两串，两头合角与框一般大，吉。角止佐[2]半合角，好开柱[3]。脚相[4]二个，五寸高，四分厚，中下上厨只做九寸，深一尺。窗齿栏杆，止好下五根，步步高。上层柱四尺二寸高，带岭[5]在内，柱子方圆一寸四分大，其下六根，中两根，系交进的，里半做一尺二寸深，外空一尺，内中或做二层，或做三层，步步退墨。上层下散柱[6]二个，分三孔，耳孔只做六寸五分阔，余留中上。拱梁[7]二寸大，拱梁上方梁一尺八大，下层下欢眉勒水[8]。前柱磉一寸四分高，二寸二分大，雕播[9]荷叶。前楣带岭八寸九分大，切忌大了，不威势。上或下火焰屏，可分为三截，中五寸高，两边三寸九分高。余或主家用大用小，可依此尺寸退墨，无错。

注解

1 神厨搽式：承装牌位等祭祀物品的橱柜，一般放置在供桌上。厨，通“橱”。搽，不详，疑为衍文，“橱”“搽（梌）”音近，或为“橱”字的方言音转，亦为橱柜之义。

2 佐：通“做”。底本“做”多作“佐”，下同。

3 开柱：凿开柱眼，以便安装柱子。

4 脚相：即脚箱，下脚位置的小箱柜。相，通"箱"，下同。

5 岭：或指木料拼接后，外侧看不见的部分。一说通"枪"，即栏杆横木。

6 散柱：灵活的廊柱。

7 拱梁：一种拱形梁枋，一般位于斗拱下方。

8 欢眉勒水：不详，或指"欢门"，前廊半月形雕饰的门。《营造法式·小木作制度》说："内外欢门，长随帐柱之内，其广一寸二分，厚一分二厘。"勒水，即勒水花牙，又称"披水牙子"，缘环板下带有斜面的长条花牙，形似墙头的斜面"披水"，因此得名。

9 雕播：布设雕刻。

译文

神橱下层宽三尺三寸，高四尺，每根柱脚三寸三分大，一寸四分厚，锁脚枋一寸四分大，厚为一寸三分，要留出榫头以便拼接。上盘深二尺二寸，宽三尺三寸，外框二寸五分大，一寸三分厚，中下部分安装两个暗串，两端桌角拼合，大小要与外框一致，这样才吉利。角只做半合角，以便凿开柱眼。脚箱两个，五寸高，四分厚，上、中、下的橱柜只做九寸大，一尺深。窗齿栏杆只能安装五根，一根比一根高。上层柱子高四尺二寸，含上部构件在内，柱子方圆有一寸四分大，下部六根，中间两根，向内交叉进角一尺二寸深，外部空出一尺。里面做两层或三层都可以，每步都要减小尺寸。上层可设散柱两根，分为三份，耳孔宽仅六寸五分，其余部分留给中上层。拱梁二寸大，拱梁上的方梁则为一尺八寸大，下层是欢眉勒水。前柱磉石一寸四分高，二寸二分大，雕荷花纹。前楣包含上部构件有八寸九分大，切忌做得太大，显得没有威势。上面或者下面的火焰屏，可以分为三截，中间部分高五寸，旁边两个部分高三寸九分。其余部分按照家主意愿可大可小，只需按照这个尺寸增减，就不会有错。

营寨格式

立寨之日，先下垒杆[1]，次看罗经，再看地势山形生绝之处[2]，方令木匠伐木，踏定[3]里外营垒。内营方用厅者，其木不俱大小，止前选定二根，下定前门。中五直木九丈，为中央主旗杆，内分间架，里外相串。次

□ 营寨格式 《新镌京板工师雕斫正式鲁班经匠家镜》万历本 插图

看外营周围，叠分"金、木、水、火、土"，中立二十八宿，下例"休、生、伤、杜、景、死、惊、开"[4]。此行文外，伐木交架[5]而下，周建禄角[6]、旗枪之势，并不用木作之工。但里营要刨砍、找接[7]、下门之劳，其余不必木匠。

注解

1 垒杆：营垒的标杆。底本"垒（壘）"作"累（纍）"，今改。

2 生绝之处：影响军队胜败存亡的地理形势。生绝，生死存亡。

3 踏定：勘测确定。底本"踏"多作"蹋"，形近而讹，今改。

4 休、生、伤、杜、景、死、惊、开：即奇门遁甲中的"八门"，其法用八卦方位预测吉凶或排布阵型，属于古代兵法、兵阴阳家的内容。其中开、休、生、景为吉门，死、惊、伤、杜为凶门。底本"景"字前衍一"日"字，今删。

5 伐木交架：砍伐木材，搭建木架。底本"伐"误作"代"，义不可通，今改。

6 禄角：即"鹿角"，又称"拒马"，木柱交叉固定并附带刃刺的障碍物，形似鹿角，因此得名。禄，通"鹿"，同音通假。

7 找接：搭接。

译文

修造营寨时，先确立垒杆位置，后查看罗盘方位，再勘察附近关乎胜败的地势，然后才命工匠动工伐木，勘定军营内外的格局安排。内营才修造大厅，所用木料没有大小要求，只需先选出两根木头定下前门，中间立五根直木，九丈高的作为中央的主旗杆，内营分为若干架间，使内外互相串联。接着，查看外营周围，分为"金、木、水、火、土"，中间确定二十八星宿的位置，按照"休、生、伤、杜、景、死、惊、开"奇门遁甲来排列。这些以外，砍伐木材、搭建木架以下，环建鹿角拒马、打造各类军器，都不用木作。只有营内刨锯砍伐、拼装搭接、修造木门需要木匠，其余不必用木匠。

补述

八门

奇门遁甲的八门，可以与五行、八方、数序相配合，其具体为：休门，属水，居正北，数一，为吉；生门，属土，居东北，数八，为吉；伤门，属木，居正东，数三，为凶；杜门，属木，居东南，数四，为凶；景门，属火，居正南，数九，小吉或中平；死门，属土，居西南，数二，为凶；惊门，属金，居正西，数七，为凶；开门，属金，居西北数六，为吉。《遁甲符应经·八门所主》说："开门宜远行、征罚，所向通达；休门宜和集万事，治兵习业；生门宜见贵人，营造事始；伤门宜渔猎、捕罚，行逢盗贼；杜门宜邀遮隐伏，诛伐凶逆；景门宜上书遣使，突阵破围；死门宜行诛戮，吊死送丧；惊门宜掩捕斗讼，攻击惊恐。巳上八门内，有开、休、生三门吉，宜出其下，若更合三奇吉宿，为上吉也。五凶门不可出其下，宜避之。"

兵阴阳

兵阴阳是秦汉时期比较流行的军事理论之一，主要研究军事活动和阴阳五行术数之间的关系。刘歆《七略·兵书略》将兵书分为"兵权谋、兵形势、兵阴阳、兵技巧"四个小类，班固《汉书·艺文志》则揭示说："阴阳者，顺时而发，推刑德，随斗击，因五胜，假鬼神以为助者也。"可见，兵阴阳家尝试将方术、鬼神之说等应用于军事活动中。

□ 水阁 《新镌京板工师雕斫正式鲁班经匠家镜》万历本 插图

□ 凉亭 《新镌京板工师雕斫正式鲁班经匠家镜》万历本 插图

凉亭水阁式

妆修四围栏杆，靠背下一尺五寸五分高，坐板一尺三寸大，二寸厚。坐板下或横下板片，或十字挂栏杆上。靠背一尺四寸高，此上靠背尺寸在前，不白，斜四寸二分方好坐。上至一穿枋做遮阳[1]，或做亮格门。若下遮阳，上由[2]一穿下，离一尺六寸五分是遮阳。穿枋三寸大，一寸九分厚，中下二根斜的，好开光窗。

注解

1 遮阳：又称"障日板"，门窗上方的遮阳木板，《营造法式·小木作制度》说："造障日板之制，广一丈一尺，高三尺至五尺，用心柱、榑柱，内外皆施难子。合板或用牙头护缝造，其名件广厚，皆以每尺之广，积而为法。……凡障日板，施之于格子门及门、窗之上，其上或更不用额。"

2 由：底本误作"油"，义不可通，今改。

译文

安装凉亭四周的栏杆，靠背下一尺五寸五分高，坐板一尺三寸宽，二寸厚。坐板下方，有的横插板片，有的做成十字挂在拉杆上。靠背有一尺四寸高，靠背尺寸前文有记载，不再赘述，要斜置四寸二分，坐起来才舒适。柱子上部穿枋处可以装遮阳木板，也可以做成透光的亮格。如果要做遮阳板，从上面一穿而下，离顶端一尺六寸五分便能遮阳。穿枋有三寸大，一寸九分厚，中间安两根斜柱，以便开窗采光。

卷二

　　本卷基于卷一，继续进行具体建筑设计的内容拓展，分大木作和小木作两部分讲述。大木作，可分为主体建筑和与主体建筑进行搭配的附属建筑，本卷则以桥梁、仓廒、钟楼、六畜厩栏等附属建筑的建造内容为主。小木作，主要指家具的设计，例如床、屏、椅等，也包括如垂鱼、驼峰等小型建筑构件的制作。

桥梁式

凡桥无妆修[1]，或有神厨[2]做，或有栏杆者。若从双日而起，自下而上；若单日而起，自西而东。看屋[3]几高几阔，栏杆二尺五寸高，坐凳一尺五寸高。

注解

1 妆修：装饰。妆，通"装"。

2 神厨：摆放神像、牌位等祭祀品的龛柜。

3 屋：桥上的廊亭，用于遮阳避雨。

译文

桥梁不装修，有的装有神橱，有的修有栏杆。如果从双日开始，那就自下而上修造；如果是从单日开始，则自西向东修造。根据廊亭的高和宽，栏杆高通常为二尺五寸，坐凳高为一尺五寸。

□ 桥梁式 《新镌京板工师雕斫正式鲁班经匠家镜》万历本 插图

补述

中国古代桥梁形式多样，从施工角度来看最为复杂的便是廊桥。廊桥又称虹桥、亭桥、风雨桥等，桥上建有廊亭或顶盖，既可以保护桥梁，又可以遮阳避雨，以供行人休息游玩。有学者认为汉代典籍中出现的"阁道""栈道"就是廊桥的原型，后在唐宋时期逐渐发展，流行于中原

《清明上河图》中的虹桥

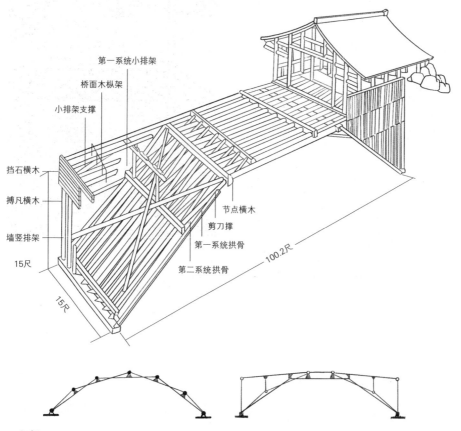

第一系统小排架

桥面木枞架

小排架支撑

挡石横木

搏凡横木

墙竖排架

15尺

15尺

节点横木

剪刀撑

第一系统拱骨

第二系统拱骨

100.2尺

□ 虹桥

　　虹桥是宋代画家张择端《清明上河图》中的一座木拱桥。拱桥是在竖直面以拱为主要结构承重的桥梁，最早是为了泄洪以及桥下通航而建造的，因其桥身弯曲，故在古时拱桥又称为"曲桥"。

地区，以《清明上河图》中出现的
汴水虹桥为代表，今浙江、福建
等地还保留了许多古代廊桥建筑
遗迹。

郡殿角[1]式

凡殿角之式，垂昂[2]插序，则
规横深奥[3]，用升斗栱相称。深浅
阔狭，用合尺寸，或地基阔二丈，
柱用高一丈，不可走祖。此为大
略，言不尽意，宜细详之。

□ 郡殿角式　《新镌京板工师雕斫正式鲁班
经匠家镜》万历本　插图

注解

1　郡殿角：郡县府衙建筑的檐
　　角。殿角：房屋的飞檐翘角。

2　垂昂：又称飞昂，斗拱结构中
　　斜置的长条形部件，可以延长
　　出挑檐深度却不抬升其高度，
使斗拱结构更加稳固。《营造法式·大木作制度》说："飞昂（其名有
五，一曰欂，二曰飞昂，三曰英昂，四曰斜角，五曰下昂）。造昂之制有
二，一曰下昂，自上一材，垂尖向下，从枓底心取直，其长二十三分，自
枓外斜杀向下，留厚二分；昂面中䫘二分，令䫘势圆和……二曰上昂，头
向外留六分。其昂头外出，昂身斜收向里，并通过柱心。"梁思成《营造
法式注释》说，下昂的昂尖斜垂向下，昂身后半向上斜伸，可以在取得出
挑长度的同时，大大降低出挑高度，以补充华拱出挑的不足。早在汉代，
飞昂已被广泛运用到木结构建筑当中，《说文解字·木部》说："欂，楔
也。"段玉裁注"木工于凿枘相入处有不固，则斫木札楔入固之，谓之
欂"是这种结构的最早记载，表明其斜插承重的特点。何晏《景福殿赋》

有"飞昂鸟踊""欂栌各落以相承"等句，李善注曰"飞昂之形，类鸟之飞。今人名屋四阿栱曰欂昂，欂即昂也"则描写出飞昂形如飞鸟的特征，也表明了这种结构在宫殿建筑当中的实际运用。李诚《营造法式·大木作制度》介绍了"上昂"和"下昂"两种造昂之制，并规定"若昂身于屋内上出，即皆至下平槫""若屋内彻上明造，即用挑斡"，对两种款式作出了明确分工。元明以来，昂的实际作用越来越小，仅剩装饰意义，逐渐被要头、假昂等设计所取代，最终在斗拱结构中消失。

3 规横深奥：房屋的结构和规模深广。规：规划；横：横木。

□ **雀替　清　孙温　《红楼梦》插图（局部）**

图中屋檐下横枋与柱子间起连接作用的构件即为雀替。雀替可以起到一定的承托上枋与屋檐重量的作用，但装饰性更强。图中为牡丹花卷草纹雀替，卷草也叫作"蔓草"，从唐代便开始流行。

译文

殿角的式样，斗拱和昂尖错落有序，才会显得规模宏大，结构深奥，要规范组合相应的斗拱部件。其深浅宽窄都要用适当的尺寸，地基宽两丈的，柱高则要一丈，不可偏离祖制。这些都是大致要求，没有介绍全面，建造时还要详细了解具体情况。

补述

雀替

古代建筑中的特殊名称，又称"插角"或"托木"，宋代又称"角替""绰幕"。原是放在柱子上端用以与柱子共同承受上部压力的构件，位于梁与柱或枋与柱的交接处，可以缩短梁枋的净跨距离、增加梁头抗剪能

□ 明　佚名　望海楼图

　　图为明代佚名绘画家所绘望海楼图。图中人物从临海楼阁中向海深处远望。画中主楼为十字脊歇山顶，飞檐翘角，檐下斗拱出挑，檐上有屋脊兽，是规模宏大、制式精妙的楼阁建筑。

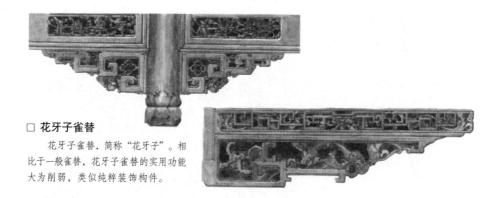

□ 花牙子雀替

花牙子雀替，简称"花牙子"。相比于一般雀替，花牙子雀替的实用功能大为削弱，类似纯粹装饰构件。

力；也可以作为装饰性构件用在柱间的挂落下。其制作材料由该建筑所用的主要建材决定，木建筑上用木雀替，石建筑上用石雀替。这种构件据资料，最早见于北魏云冈石窟。元代以前雀替大多用于内檐，而元代以后，特别是清代，雀替普遍用于外檐额枋下。

□ 钟楼格式 《新镌京板工师雕斫正式鲁班经匠家镜》万历本 插图

建钟楼格式

凡起造钟楼，用风字脚[1]，四柱并用浑成梗木[2]，宜高大相称，散水[3]不可太低，低则掩钟声，不响于四方。更不宜在右畔，合在左边[4]寺廊之下。或有就楼盘下作佛堂，上作平棋盘[5]，顶结中间。楼盘心透上直见钟[6]。作六角栏杆，则风送钟声，远出于百里之外，则为吉也[7]。

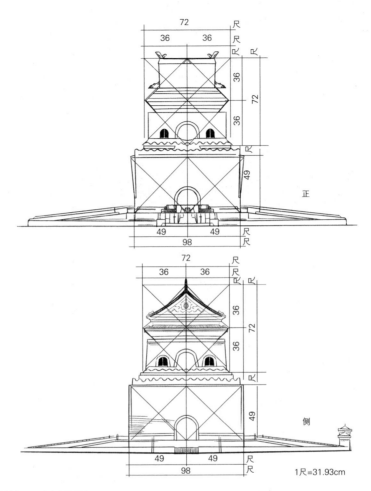

1尺=31.93cm

□ 北京钟楼正、侧立面图

北京钟楼建于四米高的砖砌台基上，通高46.7米。楼体面阔五间，底层为砖石结构，前后各有卷门三道，左右各一道，东北角有边门。在底层上有一暗层，外观似两层，实为三层。二层以上为木结构，四周有回廊，外设望柱和栏杆。顶为三重檐歇山顶。

注解

1　风字脚：又称"柱侧脚"，柱头内收，柱脚外伸，形如"风"字，因此得名。

2　浑成梗木：不经拼接的天然长木。

3　散水：排水房檐。房檐不可做得太低，即房檐不能向下出檐太多，否则会影响钟声的传递。

□ 钟楼 清 谭钟岳 《峨山图说》之一

图为峨眉山圣积寺内的钟楼，其形态与《鲁班经》原书插图中的钟楼基本相同。

4 左边：底本"边"作"逐"，据咸同本改。

5 平棋盘：棋盘式的天花板。

6 透上直见钟：钟楼一层天花掏空，往上可以直接看到悬挂的大钟。底本"直"作"真"，据咸同本改。

7 则为吉也：底本无"吉"字，据咸同本补。

译文

建造钟楼，要用风字脚，四根立柱都选用天然长木，高度要与建筑规模相称，排水屋檐不能造得太低，太低就会遮挡钟声，不能让钟声广传四方。更不宜造在右边，而应该在左边寺廊下面。有的钟楼下边会顺便盖一间佛堂，上边做成棋盘状的天花顶，天花顶中间凿开一个孔洞，能透过这个空洞直接看到上方的大钟。造六角的栏杆，才能让钟声随风送远，达百里之外，这样才好。

仓敖[1] 式（此条原在古籍卷二开头，为阅读方便，本版调于此。）

依祖格[2]，九尺六寸高，七尺七分阔[3]，九尺六寸深[4]，枋[5] 每下四片，前立二柱。开门只一尺五寸七分阔，下做一尺六寸高，至一穿要留五尺二寸高。上楣枋枪门[6] 要成对[7]，切忌成单，不吉。开[8] 之日不可内中饮食，又不可用墨斗、曲尺，又不可柱枋上留字留墨，学者记之，切忌。

□ 仓敖式 《新镌京板工师雕斫正式鲁班经匠家镜》万历本 插图

注解

1 仓敖：储藏粮食的处所。敖，通"廒"，仓库。

2 祖格：祖先订立的形制。

3 阔：面阔。

4 深：进深。

5 枋：柱子之间起联系和稳定作用的方柱形构件。

6 枪门：仓门外框。枪，通"仓"。

7 成对：成双数。指仓门上沿到楣枋的距离应该成双数。

8 开：此处指开门。

译文

根据鲁班祖师订立的形制，粮仓高应为九尺六寸，宽为七尺七分，进深为

□ 建造禾仓格 《新镌京板工师雕斫正式鲁班
经匠家镜》万历本 插图

九尺六寸。每根穿枋下有四片木板，前有两根立柱。小门宽一尺五寸七分，高为一尺六寸，至第一根穿枋的距离是五尺二寸。上楣枋的仓门必须成对，切忌单开一门，不吉利。开门当天，不能在仓中饮食，还不可以用墨斗和曲尺，更不能在柱枋上留下字迹墨痕，学木工的人一定要谨记这些禁忌。

建造禾仓[1]格

凡造仓敖，并要用名术之士[2]，选择吉日良时兴工。匠人可先将一好木为柱，安向北方。其匠人却归左边立，执斧[3]向内斫入，则吉也。或大小、长短、高低、阔狭，皆用按二黑[4]，须然留下十寸、八白[5]，则各有用处。其它者合白，但与做仓厫不同，此用合二黑，则鼠耗不侵，此为正例也。

注解

1　禾仓：存放没有脱粒的黍、稷、麦、稻的仓库。一说"禾"通"囷"。

2　名术之士：精通风水堪舆的术士。

3　执斧：手持斧头。底本"执"作"就"，义不可通，据崇祯本改。

4　二黑：曲尺上第二段标为黑色，指应合"二黑"的尺寸。

5　八白：曲尺上标记的颜色，指留出的木材长度须压在"八白"上。

译文

建造粮仓，一定要请精通风水堪舆的术士，选择吉日良时开工。工匠可先选一块上好木材作为大柱，安在北方。匠人回到左边站立，朝内挥斧劈木，这样才吉利。无论长度、大小、高低、宽窄，裁制木料都要符合曲尺的"二黑"，余下木料必须裁出十寸符合曲尺的"八白"，这两块木料各有用处。其他建筑需要压白，但仓库不同，这里要压"二黑"，以避免鼠患，这才是正确的方法。

补述

粮仓作为储存粮食的建筑，其重要性在小农经济的古代社会可谓非同小可。据考古研究，中国的粮食储存行为可以追溯到新石器时代，而最早出现的地上粮仓是河姆渡遗址出土的"干栏式"粮仓，距今已有七千多年历史。地下粮仓从地窖发展而来，汉代在北方地区开始采用，隋唐时期得到很大发展，地下粮仓主要有圆仓和方仓两种。元王祯《农书》载："京，仓之方者，《广雅》云，字从广，京仓也。又谓四起曰京，今取其方而高大之义，以名仓曰京，则其象也。夫囷、京，有方圆之别。北方高亢，就地植木，编条作囷，故圆即囷也。南方垫湿，离嵌板作室，故方即京也。此囷、京又有南北之宜。庶识者辨之，择而用也。诗云：大云仓廪次囷京，各贮粲粮取象成。可是今人迷古制，方圆未识有他名。"由此可知，方形、圆形粮仓各有名称，方仓称"京"，圆仓称"囷"，据此看《鲁班经》中插图，显然是京仓，应该是南方粮仓形制。

《象吉通书》中记载了修造仓库的方位选择宜忌，修造仓库应选择甲、庚、丙、壬四个方向，但要注意坐虚向实，不能正对着房屋朝向，否则不吉。此外，在仓库前将水放入新挖的蓄水池中，水流不能朝向破财禄的方位。财禄的方位如下：如果水的流向为甲方，则财位于辰方，禄位于寅方；如果水的流向为丙方，则财位于未方，禄位于巳方；如果水的流向为庚方，则财位于戌方，禄位于申方；如果水的流向为壬方，则财位于丑方，禄位于亥方。以上的方位如果是水流入，则为吉；如果是水流去，则不吉。

京（方仓）

　　南方潮湿，离地结木，嵌板作室，形方，叫京。

困（圆仓）

　　北方干燥，建造粮仓可就土放木，条编为屯，形圆，叫囷。

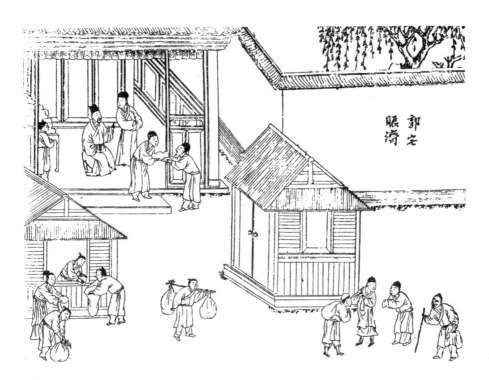

□ 郭宅赈济　明　《胭脂记》插图

　　图中所绘为郭家开仓赈济的场景。图中两个粮仓较小，都不正对房屋大门，粮仓地基也都高于地面以防潮防虫。

□ **仓和廪 明 《三才图会》插图**

仓指粮仓，特指收储谷物的仓库；廪指米仓，也泛指储藏粮食的仓库。前者所储黍、稷、麦、稻等收采后仅晾干，未进一步加工，而后者则指储存已加工为粮食，可以随时食用的粟、麦、稻等。

造仓禁忌并择方所

造仓其间多有禁忌。造作场上切忌将墨斗签[1]在于口中衔，又忌在作场之上吃食诸物。其仓成后，安门匠人不可着草鞋入内，只宜赤脚进去修造。今后[2]匠者凡依此例，无不吉庆丰盈也。

凡动，用寻进内[3]之年，方大吉利，有进益。如过背田[4]、破田[5]之年，非特退契[6]，又主荒却田园，仍禾稻无收[7]也。

注解

1 墨斗签：墨斗中的小木签，蘸墨后可画线。

2 今后：底本"今"误作"匠"，义不可通，据崇祯本改。

3 进内：引进收纳。内，通"纳"。底本作"进向"，亦可通，据崇祯本改。

4 背田：走背运，指田地会减产。

5 破田：失去田地，指田地会荒芜，或会被他人侵占等。

6 退契：卖田卖房。底本"契"误作"气"，音近而讹，据崇祯本改。

7 无收：没有收成。崇祯本作"无状"，亦可通。

译文

造仓过程中有多项禁忌。工地上切忌将墨斗签叼在嘴中，又忌在工地内饮食和储放他物。仓库建成后，安门的工人不能穿草鞋入内，只能赤脚进屋修造。木匠都要依此例，没有不吉祥丰盈的。

修建动工，要挑选腾达纳进的年份，才会大吉大利，有进益。如果在背田、破田的年份，不但会卖田卖房，还会导致田园荒芜，庄稼颗粒无收。

论逐月修作仓库吉日

正月：丙寅、庚寅。

二月：丙寅、己亥、庚寅、癸未、辛未。

三月：己巳、乙巳、丙子、壬子。

四月：丁卯、庚午、己卯。

五月：己未。

六月：庚申、甲寅、甲申。

七月：丙子、壬子。

八月：乙丑、癸丑、乙亥、己亥。

九月：庚午、壬午、丙午、戊午。

十月：庚午、辛未、乙未、戊申。

十一月：庚寅、甲寅、丙寅、壬寅。

十二月：丙寅、甲寅、甲申、庚申、壬寅。

（"论逐月修作仓库吉日"译略）

补述

古人相信，在利田、建田的年日建造仓敥，吉利，仓敥充实、五谷丰登；在背田、空田的年日建造仓敥，则五谷歉收、仓敥虚空。因此，古人不仅极为重视仓敥建造日期的选择，而且对仓敥的启用、封闭、修补等日期的选择也极为重视。具体为：

1.建造仓敥的吉日：春季在己巳日、丁未日，夏季在庚午日，秋日在乙亥日，冬季在辛未日、庚寅日、壬辰日、乙未日、己亥日、丙辰日、壬戌日。此外，满日、成日、开日、天仓日、天财日、月财日建造也吉利。

2.开仓敥的吉日：乙丑日、己巳日、庚午日、丙子日、己卯日、壬午日、庚寅日、壬辰日、甲午日、乙未日、庚子日、壬寅日、丁未日、甲寅日、戊午日、壬戌日。此外，满日、成日、开日的时候开仓敥，也吉利，但应避开十大空亡日、灭没日。

3.封仓的吉日：甲子日、乙丑日、辛未日、乙未日、庚子日、丁酉日、甲申日、辛卯日、乙未日、乙卯日。此外，建日、闭日也是封仓的吉日。

4.仓敥修补的吉日：甲子日、乙丑日、丙寅日、丁卯日、壬午日、甲午日、乙未日、甲辰日。

修造禾仓的吉年吉月选择

生命 \ 年月 \ 名称	背田	空田	利田	建田
申子辰命	巳午未	申酉戌	亥子丑	寅卯辰
寅午戌命	亥子丑	寅卯辰	巳午未	申酉戌
巳酉丑命	寅卯辰	巳午未	申酉戌	亥子丑
亥卯未命	申酉戌	亥子丑	寅卯辰	巳午未

建仓，值利田、建田年月则进田增仓；值背田、空田年月则失败退粮。

五音造牛栏法[1]

夫牛者，本姓李[2]，元是大力菩萨，切见[3]凡间人力不及，特降天牛来助人力。凡造牛栏者，先须用术人拣择吉方，切不可犯倒栏杀[4]、牛黄杀[5]，可用左畔是坑、右畔是田，主生牛犊[6]，必得长寿也。

注解

1 五音造牛栏法：一种用宫、商、角、徵、羽五音推算行年方位吉凶的修造方法。古人认为姓氏读音对应五声，家宅方位亦对应"宫、商、角、徵、羽"五音，可以根据宅主姓氏的音声推算方位吉凶，王充《论衡·诘术篇》："《图宅术》曰：'宅有八术，以六甲之名数而第之，第定名立，宫商殊别。宅有五音，姓有五声。宅不宜其姓，姓与宅相贼，则疾病死亡，犯罪遇祸。'……五音之家，用口调姓名及字，用姓定其名，用名正其字。口有张歙，声有外内，以定五音宫商之实。"随着后世术数理论的发展，"五音五姓"的适用范围逐渐扩大，《宋史·艺文志》著录有《五音牛栏法》一卷。

2 本姓李：不详，相传老子本名李耳，可能与老子骑牛的民间传说有关。

3 切见：切实看见。切，切实。一说"切"通"窃"，私下看见。

4 倒栏杀：或指"净栏杀"，妨害牲畜的凶日之一。《造命宗镜集·杂用类》说："修造栏枋（须忌净栏杀）：净栏杀例以太岁上起建，顺行逢、执、破是也。又名大小耗星。"

5 牛黄杀：妨害牲畜的方位。年份干支决定家宅周边方位，月份和日期决定家内方位。《居家必用事类全集·丁集》记载，逐年牛黄七杀忌方：子年、午年、卯年、酉年，忌巽方，一说忌坤方；丑年、未年、辰年、戌年，忌乾方；寅年、申年、巳年、亥年，忌艮方。逐月牛黄杀方：正月栏，二月路，三月廪，四月灶，五月井，六月仓，七月井，八月焙，九月仓，十月灶，十一月门，十二月路。逐日牛黄杀方：子日、丑日、寅日、卯日，仓；辰日、巳日、午日、未日，廪；申日、酉日、戌日、亥日，栏。

6 主生牛犊：有利于繁育牛犊。底本"主"误作"王"，无"生牛犊"三字，义不可通，今据《三台万用正宗·营宅门》改补。

译文

家牛本来俗姓李，最初是西天大力菩萨看见凡间人力不足，特地降下天牛以助人力的。建造牛栏的人，要先请术士来选择吉利方位，千万不能冲犯倒栏杀和牛黄杀。可以选用左边是土坑、右边是农田的方位，有利于繁育牛犊，也能保证牛犊长寿。

补述

五音五姓

"五音五姓"与家宅相配的术数理论，可以上溯到东汉时期，王充《论衡·诘术篇》所引《图宅术》载："宅有八术，以六甲之名，数而第之，第定名立，宫商殊别。宅有五音，姓有五声。宅不宜其姓，姓与宅相贼，则疾病死亡，犯罪遇祸。""商家门不宜南向，徵家门不宜北向。"随着术数文化不断发展，《李虚中命书》等命理著作又进一步丰富了"纳音五行"的理论系统，"五音五姓"理论的适用范围也逐渐扩大，如《隋书·经籍志》著录有《五姓墓图》《五音相墓书》《五音图墓数》《五姓图山龙》等书，《旧唐书·经籍志》著录有《五姓墓图要诀》《玄女弹五音法相冢经》《五音地理经》《五姓宅经》等书。但也有学者对"五音五姓"质疑，早在汉代便有王充、王符等学者认为这种理论不合实际，唐代吕才《卜宅篇》则猛烈批判说："近世乃有五姓，谓宫也、商也、角也、徵也、羽也，以为天下万物悉配，属之以处吉凶。然言皆不类，如张、王为商，武、庚为羽，是以旨相谐附至；柳为宫，赵为角，则又不然。其间一姓而两属，复姓数位不得所归，是直野人巫师说尔。"《协纪辨方书·附录》亦指："按五姓修宅，以五姓分五音，历代以来诸儒驳论不胜枚举，吕才其最著者也。顾载在时宪书由来已久，姑存其旧。至其配年之法……皆无义例，亦不足辨矣。"但学者的论辩并不能阻止"五音五姓"理论在民间的广泛流传，元明清时期，除传统阳宅相墓以外，就连修造家用牛栏也务必符合"五音"，如《宋史·艺文志》即著录有《五音牛栏法》一卷，《居家必用事类全集·丁集》亦载有"五音牛栏吉方"一条：

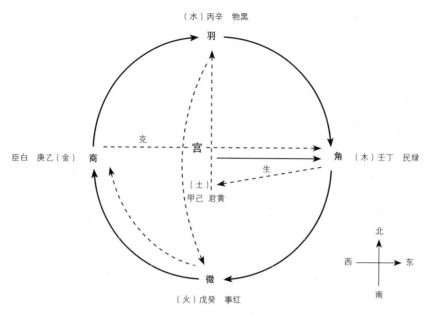

□ **五音搭配**

五音即宫、商、角、徵、羽，古人将它们分别与五行、天干、方位等各自搭配，也可用于占卜等事。

"宫音庚、癸，商音庚、亥，角音亥、丁，徵音申、庚，羽音未、庚。"古人把姓氏划分为五音，每音又各与五行相应，角音属木、徵音属火、商音属金、宫音属土、羽音属水。例如宫音姓有孙、冯、沈等，商音姓有王、蒋、韩等，角音姓有赵、周、曹等，徵音姓有钱、李、郑等，羽姓音有朱、吴、褚等。用五音法造牛栏，其方法是以生本姓之音及与本姓之音比和，为吉利；以克本姓之音为凶。如赵姓为角，在五行中属木，那么就适宜其纳音为水，或是在木的年月日或方位建造牛栏；如果在纳音金的年月日或方位建造牛栏，则对牛有损，不吉。

造栏用木尺寸法度

用寻向阳木¹ 一根，作栋柱² 用，近在人屋左畔³，牛性怕⁴ 寒，使牛温暖。其柱长短尺寸用压白，不可犯在黑上。舍下作栏者，用东方采木⁵一根，作左边角柱用，高六尺一寸，或是二间、四间，不得作单间也。人家各别椽子⁶，用合四只，则按春夏秋冬阴阳四气，则大吉也。不可犯五尺五寸，乃为五黄⁷，不祥也。千万不可使损坏的为牛栏开门，用合二尺六寸大，高四尺六寸，乃为六白，按六畜为好也。若八寸系八白，则为八败⁸，不可使之，恐损群队也。

注解

1 向阳木：山的阳面生长的树木。山之南为阳，山之北为阴。古人认为向阳木吸收阳光较多，属于阳性，牲畜喜温怕寒，所以宜用向阳木建造牛栏。

2 栋柱：建筑物正中承托大梁的柱子。

3 左畔：左边。底本误作"在畔"，义不可通，据咸同本改。

4 怕：底本作"诈"，义不通，据万历本改。

5 采木：采择木材。底本作"采株木"，万历本作"採保木"，"保"字疑为衍文，后又讹为"株"字，今删。

6 椽子：垂直安放在檩上承接屋面板或屋面瓦作的木条。

7 五黄：曲尺中第五段为五黄，古人认为建造牛栏如果尺寸压中"五黄"，则对牛不利。这是因为紫白飞星的第五颗星叫五黄，居于中宫，所以五行属土。但五黄又属廉贞星，该星五行属火。按照九宫飞星的推算方法，当五黄居于中宫时，五行为土，而当五黄飞出中宫时五行为火。《河洛生克吉凶断》说，五黄土为戊己大煞，不论是生是克都为凶兆。《玉镜》说："八山最怕五黄来，纵有生气绝资财。凶中又遇堆黄（五黄重叠）到，弥深灾祸哭声哀。"《探微》说，五黄应在中央的戊己土，飞出这个格局外就是恶火。五黄在风水学和择吉学中是一个特别要忌讳的凶星。《鲁班经》将五黄杀引入建筑学，并以其相应尺寸推算吉凶，所以尺寸压中"五黄"，则犯五黄大杀，为大凶之兆。

8 八败：命理凶象之一。《三命指迷赋》："财居八败，则官爵歇灭，运入阳刃，则财物耗散。（财居八败者，命逢纳音长生第八死败之位，故名八败。）"古人认为，八败命的人容易一生奔波劳累却一事无成，有八败歌诀：正蛇、二鼠、三月牛、四兔、五猪、六月猴、七狗、八马、九羊未、十月老虎占山头、十一金鸡墙头站、十二老龙乱点头。

□ 春耕　齐白石　《耕牛图》

　　牛是耕种时的重要帮手，因此牛在古人心中占有极高地位。因此古人才会在修建牛栏时非常重视吉凶和方位的选择，使用木材、修建尺寸也要尽量图个吉利。

译文

　　找到一根向阳木作为栋柱，靠近安置家宅左边，牛生性怕寒，这样可以使牛温暖。柱子的长短尺寸要压白，不能压在黑上。在屋舍下建牛栏时，要用从东方采来的木材一根，作为左边角柱，高六尺一寸。牛栏或是两间，或是四间，不能做成单间。按家宅的制式制作椽子，凑足四根，则与春夏秋冬的阴阳四气相合，这样才大为吉利。长度不能是五尺五寸，这是所谓的"五黄"，是不祥的数字。千万不能用破损的木料造牛栏门。门宽二尺六寸，高为四尺六寸，才是符合六白的，对六畜有好处。若尺寸为八寸，则是八白，反而是所谓的"八败"，不能使用这样的尺寸，有可能会损伤畜群。

补述

　　文中提到，修造牛舍不可做单数，是因为牛在生肖排行中排第二，为阴，因此牛舍间数也应为阴数才符合牛性。古代以单数为阳，双数为阴，若造单数牛舍，与牛性相违，则不吉。

　　徐光启《农政全书·制造》说："凡农家居屋、厨屋、蚕屋、仓屋、牛屋，皆宜以法制泥土为用。先宜选用壮大材木，缔构既成，椽上铺板，板上傅泥，泥上用法制油灰泥涂饰，待日曝干，坚如瓷石，可以代瓦。

凡屋中内外材木露者，与夫门窗壁堵，通用法制灰泥圬墁之，务要匀厚固密，勿有罅隙，可免焚燎之患，名曰法制长生屋。是乃御于未然之前，诚为长策，又岂特农家所宜哉。"王祯《农书·农器图谱》中也说："牛室，门朝阳者宜之。夫岁事逼冬，风霜凄凛，兽既毨毛，率多穴处，独牛依人而生，故宜入养密室。闻之老农云：牛室内外必事涂墍，以备不测火灾，最为切要。"可见牛舍的修造，最重要的就是坚固防火。

诗曰：鲁般法度创牛栏，先用推寻吉上安。必使工师求好木，次将尺寸细详看。但须不可当[1]人屋，实要相宜对草岗。时师依此规模作，致使牛牲食禄宽。

合音指诗：不堪巨石在栏前，必主牛遭虎咬邅[2]。切忌栏前大水窟，主牛难使鼻难穿。

又诗：牛栏休在污沟边，定堕牛胎损子连。栏后不堪有行路，主牛必损烂蹄肩。

牛畜诗[3]：牛黄一十起于坤，二十还归震巽门。四十宫中归乾位，此是神仙妙诀根。

定牛入栏刀砧诗：春天大忌亥子位，夏月须在寅卯方。秋日休逢在巳午，冬时申酉不可装。

起栏日辰：起栏不得犯空亡，犯着之时牛必亡。癸日不堪行起造，牛瘟必定两相妨。

注解

1　当：正对着。

2　邅（zhān）：难行不进，这里指牛受到灾祸。

3　牛畜诗：底本无"畜诗"二字，据万历本补。一作"牛黄诗"。

译文

诗曰：要按照鲁班订立的法度建造牛栏，先推寻吉数，再根据吉数安排合适的尺寸。一定要让工匠找好的木材，再仔细找准尺寸。但牛栏不可以正对着人居住的屋子，要对着草坡才最好。工匠依此规模修造，牛才会食物丰足。

合音指诗：牛栏前不可以有巨石，否则牛必然会遇到老虎咬伤的灾祸。牛栏前忌有大水坑，否则牛会难以使唤也不容易被穿鼻环。

又诗：牛栏不可以建在污水沟边，否则会损害胎中小牛。牛栏后不可以有行人过往的道路，否则会损害牛蹄和牛肩。

牛畜诗：牛黄煞在一月十日坤位起始，二月十日回震、巽门，四月十日从中宫回到乾位，这是神仙妙诀的根本所在。

定牛入栏刀砧诗：春天忌亥子方位，夏天刀砧杀在寅卯方位，秋天的时候别建在巳午方位，冬天时如果牛栏在申酉方位则不可以装牛栏。

起栏日辰：开始修造牛栏的日时不可以冲犯空亡，如果冲犯了牛一定会死亡。癸日不可以动工修造，否则会爆发牛瘟，对牛和人都有妨害。

占牛神出入

三月初一日，牛神出栏。九月初一日，牛神归栏，宜修造，大吉也。牛黄八月入栏，至次年三月方出，并不可修造，大凶也。

译文

每年三月初一，牛神离开牛栏，九月初一，则归位回到牛栏，这两个日期都大吉，适宜修造牛栏。牛黄杀每年八月进入牛栏，到次年三月才离开，这段时期都不可以修造牛栏，非常凶险。

补述

牛神还有岁牛神，岁牛神子年在震巽方、丑年在巽艮方、寅年在艮乾方、卯年在酉巽方、辰年在离艮方、巳年在乾方、午年在震巽方、未年在卯艮方、申年在巽乾方、酉年在坤巽方、戌年在艮离方、亥年在坤乾方。

造牛栏样式

凡作牛栏，主家中心用罗经[1]踏看[2]，做在奇罗星[3]上吉。门要向东，切忌向北。此用杂木五根为柱，七尺七寸高，看地基宽窄而佐不可取[4]，方圆依古式，八尺二寸深，六尺八寸阔。下[5]中上下枋用圆木，不可使扁枋，为吉。

生门[6]对牛栏，羊栈一同看。年年官事至，牢狱出应难。

□ 造牛栏样式 《新镌京板工师雕斫正式鲁班经匠家镜》万历本 插图

注解

1 罗经：罗盘。底本误作"罗线"，今改。

2 踏看：实地查看。底本"踏"多作"踃"，形近而讹，今改。下同。

3 奇罗星：东方木德吉星之一，春夏诸事皆宜。《造命宗镜集·雷霆顺逆四炁归玄论》说："太阳、奇罗、紫炁，俱属东方木德星也。旺于立春至谷雨七十二日，寅、甲、卯、乙四位，受青阳之炁。其太阳贵星，尊曜也。奇罗善星，吉曜也。紫炁荣星，福曜也。凡建都、设县、迁坟、立宅、修作，百事光明，天降吉祥，地崇珍宝。逢春旺炁，入夏相炁，秋乃囚炁，不能兴发，冬休废，不为全吉。"

4 看地基宽窄而佐不可取：根据地基宽窄调整牛栏尺寸是不可以的。后文"方圆依古式"，即牛栏的尺寸大小都要依照古代的标准，不可自行随意调整。

5 下：下料，即裁定木料。

6 生门：即东北方。生门是吉方，但牛属丑，居艮位，如果牛栏门正对东北

□ **牛栏**

此牛栏与《鲁班经》中牛栏图式不同,有顶棚,以保暖避雨,更像一个房间。也许是为了展现结构,所以图中牛栏四面无墙,实际应该有墙或者木制栅栏,以防止牛丢失。

方,是犯伏吟,为凶。羊属木,居坤位,与丑方对冲,所以羊栏门正对东北方,也犯反吟,也凶。

译文

建造牛栏,要在主家中心用罗盘实地查看,要将牛栏位置落在奇罗星上,这是吉利的方位。牛的栏门要朝东开,切忌向北。牛栏的柱子用五根杂木,高为七尺七寸,不可以随意根据地基的大小宽窄调整,尺寸大小都要依据古法,牛栏进深为八尺二寸,宽为六尺八寸,上、中、下横枋条下料要是圆木,不能用扁枋,这样才吉利。

牛栏门不能正对东北方,羊栈也一样。否则家主会年年都有官司,很难摆脱牢狱之灾。

论逐月造作牛栏吉日

正月:庚寅。

二月:戊寅。

三月：己巳。

四月：庚午、壬午。

五月：己巳、壬辰、丙辰、乙未。

六月：庚申、甲申、乙未。

七月：戊申、庚申。

八月：乙丑。

九月：甲戌。

十月：甲子、庚子、壬子、丙子。

十一月：乙亥、庚寅。

十二月：乙丑、丙寅、戊寅、甲寅。

右不犯魁罡、勾绞¹、牛火²、血忌³、牛飞廉⁴、牛腹胀⁵、牛刀砧⁶、天瘟、九空、受死、大小耗⁷、土鬼、四废。

注解

1 勾绞：又称"爪牙煞"，分天罡勾绞、河魁勾绞、牛勾绞等。这里指"牛勾绞"，家牛凶日，《多能鄙事·阴阳类》说："勾绞：春申酉、夏亥子、秋寅卯、冬巳午。"《三命通会·论勾绞》说："勾者牵连之义，绞者羁绊之名，二煞尝相对冲，亦犹亡劫。阳男阴女，命前三辰为勾，命后三辰为绞；阴男阳女，命前三辰为绞，命后三辰为勾。"

2 牛火：即"牛火血"，家牛凶日。《多能鄙事·阴阳类》说："牛火血：正、二，丑、未。三、四，寅、申。五、六，卯、酉。七、八，辰、戌。九、十，巳、亥。十一、十二，子、午。"

3 血忌：血忌日，此日不宜见血，忌杀牲、针灸、刺血等。秦代便已形成特定日子不杀六畜的观念，即睡虎地秦简《日书》中的"杀日"，在汉代这种风俗逐渐演变为"血忌"。《逐月血忌歌》说："行针须要明血忌，正丑二寅三之未，四申五卯六酉宫，七辰八戌九居巳，十亥十一月午当，腊子更加逢日闰。"

4 牛飞廉：家牛凶日，《多能鄙事·阴阳类》说："牛飞廉日：正、二，午。三、四，申。五、六，戌。七、八，子。九、十，寅。十一、十二，辰。"飞廉，是传说中的风神。

5　牛腹胀：家牛凶日，主犯腹胀，春季在戌日，夏季在丑日，秋季在辰日，冬季在未日。《便民图纂·牧养类》说："治牛腹胀：牛吃杂虫，非时腹胀，用燕子屎一合水调灌之。"

6　牛刀砧：家牛凶日，《多能鄙事·阴阳类》说："刀砧：春子午、夏寅卯、秋巳午、冬申酉。"

7　大小耗：大耗，耗日之一，岁前十二神的大耗永与岁建对冲，永与丧门相会，所以为凶曜。各月大耗分别为，正月在申日，二月在酉日，三月在戌日，四月在亥日，五月在子日，六月在丑日，七月在寅日，八月在卯日，九月在辰日，十月在巳日，十一月在午日，十二月在未日。小耗，丛辰名，古代星命家称它为岁中虚耗之神。各月小耗分别为，正月在未日，二月在申日，三月在酉日，四月在戌日，五月在亥日，六月在子日，七月在丑日，八月在寅日，九月在卯日，十月在辰日，十一月在巳日，十二月在午日。

（"论逐月造作牛栏吉日"译略）

补述

除了建牛栏需选择吉日外，对于给牛穿鼻、调教牛性等项，也有吉日择定，以下略作介绍。

逐月穿牛鼻吉日：正月的乙卯日、外戊午日；二月的乙卯日、戊寅日、外戊午日；三月的己巳日、乙巳日、外己未日、辛未日；四月的乙酉日、外甲戌日、戊午日、庚午日、壬午日；五月的戊辰日、己巳日、辛未日、乙巳日、己未日、外甲戌日、乙酉日、戊午日；六月的戊辰日、辛未日、外甲戌日、己未日；七月的辛未日、乙酉日、乙亥日、戊子日、己未日；八月的乙丑日、乙酉日、乙亥日、辛丑日、外戊子日；九月的辛未日、甲申日、乙酉日、外乙丑日；十月的乙卯日、外戊辰日、戊子日；十一月的外戊辰日、乙巳日、戊子日；十二月的戊辰日、辛丑日、外乙丑日、乙巳日。

逐月教牛吉日：正月、二月的庚午日、壬午日、庚子日、壬子日、辛亥日、甲寅日；三月、九月的庚午日、壬午日、庚子日、壬子日；四月的庚

□ 入仓　清　焦秉贞　《耕织图册》之插图二十二

　　画中村舍间，男人们正将收获的粮食搬进仓库，仓房的左侧就是牛栏。牛栏与仓库如此邻近，也充分体现出古人对牛栏的重视。看画中牛栏，地势平坦开阔，而且四周无乱石，能遮雨、通风，且没有正对禾仓及人居住的宅子。

午日、壬子日、庚子日、甲寅日；五月、六月的庚午日、壬午日、辛亥日、甲寅日；七月、八月、十月的庚午日、壬午日、庚子日、壬子日、辛亥日；十一月、十二月的庚子日、壬子日、辛亥日、甲寅日。以上吉日，如果冲犯了牛勾绞、正四废、九土鬼、破日、受死等凶煞，就不可以再选用了。

牛屋纳牛吉凶日：丙寅日、壬寅日、乙巳日、辛亥日、戊午日为吉日，但需要忌血支、血忌、刀砧、受死等凶煞日；乙丑日、壬申日、己卯日、庚寅日、癸丑日、甲寅日、庚申日为凶日。

五音造羊栈[1]格式

按《图经》云：羊本姓朱，人家养羊作栈者，用选好木生果子[2]，如椑树[3]之类为好。四柱乃象四时[4]，四季生花结子[5]长青之木为美，最忌切不可使枯木；柱子用八条，乃按八节[6]；椽子[7]用二十四根，乃按二十四气[8]。前高四尺·寸，下三尺六寸。门阔一尺六寸，高二尺六寸[9]，中间作羊栟[10]并用，就地三尺四寸高，主生羊子绵绵不绝，长远成群，吉。不可不信，实为大验也。[11]

紫气[12]上宜安四柱[13]，三尺五寸高，深六尺六寸，阔四尺零二寸，柱子方圆三寸三分大，长枋二十六根[14]，短枋共四根，中直下窗齿，每孔分一寸八分，空齿仔二寸二分。大门开向西方吉。底上止用小竹串进，要疏些，不用密。

□ 羊栈格式　《新镌京板工师雕斫正式鲁班经匠家镜》万历本　插图

注解

1　羊栈：羊圈、羊栏。

2　木生果子：生长水果的优质树木。底本作"素菜果子"，据残卷本改。

3　椑（bēi）树：椑柿，即油柿。

残卷本作"椑柿"，或指椑柿和橡子。

4　四柱乃象四时：四角上的柱子象征着四个季节。

5　生花结子：开花结籽。底本"结"误作"缘"，义不可通，据残卷本改。

6　八节：八个节气，指立春、春分、立夏、夏至、立秋、秋分、立冬、冬至。

7　橡子：架在檩上的横木条。底本误作"柱子"，据残卷本改。

8　二十四气：即农历二十四节气。残卷本作"二十四声"。

9　门阔一尺六寸，高二尺六寸：底本无此句，据残卷本补。

10　羊栟（bīng）：拴羊的柱子。

11　不可不信，实为大验也：底本作"不可信"，据残卷本补。

12　紫气：又名景星祭炁，与罗睺、计都、月孛合称四余星，性质善良，祥瑞吉庆，在东方青龙之位，这里代指东方。

13　柱：底本误作"主"，义不通，今据义改。

14　二十六根：底本作"二十六四根"，"四"字疑衍，今删。

译文

《图经》说，家羊本来姓朱。家中养羊，修造羊圈时，要选生长水果的优质树木，比如椑树之类就很好。四根立柱象征四季，用四季开花结籽的常青树作木材为好，最忌使用枯木。柱子共八根，是以立春、春分、立夏、夏至、立秋、秋分、立冬、冬至八个节气为数；橡子用二十四根，与二十四节气的数目相合。前高四尺一寸，下方高三尺六寸。栏门宽一尺六寸，高二尺六寸，中间安拴羊的柱子，高出地面三尺四寸，这样有利于羊羔繁衍生息，绵延成群，吉利。这不可不信，很是灵验。

紫气星的方位上，宜安四柱，高为三尺五寸，进深为六尺六寸，宽为四尺二寸。柱子直径三寸三分大，大的长枋二十六根，短枋四根，中间竖直安窗条，每根一寸八分，每条间的空隙为二寸二分。羊栏大门朝向西方开，这样才吉利。羊栏底部只用小竹条串起来，排列要疏一些，不用密。

逐月作羊栈吉日

正月：丁卯、戊寅、己卯、甲寅、丙寅。

二月：戊寅、庚寅。

三月：丁卯、己卯、甲申、己巳。

四月：庚子、癸丑、庚午、丙子、丙午。

五月：壬辰、癸丑、乙丑、丙辰。

六月：甲申、壬辰、庚申、辛酉、辛亥。

七月：庚子、壬子、甲午、庚申、戊申。

八月：壬辰、壬子、癸丑、甲戌、丙辰。

九月：癸丑、辛酉、丙戌。

十月：庚子、壬子、甲午、庚子。

十一月：戊寅[1]、庚寅、壬辰、甲寅、丙辰。

十二月：戊寅、癸丑、甲寅、甲子、乙丑。

右吉日不犯天瘟、天贼、九空、受死、飞廉、血忌、刀砧、小耗、大耗、九土鬼、正四废、凶败。

注解

1　戊寅：底本作"戊庚"，据咸同本改。

（"逐月作羊栈吉日"译略）

补述

古人认为羊性属火，性情温和、厌潮湿，因此羊圈羊棚应该建在地势较高的干燥的地方，这样也更方便清理羊粪。放羊应在巳时，相当于现在的九点到十点，未时就应该赶羊回圈，未时相当于现在的下午一点到两点。以腊月、正月出生的羊羔做种羊最好，其次是在十一月、二月出生的羊羔。

马厩式

此亦看罗经，一德星[1]在何方，做在一德星上吉。门向东，用一色杉木，忌杂木。立六根柱子，中²用小圆梁二根扛过，好下夜间挂马索。四围下高水椹板，每边用模方³四根才坚固。马多者隔断几间⁴，每间三尺三寸阔深，马槽下向⁵门左边吉。

注解

1　一德星：紫微斗数中的木德星君。一说为德星，又称"景星"，国家兴盛、政治清明时出现的吉星。《史记·天官书》说："天精而见景星。景星者，德星也。其状无常，常出于有道之国。"

2　中：指中间两根柱子。

3　模方：用于加固木板的横木。

4　几间：底本作"己间"，"几""己"同音而讹，据咸同本改。

5　下向：安装在……方向。

□ 马厩式　《新镌京板工师雕斫正式鲁班经匠家镜》万历本　插图

译文

修造马厩也要用罗盘实地踏看，测定一德星在什么方位，把马厩造在一德星的方位才吉利。马厩门朝东方开，木料选用颜色相同的杉木，忌用杂木。立六根柱子，中间架两根小圆木作小梁，方便拴夜间挂马索。四周安装高水椹板，每面用模方加固四根小柱才牢靠。如果马匹数量多，可以多隔断几间，每间宽度和进深都为三尺三寸，马槽则摆放在门的左边，这样才吉利。

□ 马厩　明　《三才图会》插图

　　形制与《鲁班经》中的马厩相似，只是马槽落在地上，应是马槽的又一式样。

马槽样式

　　前脚二尺四寸，后脚三尺五寸[1]高，长三尺，阔一尺四寸，柱子[2]方圆三寸大，四围横下板片，下脚[3]空一尺高。

注解

1　前脚二尺四寸，后脚三尺五寸：马槽前低后高，向马头侧倾斜，以便马匹啃食草料。

2　柱子：底本误作"桂子"，应为形讹，据咸同本改。

3　下脚：马槽底部。

□ 马槽　元　任仁发　《九马图》（局部）

　　图中马槽与《鲁班经》中马槽制式不同，并非由木板合围而成，而是石槽嵌在多块石板上。石制马槽厚重稳定，不易损坏。马槽两旁两根立柱，立柱间拉一长绳，将马绳套在长绳上，可以左右滑动，方便马取食。

译文

　　马槽前脚高二尺四寸，后脚高三尺五寸，长三尺，宽一尺四寸。柱子方圆三寸大，四周加木板，马槽底部距离地面高为一尺。

马鞍架

　　前二脚高三尺三寸，后二只二尺七寸高，中下半柱，每高三寸四分，其脚方圆一寸三分大，阔八寸二分，上三根直枋，下中腰每边一根横，每头二根，前二脚与后正脚取平，但前每上高五寸，上下搭头[1]，好放马铃。

注解

　　1　搭头：头搭接在一起。

译文

　　前两脚高三尺三寸，后两脚高只二尺七寸。中间装半柱，每根高度为三寸四分，柱脚方圆为一寸三分，宽为八寸二分，上面连接三根直枋，中间每边再各装一根横木，两头各两根。前两脚和后面正脚取平，只是前脚要高五寸，上下搭接在一起，方便放马铃。

逐月作马枋[1] 吉日

正月：丁卯、己卯、庚午。

二月：辛未、丁未、己未。

三月：丁卯、己卯、甲申、乙巳。

四月：甲子、戊子、庚子、庚午。

五月：辛未、壬辰、丙辰。

六月：辛未、乙亥、甲申、庚申。

七月：甲子、戊子、丙子、庚子、壬子、辛未。

八月：壬辰、乙丑、甲戌、丙辰。

九月：辛酉。

十月：甲子、辛未、庚子、壬午、庚午、乙未。

十一月：辛未、壬辰、乙亥。

十二月：甲子、戊子、庚子、丙寅、甲寅。

注解

1　马枋：即马厩。枋，当作"坊"，马枋为木制，故俗体从"木"。

（"逐月作马枋吉日"译略）

补述

马是古代重要的交通工具，也是农事劳作的重要牲畜，所以古人对养马的各项细微事项同样十分看重，除了上述修造马枋的吉日外，还有许多其他宜忌，古人也多有记载，下面略作列举。

买马吉日为：乙亥日、乙酉日、戊子日、壬辰日、乙巳日、壬子日、己未日以及成日、收日。忌戊寅日、戊申日、甲寅日。

逐月调教马驹吉日：

正月、七月、十月无吉日；

二月甲戌日、乙亥日、丁丑日、壬午日、丙戌日、戊子日、丁未日、乙未日、甲寅日、丙辰日；

三月己巳日、乙亥日、壬子日、戊子日、甲寅日、丙辰日、壬寅日、辛酉日；

四月乙巳日、甲戌日、丁丑日、壬午日、丙戌日、乙未日、甲寅日、辛酉日；

五月己巳日、甲戌日、丁丑日、壬午日、丙戌日、乙未日、甲寅日、辛酉日；

六月己巳日、乙未日、壬午日、甲寅日、丙辰日、辛酉日、己酉日；

八月己巳日、甲戌日、乙亥日、丁丑日、壬子日、丙戌日、戊子日、乙未日、己酉日、辛酉日；

九月己巳日、甲戌日、丁丑日、壬午日、丙戌日、戊子日、乙未日、己酉日、辛酉日；

十一月甲子日、乙亥日、丁丑日、丙戌日、戊子日、乙未日、甲寅日、丙辰日、辛未日、己酉日；

十二月甲戌日、乙亥日、丁丑日、丙戌日、戊子日、甲寅日、辛酉日、壬寅日。

猪稠[1] 样式

此亦要看三台星[2]居何方，做在三台星上方古。四柱二尺六寸高，方圆七尺，横下穿枋，中直下大粗窗齿[3]，用杂方坚固。猪要向西北。良工者识之，初学切忌乱为。

注解

1　猪楅（zhōu）：猪栏。张宗法《三农纪·猪楅》说："豕乃贪畜，嗜揭嗜喙，非楅不能以止其鄙；惧寒惧暑，非楅不能以蔽其肤。得楅则易，日易肥，养生者须以先造为卜方，宜生旺食禄养墓方。用材须按六白。工毕，命工人在楅内须畅食快饮，净器而出，切忌言笑剩落，可以吉。此猗顿致富之诀也。"楅，四周设有围栏的猪圈，可能与"周"字同源。

2　三台星：紫微斗数中的三台星君。三台，又称"三能"，古代星宿之一，属于太微垣，分为上台、中台和下台，每台两颗星，共六颗星。《晋书·天文志》说："三台六星，两两而居……西近文昌二星曰上台，次二星为中台，东二星曰下台。"三台星五行属土，主贵，专主文章做官，吉庆之事。

3　窗齿：类似窗棂，也类似栅栏的起格挡作用的木头。

译文

修建猪栏要看清三台星在什么方位，造在三台星的方位上才吉利。四根立柱高为二尺六寸，方圆为七尺，下部横向加穿枋。与枋木垂直安粗大的窗齿，用杂木加固。圈门朝向西北方。好的工匠懂得这些，初学者千万不要胡乱去造。

逐月作猪楅吉日

正月：丁卯、戊寅。

二月：乙未、戊寅、癸未、己未。

三月：辛卯、丁卯、己巳。

四月：甲子、戊子、庚子、甲午、丁丑、癸丑。

五月：甲戌、乙未、丙辰。

六月：甲申。

七月：甲子、戊子、庚子、壬子、戊申。

八月：甲戌、乙丑、癸丑。

九月：甲戌、辛酉。

□ 猪圈　明　《三才图会》插图

此猪圈较为高大敞亮，下部为砖石混合结构，坚固耐用，利于防风，还利于冲洗猪圈时防潮。《鲁班经》中的猪栏应是全木制成，虽未说明屋顶制式，但必有屋顶无疑。

□ 猪圈神

民间认为猪圈有猪圈神，信奉和祭祀猪圈神可以保佑牲畜平安健壮。

十月：甲子、乙未、庚子、壬午、庚午、辛未。

十一月：丙辰。

十二月：甲子、庚子、壬子、戊寅。

（"逐月作猪椆吉日"译略）

补述

猪圈起造吉日

用甲子辰，忌正四废、飞廉、刀砧、天贼诸日。

猪槽安放吉日

禄旺在亥，以及合神、三合日，主合龙德，天月合日。

造猪圈法

猪宜宫音，大墓辰，小墓戌，大凡五音使用之。第一放寅申水大旺，辰戌客猪自为来，巳水瘦死，午水自食子，未兼鸡鸣主瘦死，申水旺盛，酉水因猪遭官，戌水一头，亥水绝种，子水无踪。

猪圈放水歌诀

猪牢水流寅，不食自然肥，放去不曾失，猛兽不可欺。

水流申地好，放去终不走，猪足生货币，入钱常自有。

戌亥若低悬，其牢不可安，当防外灾死，何曾卖得钱。

戌亥若长高，其猪得满牢，豚子未经久，肚里油似膏。

己辰有泥污，其猪走满路，鸣呼不肯归，山上觅宿处。

辰巳错回盘，其猪自满栏，寅上杀百恶，虎狼不敢欺。

水流放于乾，此牢不堪然，牢边十步地，无猪有空栏。

辰巳有高峰，其猪大如龙，子亥山长大，牢内贮不容。

辰戌山肥满，猪子不闹栏，其位怕低垂，猪瘦只有皮。

水流入巽巳，一个也须死。

开门辰巳向，虎狼并盗贼，门向引于酉，水流走更远。

纵若有其猪，皮骨相连时，乾坤若不足，辰巳无势时。

但存济乌经，吕才同此用，术者仔细详，拣择要相当。

猪为亥之属肖，亥水长生于申，亥与寅相合，所以寅申之水大旺。与巳相冲，墓于辰，故辰巳水凶。

另录：猪栏门高二尺，宽二尺五寸。

六畜肥日[1]

春：申、子、辰。

夏：亥、卯、未。

秋：寅、午、戌。

冬：巳、酉、丑。

注解

1 六畜肥日：修造吉日之一，宜家畜兴旺肥壮，《宅经》说："寅玉堂，宜置车牛舍，主宝贝金玉之事，宜开拓。经曰：治玉堂，钱财横至，六畜肥强。大吉。（六月甲巳日修吉）"六畜指猪、牛、羊、马、鸡、狗。

（"六畜肥日"译略）

补述

六畜瘦日

春巳酉丑，夏庚午戌，秋亥卯未，冬申子辰。

六畜破群日

每月的甲寅日、庚寅日、壬辰日、戊辰日、庚申日、己卯日。

千斤煞

鼠狗蛇怕寅，马牛猪怕辰，兔猴忌亥上，羊虎相牛经，龙鸡占何处，长蛇当道侵。

六畜杀日

正月戌日，二月巳日，三月午日，四月未日，五月寅日，六月卯日，七月辰日，八月亥日，九月子日，十月丑日，十一月申日，十二月酉日。

修造六畜栏枋的禁忌煞星表（从年上取）

方位 神煞 / 年	子	丑	寅	卯	辰	巳	午	未	申	酉	戌	亥
牛飞廉方*	辰	辰	午	午	申	申	戌	戌	子	子	寅	寅
大耗	午	未	申	酉	戌	亥	子	丑	寅	卯	辰	巳
小耗	巳	午	未	申	酉	戌	亥	子	丑	寅	卯	辰

　　注*：牛飞廉方即牛飞廉星所在方位，修建畜舍等宜选择六畜肥日（见正文），而应避开当年飞廉大煞星所在方位，牛飞廉星子年在辰方，丑年在辰方，寅年在午方，其余年份飞廉占方均可在表中找到。大小耗在前文第一卷"修门方位和时间选择"中已有注解，大小耗也是凶煞，修造六畜栏枋也应避开当年其所在的方位。

修造六畜栏枋的禁忌煞星表（从月上取）

神煞 \ 凶方 \ 月	正月	二月	三月	四月	五月	六月	七月	八月	九月	十月	十一月	十二月
净栏煞	未	申	酉	戌	亥	子	丑	寅	卯	辰	巳	午
畜官煞	午	未	申	酉	戌	亥	子	丑	寅	卯	辰	巳
流财煞	甲庚	丁癸	甲庚	丁癸	乙辛	丙壬	乙辛	丁癸	丙壬	甲庚	乙辛	丙壬
牛胎煞（无胎不忌）	磨堂	栏	门仓	门厕	厨仓	场堂	磨碓	栏厅	门仓	门厕	灶仓	灶厨
牛黄煞（牛栏忌）	栏	沟路	廨碓	灶	井炉	困仓	井	炉焙	仓	灶	门	路沟
马胎煞	门	枋	户	仓	枋	枋	厨	枋	仓	井	门碓	厨
马黄煞（马栏忌）	枋	枋槽	仓碓	庭门碓	枋仓	碓枋	枋堂	枋	堂仓	枋门	中厅仓	灶枋厨
羊胎煞（羊栈忌）	栈	卯沟	门身	沟法	碓法	仓栈	厅	卯碓	门仓	井灶沟	灶门	水路碓
猪胎煞（猪栏忌）	身周	身周	门灶	门	井	井灶	灶	灶壁	厠壁	厠壁	门周	周

注：净栏煞为方位凶煞，一说春季在巽方，夏季在坤方，秋季在乾方，冬季在艮方。此表所列为每月净栏煞所占凶方，与前说不同。古人因对自然的认知所限，对事物的宜忌也多有不同说法，并不一定真的有科学依据。表中的畜官煞、流财煞、牛胎煞、牛黄煞等也都是所谓的修造栏枋的禁忌凶方，可为参考。

修造六畜栏枋的禁忌煞星表　倒栏煞定局

神煞 \ 凶日 \ 年	甲己年	乙庚年	丙辛年	丁壬年	戊癸年
猪倒栏	乙巳丁巳辛卯癸卯	乙巳丁巳辛巳癸巳	乙巳丁巳辛未癸未	乙巳丁巳辛酉癸酉	乙巳丁巳辛亥癸亥
牛倒栏	乙巳丁巳辛巳癸巳	乙巳丁巳辛未癸未	乙巳丁巳辛酉癸酉	乙巳丁巳辛亥癸亥	乙巳丁巳辛丑癸丑
马倒栏	甲戌丙戌戊戌庚戌壬戌	甲子丙子戊子庚子壬子	甲寅丙寅戊寅庚寅壬寅	甲辰丙辰戊辰庚辰壬辰	甲午丙午戊午庚午壬午
羊倒栏	乙亥丁亥己亥辛亥癸亥	乙丑丁丑己丑辛丑癸丑	乙卯丁卯己卯辛卯癸卯	乙巳丁巳己巳辛巳癸巳	乙未丁未己未辛未癸未
鸡倒栏	乙丑丁丑己丑辛丑癸丑	乙卯丁卯己卯辛卯癸卯	乙卯丁卯己卯辛卯癸卯	乙未丁未己未辛未癸未	乙酉丁酉己酉辛酉癸酉

注：倒栏，意指此时不宜建圈，否则六畜会病倒、伤倒。

诗曰：年干五虎遁甲子，遁见甲干把支安。将支来跨虎顺走，遇亥名为倒猪栏。丑牛午马鸡逢酉，未土须知羊倒栏。

表中，甲己年五虎遁甲至戌，便将戌加寅上顺数至亥，亥下是卯，则卯是猪倒栏。子下是辰，丑下是巳，巳为牛倒栏。寅下是午，卯下是未，辰下是申，巳下是酉，午下是戌，戌便是马倒栏。未下是亥，亥便是羊倒栏。申下是子，酉下是丑，丑便是鸡倒栏。

修造畜栏宜忌表

神煞 \ 占方 \ 坐山	坤 乙 兑 丁 巳 丑 艮 丙 震 亥 未
刀砧	凶 占壬丙 子午方
紫气	吉 占癸丁方
一德	吉 占丑未方
虎豹	凶 占坤艮方
狐狸	凶 占寅申方
贪狼	吉 占甲庚方
太阳	吉 占卯酉方
豺狼	凶 占乙辛方
三台	吉 占辰戌方
奇罗	吉 占干巽方
血刃	凶 占巳亥方

安六畜方位表

神煞 \ 占方 \ 坐山	坤 乙 兑 丁 巳 丑 艮 丙 震 亥 未
刀砧	凶 占甲庚 卯酉方
紫气	吉 占乙辛方
一德	吉 占辰戌方
虎豹	凶 占干巽方
狐狸	凶 占巳亥方
贪狼	吉 占丙壬方
太阳	吉 占子午方
豺狼	凶 占丁癸方
三台	吉 占丑未方
奇罗	吉 占坤艮方
血刃	凶 占寅艮方

□ 鸡栖样式 《新镌京板工师雕斫正式鲁班经匠家镜》万历本 插图

鹅鸭鸡栖[1]式

　　此看禽大小而做，安贪狼方[2]。鹅椆二尺七寸高，深四尺六寸，阔二尺七寸四分，周围下小窗齿，每孔分一寸阔。鸡鸭椆二尺高，三尺三寸深，二尺三寸阔，柱子方圆二寸半。此亦看主家禽鸟多少而做，学者亦用自思之。

注解

1 栖：栖息，这里指住的地方，即家禽的笼子。
2 贪狼方：紫微斗数中的贪狼星君，北斗天枢吉星之一。

译文

　　要根据家禽的大小来制作且安在贪狼方位。鹅笼二尺七寸高，进深四尺六寸，面宽二尺七寸四分，周围安装小窗齿，齿间空隙一寸。鸡鸭笼二尺高，进深三尺三寸，面宽二尺三寸，柱子粗二寸半。禽笼的大小也要根据家禽多少来做，初学者选用怎样的尺寸，自己也要多考虑。

补述

　　《象吉通书》载有逐月制鸡鸭鹅笼的吉日，分别是：

　　正月的癸酉日、庚寅日、丁酉日、外壬午日；

　　二月的乙未日、庚寅日、外丁未日、己未日、癸未日；

　三月的辛卯日、外丁卯日、己巳日；

　四月的庚子日、外庚午日、丙午日、癸丑日、壬午日；

五月的乙丑日、戊辰日、壬辰日、乙未日、丙辰日、外癸未日；

六月的癸酉日、丁酉日、甲申日、乙亥日、丁亥日、庚申日；

七月的庚午日、乙未日、丁未日、丙子日、戊子日、壬子日；

八月的乙丑日、戊辰日、壬辰日、丙辰日、外辛丑日、癸丑日、甲戌日；

九月的癸酉日、丁酉日、外甲戌日、丙戌日、辛酉日；

十月的乙未日、庚子日、甲子日、壬子日、辛未日、丁未日；

十一月的戊辰日、庚寅日、壬辰日、乙未日、外癸未日；

十二月的庚子日、外乙丑日、戊寅日、甲寅日、壬寅日、壬子日。

以上吉日，都不可触犯魁罡、勾绞、天瘟、天贼、九空、受死、小耗、大耗、飞廉、血忌、刀砧、九土鬼、月刑、月害、瘟星入日、惊走、凶败、灭没等凶煞日。此外，大月的建日、小月的危日会遭逢狐狸煞，因此这两个日期不宜修造鸡鸭鹅笼。正月、六月、十月会有郭丁杀占据鸡笼，所以这些日子里不宜修造鸡笼。

鸡枪[1] 样式

两柱高二尺四寸，大一寸二分，厚一寸。梁大二寸五分，一寸二分大。窗高一尺三寸，阔一尺二寸六分。下车脚[2] 二寸大、八分厚。中下齿仔[3] 五分大，八分厚。上做滔环[4] 二寸四大，两边桨腿[5] 与下层窗仔一般高，每边四寸大。

注解

1 鸡枪：鸡舍。枪，通"仓"。文中鸡仓若通过其描述绘成图，应为一种鸡栖架，而非鸡笼或鸡圈。

2 车脚：明清家具术语，又称"托泥"，是箱笼等家具腿足之下另设的木框结构，可以防止家具腿受潮腐烂。

3 齿仔：在"大窗"下端横木上安装的垂直短木条。

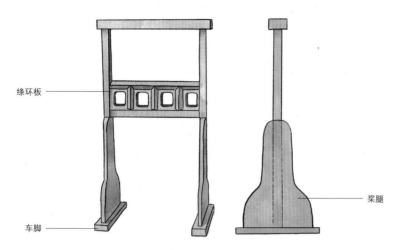

绦环板

车脚

桨腿

鸡栖架　据《鲁班经》正文绘制

4　滔环：或指"绦环板"，装饰性质的木板。在柜面、屏座、床围等处，镶
　　有一块四边起线、中间透空的镶板，这种镶板就叫绦环板，具有打破整板
　　和大面积板面单调格局的作用。

5　桨腿：又叫"壶瓶牙子""站牙"，呈直角的两个木片，一边紧贴屏风立
　　柱，一边接触地面，可以扩大接触面积，以增加稳定度，形似船桨，因此
　　得名。底本作"奖腿"，"奖"应为"桨"字形讹，据咸同本改。

译文

　　两根柱子高二尺四寸，宽一寸二分，厚一寸。横梁宽二寸五分，厚一寸二
分。窗一尺三分高，一尺二寸六分宽。下车脚二寸宽、八分厚，中间安装的齿
仔五分宽、八分厚。上面的绦环板二寸四分宽，两边的桨腿与窗子下沿高度相
同，每边四寸大。

屏风式

　　大者高五尺六寸，带脚在内，阔六尺九寸。琴脚[1]六寸六分大，长二
尺，雕日月掩象鼻格[2]。桨腿二尺[3]四分高，四寸八分大。四框一寸六分
大，厚一寸四分。外起改竹圆[4]，内起棋盘线[5]，平面六分，窄面三分。绦

环上下俱六寸四分，要分成单，下勒水花⁶，分作两孔⁷，雕四寸四分。相屋阔窄，余大小长短依此，长仿此。

□ 屏风式 《新镌京板工师雕斫正式鲁班经匠家镜》万历本 插图

注解

1 琴脚：明清家具部件名称，屏风着地的两根拱脚，即清则例中的"榻木"，又称"下脚""榻棍木"。

2 日月掩象鼻格：桨腿上圆形或卷曲线条的花纹雕饰，形如日月和弯曲的象鼻，因此得名。掩，疑为"卷（捲）"字之讹。

3 二尺：底本误作"工尺"，据咸同本改。

4 改竹圆：类似竹筒的圆弧形线脚，是明式家具常用的线脚样式。

5 棋盘线：笔直、没有弧度的线脚。

6 勒水花：或指"勒水花牙"，又称"披水牙子"，绦环板下有斜面的长条花牙，形似墙头的斜面"披水"，因此得名。

7 分作两孔：这里指分作屏风的前后两面，孔意为部分。

译文

大的屏风带脚高五尺六寸，宽六尺九寸。琴脚六寸六分宽，长二尺，雕刻日月象鼻纹。桨腿高二尺四分，四寸八分宽。四框宽一寸六分，厚一寸四分。外部作类似竹筒样的圆弧线脚，内部作笔直的棋盘线，若为平面屏风，宽度可做六分长，若为窄面屏风，宽度可做三分长。绦环板上下部分都是六寸四分长，绦环板总数需要是奇数，下侧雕勒水花牙，分成前后两面，花牙长度为四寸四分。屏风尺寸看房间的宽窄而定，其余部分的大小长短仿照上述内容按比

□ 座屏　明　《红拂记》插图

例确定。

补述

　　屏风，其含义正是"屏其风也"。屏风又称为"屏门"或"屏障"。早在三千年前，作为名位和权力的象征，屏风即为周天子专用器具，后经过不断演变，屏风逐步进入千家万户，成了防风、隔断、遮隐的工具，也通过屏的造型和屏心的纹案美化了屋内空间。现在，屏风式样众多，主要有以下几类：

　　折屏，也叫围屏，是由四、六、八或十二片单扇连成的屏风，因无屏座，放置时可以折叠，故名"折屏"，通常陈设在室内的显眼位置比如厅堂，或书室入门处，所以屏面以通透为主，透光而不透明。放置屏风的厅堂，灯光须明亮，这样才与风水学上"厅明室暗"之说相合。

　　座屏，是有底座不能折叠的屏风。古代常用它作为座位后的屏障，以显示其高贵和尊严。后也设于室内入口处，以此作为室外与室内的遮挡，保护主家隐私，功能同照壁，也即现代所谓的"地屏"。座屏又可分

□ 座屏　清　孙温　《红楼梦》插图

为"山字式""五扇式"与"插屏式"等。

挂屏，指贴在有框板上或镶嵌在镜框内以供悬挂的屏风。挂屏出现于清初，以替代画轴挂在墙壁上，成为纯粹的装饰挂件，通常成对或成套悬挂。

明代之前，屏风无论何种形式，无论观赏价值多高，都兼具一定的实用功能，而挂屏则为纯粹的室内装饰挂件或陈设。

□ 松鹤手绘折屏

　　折屏也叫围屏，至明代才广泛采用。折屏因其结构优点，故可随意调节遮挡面积。中原地区多为四扇起偶数扇，没有单数折屏。

□ 花鸟木雕挂屏

　　挂屏出现于清初，多代替画轴在墙上悬挂，只具装饰功能，一般成对或成套使用。

□ 黄花梨嵌云石屏风

　　独扇座屏又称插屏，即把屏风结构分为上下两部分，分别制作，经组合装插而成。屏座两块纵向木墩，墩上各竖一立柱，两柱由横枨榫接，屏座前后两面装披水牙子，两柱内侧挖出凹形沟槽，将屏风插入沟槽，使屏框与屏座共同组成整屏。

◎座屏结构

　　《鲁班经》文中所说屏风，应为座屏。座屏可以为一体式，也可为可拆卸式。可拆卸式座屏又叫插屏。以硬木制作边框，中心安装屏心，底座起稳定作用。屏心多以绘画、刺绣、镶嵌等手法进行装饰，底座常作雕刻，兼具实用性与观赏性。

屏框和屏心单列则为插屏

边框

屏心
　鏨刻花鸟草木纹。

柱头

立柱

绦环板
　镂雕荷塘白鹭、山茶麒麟、牡丹绶鸟纹等。

桨腿

牙条
　作卷草缠枝花纹。

琴脚

底座

银鎏金鏨花富贵花鸟纹插屏　清

　　此屏风为插屏，屏心嵌银鎏金花鸟草木，边框雕花卉卷草纹。底座设三块绦环板，分别镂雕荷塘白鹭、山茶麒麟、牡丹绶鸟纹，绦环板下方有牡丹卷草纹的牙板与琴脚连接。

围屏式

每做此，行用[1]八片，小者六片，高五尺四寸正。每片大一尺[2]四寸三分零。四框八分大，六分厚，做成五分厚，算定共四寸厚[3]。内较[4]田字格，六分厚，四分大，做者切忌碎框。

注解

1 行用：通行的。

黄花梨十扇六抹围屏

大漆嵌百宝狩猎图围屏

□ **围屏**

围屏，即可以折叠的屏风，由多扇屏面共同组成，使用时每扇之间用挂钩连接。围屏用料较普通座屏、挂屏更多，使用时占地也更大，通常大户人家才会使用。围屏因其灵活，风水家认为具有活化房屋气场的作用，于屋主有利。

2 一尺：底本作"一片"，从上文推断为讹，今改。

3 六分厚，做成五分厚，算定共四寸厚：每扇屏风下料厚度为六分，做成后厚度为五分，八扇折叠起来共计厚度为四寸。

4 较：通"校"，木格，《说文解字·木部》："校，木囚也。"一说通"交"，指棍条横竖交错的样子。

译文

只要做围屏，通常都做成八扇，小围屏作六扇，高五尺四寸整。每扇屏宽一尺四寸三分有余，四框宽八分，下料六分厚，制成后五分厚，八扇折叠合计四寸厚。四个边框内，安横向和竖向木棍，成田字格，厚六分，四分大，做的人切忌把边框弄碎了。

牙轿[1] 式

宦家明轿[2] 倚[3] 下一尺五寸高，屏一尺二寸高，深一尺四寸，阔一尺八寸。上圆手[4] 一寸三分大，斜七分才圆。轿杠方圆一寸五分大，下踏[5] 带轿二尺三寸五分深。

注解

1 牙轿：衙门官署用轿。牙，通"衙"，衙门，即官署。

2 明轿：与圈椅相似的坐轿，即敞椅，座面离地不高，穿上轿杆即可抬起行走。

3 倚：通"椅"，轿子的座椅。

4 圆手：连接靠背的弯曲木条，即椅圈，可以扶手。

圆手

椅

抬杠

下踏

□ 牙轿式 《新镌京板工师雕斫正式鲁班经匠家镜》万历本 插图

□ 暖轿和肩舆　清　孙温　《红楼梦》插图

　　上图中人物所乘轿子即暖轿；下图中人物所乘轿子即肩舆，类似《鲁班经》中描述的牙轿。

　　5　下踏：踏床，即座椅前面的脚踏板。

译文

　　官署的明轿，座椅下的高一尺五寸，靠背板高一尺二寸，深一尺四寸，宽一尺八寸。椅圈粗一寸三分，斜切七分才圆。轿杠直径一寸五分，踏床加轿

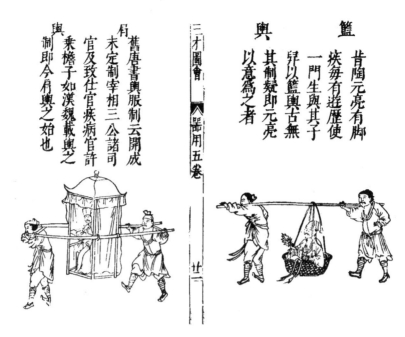

與 制即今肩輿之始也
乘檐子如漢魏載輿之
官及致仕官疾病官許
未定制宰相三公諸司
肩 舊唐書輿服制云開成

輿 以意為之者
其制疑即元亮
異以籃輿古無
一門生輿其子
疾每有遊歷使
籃 肯陶元亮有腳

三才圖會 器用五卷 廿一

□ **肩輿和籃輿　明　《三才图会》插图**

　　左图肩舆在宋代又有"檐子"之称，右图籃舆是一种让人坐在篮筐里，由两人抬着走的交通工具，筐内通常也设有座椅。《晋书》说："富春车道既少，动经江川，父难于风波，每行乘籃舆，暮躬自扶持。"

身，总深二尺三寸五分。

补述

　　《尚书·益稷》说："予乘四载，随山刊木。"后《史记·夏本纪》"四载"注说："水行乘舟，陆行乘车，泥行乘橇，山行乘檋（léi）。"其中"檋"，就是形似于轿子的代步工具。轿子又名"肩舆"，舆指车，肩舆即"扛在肩上的车"，因此人们普遍认为，轿是从古代的车演变而来的。根据时代、地区的不同，轿子也衍生出了多种不同的形制，如肩舆、眠轿、暖轿、滑竿等。现在最为大家所熟知的是明清时期的暖轿样式，又称帷轿。不同于牙轿，暖轿用木搭出长方体框架，每面用帷帐封好，轿底用木板封牢，内中放可坐单人或双人的靠背坐厢，前设可掀动的轿帘，轿帷两侧还设小窗，这样的轿子既防风又保暖，故称暖轿。轿子在出现之初和以后很长一个时期都具有一定的等级属性，通常官宦贵族才可使用，直到明朝中后期，轿子才在寻常百姓家普及。

衣笼[1] 样式

一尺六寸五分高，二尺二寸长，一尺三寸大。上盖役[2] 九分，一寸八分高，盖上板片三分厚，笼板片四分厚。内子口[3]八分大，三分厚。下车脚一寸六分大，或雕三湾[4]，车脚[5]上要下二根横横仔[6]，此笼尺寸无加。

注解

1 衣笼：存放衣物的用具，也称"衣箱"。宋戴侗《六书故》："浅者为箱，深者为笼。"足见箱、笼之不同。

2 役：疑为"後（后）"字形讹，"后""厚"同音通假，即指厚度。一说指增多用料，以便设计加工。

3 内子口：衣箱与箱盖叠合的口沿。

4 三湾：即三弯，应指三弯线，形如"S"。

5 车脚：着地的木框，即底座。

6 横横（huǎng）仔：此处指与车脚相连的两根水平托掌，上托箱底。

译文

衣笼高一尺六寸五分，长二尺二寸长，宽一尺三寸。上盖在内板外增厚九分，高一尺八分。盖上板片厚三分，衣笼板片各四分厚。衣笼的口沿高八分，厚三分。底座厚一寸六分，可以雕三弯线，底座上要安两根横木。这种衣笼的尺寸不需要再变动。

大床[1]

下脚带床方[2]，共高二尺[3] 二寸二分正。床方七寸七分大，或五寸七分大。上屏[4] 四尺五寸二分高。后屏二片，两头二片，阔者四尺零二分，

獨向蘭閨望
月明春宵
辜負太無情
何人為置
迥心院雙宿
雙飛過
一生睡
孫立
瞹

□ 衣笼　清　《详注聊斋志异图咏》插图
　　图为清朝大户人家的卧室场景，床侧叠放三个衣笼，所盛衣物定能不少。

□ 大床 《新镌京板工师雕斫正式鲁班经匠家镜》万历本 插图

窄者三尺二寸三分，长六尺二寸。正领[5]一寸四分厚，做大小片，下中间要做阴阳相合[6]。前踏板五寸六分高，一尺八寸阔。前楣带顶[7]一尺零一分。下门四片，每片一尺四分大；上脑板八寸，下穿籐一尺八寸零四分，余留下板片。门框一寸四分大，一寸二分厚。下门槛一寸四分，三接。里面转芝门[8]九寸二分，或九寸九分，切忌一尺大，后学专用，记此。

注解

1　大床：即拔步床，又叫八步床，一种在床架外有一间小屋的空间结构。

2　床方：床的四面边框。底本"床"误作"求"，据万历本改。

3　二尺：底本"二（式）"误作"式"，据咸同本改。

4　上屏：床周的围屏。

5　正领：床顶正面防尘的木板。领，或通"岭"，顶部。

6　阴阳相合：互为阴阳的卯榫互相接合。阴阳，即"阴阳榫"，又称"子母榫"。

7　前楣带顶：床檐处的楣板，常被华丽雕饰。

8　转芝门：床前两侧的门。

译文

从下脚底部到床方，高二尺二寸二分整。床方七寸七分宽，或五寸七分宽。床四周的围屏高四尺五寸二分。后屏两片，两头各一片，宽的四尺零二分，窄的三尺二寸三分，长都为六尺二寸。床正面顶上的木板厚一寸四分，做成大小两片，中间用阴阳榫接合。前踏板离地五寸六分，宽一尺八寸。前楣加顶板，高一尺零一分。下面安四扇木门，每片宽一尺四分；上脑板高八寸，下穿藤一尺八寸四分，剩下部分留出做板片。门框一寸四分大宽，厚一寸二分。下门槛高一寸四分，上脑板、下穿藤和板片三部分连接。床沿两侧的转芝门宽九寸二分，或者九寸九分，切忌做成一尺宽，初学者一定要牢记这些。

补述

造床吉日

正月：丁丑日、癸丑日、丁卯日、辛卯日、乙卯日、癸酉日、丁酉日、壬午日、丙午日、丁未日；

二月：丙寅日、戊寅日、甲寅日、己巳日、乙巳日、丁丑日、癸丑日；

三月：己巳日、乙巳日、癸巳日；

四月：丁丑日、庚午日、壬午日、己丑日、辛亥日、乙未日、丙子日、丁卯日；

五月：辛未日、癸未日、乙亥日、己亥日、辛亥日、丁未日、己未日；

六月：癸酉日、己酉日、乙酉日、辛酉日；

七月：庚辰日、甲辰日、丙辰日、戊辰日、乙未日、丙子日、丁卯日；

八月：乙亥日、丁亥日、己亥日、辛亥日、癸亥日；

九月：乙亥日、辛亥日、丁亥日；

十月：庚子日、辛未日、乙未日、丁未日、丙戌日、庚子日、戊戌日；

十一月：丙寅日、庚寅日、壬寅日、戊寅日、乙巳日、丁丑日、乙亥日、己巳日、癸巳日、辛亥日、癸亥日；

十二月：丙寅日、壬寅日、甲寅日、戊寅日、乙巳日、乙丑日、丁丑日、乙亥日、己巳日、癸巳日、辛亥日、癸亥日。

以上造床吉日，若逢天罡、河魁、破败、天火、独火、火星、天贼、受死、卧尸、木马杀、阴阳旬、天瘟、九空、荒芜、转杀、刀砧、斧头杀、鲁般杀、胎神等凶煞日，则不可用。

◎拔步床结构

拔步床，又叫八步床，是传统床具中最大的一种，分"大床"与"凉床"两类。拔步床形体很大，床结构也更为复杂，床外还做有"小屋"——卧房中一间独立的小房子。拔步床常见于南方，因南方温暖而多蚊蝇，拔步床的床架很便于挂蚊帐。

顶盖　　　楣板　　挂落　　廊柱　　背围　　床面　　下踏　　地平

床罩　　立柱　　围栏　　门围　　腿足

榉木雕龙拔步床

《长物志》说：床以宋、元时期的断纹小漆床为第一，内府所制独眠床为第二，民间技艺高超的木匠用小木所制亦有品质很好的。小漆床即采用特殊漆艺制成的一种床榻，漆面有断纹；独眠床是适合一个人休憩的卧具，即榻。实际上中国古典家具中形体最大、最繁复的床为拔步床，图为清中期榉木雕龙拔步床，更奢侈华丽的拔步床还会采用髹漆彩绘，设置碧纱橱及踏步等。

卧尸，正月在子日、二月在酉日、三月在未日、四月在申日、五月在巳日、六月在辰日、七月在卯日、八月在寅日、九月在丑日、十月在午日、十一月在戌日、十二月在亥日，又有一种说法是正月在酉日、二月在申日、三月在未日、四月在午日、五月在巳日、六月在辰日、七月在卯日、八月在寅日、九月在丑日、十月在子日、十一月在亥日、十二月在戌日。

天罡勾绞，正月在巳日、二月在子日、三月在未日、四月在寅日、五月在酉日、六月在辰日、七月在亥日、八月在午日、九月在丑日、十月在申日、十一月在卯日、十二月在戌日。

河魁勾绞，正月在亥日、二月在午日、三月在丑日、四月在申日、五月在卯日、六月在戌日、七月在巳日、八月在子日、九月在未日、十月在寅日、十一月在酉日、十二月在辰日。

胎神

正月、七月、十二月占房，五月、六月、九月占房，戊癸日占房床，己亥日占床。

安床吉日

若逢天瘟、天贼、荒芜、受死、卧尸、魁罡勾绞、死气、九空、伏断、红觜朱雀、死别、火星、胎神等凶煞，不可用。

凉床式[1]

此与藤床无二样，但踏板上下[2]栏杆，要下长柱子四根，每根一寸四分大。上楣[3]八寸大。下栏杆，前一片，左右两二万字[4]或十字挂。前二片止作一寸四分大，高二尺二尺五分[5]。横头[6]随踏板大小而做，无误。

注解

1　凉床：凉床也是拔步床的一种，只是比大床更为简洁。但文中又说凉床床
　　体本身与藤床一样，只是凉床带有前廊，供夏季纳凉用。

□ 凉床

　　根据《鲁班经》原文所述绘制的凉床式样。

　2　下：安装，布置。本条目后文的"下"均为此义。

　3　上楣：床正面最上方的一种装饰性楣板，与屋檐下的梁枋相近。

　4　万字：指佛教符号"卍"和"卐"，有吉祥祈福之意。

　5　二尺二尺五分：疑为"二尺二寸五分"或"二尺五分"。

　6　横头：廊道两侧的围栏。

译文

　　凉床样式与藤床式样没有区别，只是踏板上安栏杆，安长柱四根，每根一寸四分粗。床正面最上方的楣板八寸宽。凉床前和两侧安装的栏杆以"万"字或十字纹进行装饰，前廊正面的两片栏杆只做一寸四分大，高二尺二寸五分。廊道两侧的围栏根据踏板的尺寸来做，这样才不会有误。

藤床式

　　下带床方一尺九寸五分高，长五尺七寸零八分，阔三尺一寸五分半。

上柱子¹四尺一寸高，半屏²一尺八寸四分高。床岭³三尺阔，五尺六寸长。框一寸三分厚。床方五寸二分大，一寸二分厚，起一字线⁴好穿藤。踏板一尺二寸大，四寸高，或上框做一寸二分厚⁵。脚二寸六分大，一寸三分厚，半合角⁶，记。

注解

1　上柱子：床面上方的柱子。

2　半屏：床周围合的屏风，只有床面到床顶高度的一半。

3　床岭：床顶。

4　一字线：床边的一字形直槽，方便凿孔穿藤。

5　厚：底本作"后"，义不可通，疑"后"为"厚"别字，同音通假，今改。

6　半合角：转角部位一种榫卯结构。

□ 藤床　《新镌京板工师雕斫正式鲁班经匠家镜》万历本　插图

译文

床的下部包括床方，高一尺九寸五分，长五尺七寸八分，宽三尺一寸五分半。床柱高四尺一寸，围屏高一尺八寸四分。床顶宽三尺，长五尺六寸。床框厚一寸三分。床方高五寸二分，厚一寸二分，床方边缘凿一字线好穿藤。踏板宽一尺二寸，高四寸。踏板也做一寸二分厚的上框，做二寸六分高、一寸三分厚的足，用半合角结构搭接，切记。

补述

传说中最早的"床"由神农氏发明，当时的床，叫"榻"，既是坐

□ 架子床

架子床是中国古代床中最主要的形制。它由拔步床发展而来，形状宛如一个小巧玲珑的小屋。通常，这类床的床架装潢都非常讲究，前面开门围子，有圆形洞、方形及花边形，顶盖四周装楣板和倒挂牙子，有的架子床还带有抽屉，专用来盛放席子等物。后来，架子床的形制进一步简化，只剩下由几根栏杆组成的架子，该架子主要是为了挂蚊帐。图中这三种黄花梨门围栏架子床体现了明清时期三种不同的风格。

具，又是卧具。至西汉时，"床"字才开始被广泛使用，却仍然不是后来我们所见的床的式样。六朝以后出现了高足坐卧具，此时的床，仍叫"榻"，但形体已变得较为宽大。唐宋时期的床仍然大多没有围栏，所以又有"四面床"之称。辽宋金元时期，三面或四面围栏的床具开始出现，做工及用材也较前代更为精细。至明代，这种有围栏的床才开始变得很盛行，结构也更为合理，装饰也极为考究，正是在这一时期，床的式样变得更为丰富，也更有实用性和私密性。其主要式样有：架子床，通常的做法是四角安立柱，床顶安盖，顶盖四围装楣板和倒挂牙子，床面两侧和后面装围栏，多用小块木料做榫拼接成各种几何纹样；因床有顶架，故名架子

藤屉

卡子花

束腰

裹腿罗锅枨

□ 凉榻

　　该榻整体狭长，细藤屉，样式古朴。凉榻流行于明清时代，作为一种仅供小憩的家具，它四面无围栏，因此"榻"又被称为"四面床"。

靠背

书卷枕

沿脚线

三弯腿足

围栏

榻屉

束腰

雕花牙板

□ 贵妃榻

　　贵妃榻起于中国唐代，可坐可卧，用于古时妇女小憩，因其制作精致，形态优美，故名"贵妃榻"，到清末民国时期，又延伸出"美人榻"之谓。

床。拔步床，其外形很像架子床安在一个木制平台上，平台长出床的前沿二三尺，平台四角立柱并镶以木制围栏；也有的床在两边设置窗户，使床前形成一个小廊子，廊子两侧放桌凳之类的小家具。拔步床虽在室内使用，却很像一个独立的小屋。

榻

　　西汉后期，在床这种坐卧具的基础上，又出现了"榻"这个名称，专指坐具，但榻也可以用于躺卧小憩。榻是床的一种，除了比一般的卧具矮小外，没有太大的差别，所以习惯上总是床榻并称。榻一般形较小，四周无围栏，既有独坐榻也有连坐榻，还有一种有靠背配有木枕的榻，称为美

束腰

马蹄
与鼓腿相连,
形状如马蹄。

脚踏

雕花围栏

膨牙鼓腿
家具腿部从
束腰处膨出,然
后内收成弧形。

□ 花鸟纹罗汉床

　　罗汉床是一种榻,但又区别于榻,三面有围栏,但不带床架,又称"罗汉榻"。其主要功能是待客,造型多简洁素雅,坚固耐用。罗汉床常见两种样式,一种是三面围板式,一种是透雕棂格状围屏式,前者工艺相对简单,风格更为稳重朴素,后者更富于装饰性。

人榻。美人榻装饰性强,坐卧兼具,清末民初还发展出更加舒适的沙发式美人榻。

罗汉床

　　罗汉床是不同于床类也区别于榻类的坐具,一般不摆在卧室,而是设放在厅堂,其左右和后面装有围栏或围板,多为五围屏、三围屏结构。罗汉床主要用于坐和小憩。罗汉床自唐以来,多为主家招待客人所用,特别是在清代,已经成了一种固定礼仪,因此罗汉床由朴素向华丽发展,逐步强调自身的装饰。

逐月安床设帐吉日

　　正月:丁酉、癸酉、丁卯、己卯、癸丑。
　　二月:丙寅、甲寅、辛未、乙未、己未、乙亥、己亥、庚寅。
　　三月:甲子、庚子、丁酉、乙卯、癸酉、乙巳。

四月：丙戌、乙卯、癸卯、庚子、甲子、庚辰。

五月：丙寅、甲寅、辛未、乙未、己未、丙辰、壬辰、庚寅。

六月：丁酉、乙亥、丁亥、癸酉、丙寅、甲寅、乙卯。

七月：甲子、庚子、辛未、乙未、丁未。

八月：乙丑、丁丑、癸丑、乙亥。

九月：庚午、丙午、丙子、辛卯、乙亥。

十月：甲子、丁酉、丙辰、丙戌、庚子。

十一月：甲寅、丁亥、乙亥、丙寅。

十二月：乙丑、丙寅、甲寅、甲子、丙子、庚子。

（"逐月安床设帐吉日"译略）

禅床式

此寺观庵堂，才有这做。在后殿或禅堂两边，长依屋宽窄，但阔五尺，面前高一尺五寸五分，床矮一尺。前平面板[1]八寸八分大，一寸二分厚。起六个柱，每柱三寸[2]方圆，上下一穿[3]，方好挂禅衣及帐帏[4]。前平面板下要下水椹板，地上离二寸，下方仔[5]盛板片，其板片要密。

□ 禅床禅椅式 《新镌京板工师雕斫正式鲁班经匠家镜》万历本 插图

注解

1 前平面板：床面四周的边框。

五台山宋江参禅

□ 五台山宋江参禅　明　《水浒传》插图

　　图中禅师所坐的榻与《鲁班经》文中所述的禅床似乎更接近，更像罗汉床。《鲁班经》中所述的禅床在当时常被称为"弥勒榻"，也因此有人推测，罗汉床名字的由来可能与明代的弥勒榻有关。

2　三寸：底本作"三才"，应为形讹，今改。

3　上下一穿：柱子上端架穿枋横木。

4　帐帏：围帐幕布。

5　方仔：应为"枋子"。

译文

　　只有寺庙、道观、庵堂才做禅床。放在后殿或禅堂两边，长度根据房间的宽窄来定，如果宽为五尺，那么最高的地方为一尺五寸五分，床面则要矮一些，为一尺。床面四周的面板做八寸八分宽，一寸二分厚。竖六根柱子，每根三寸宽，柱子上面架穿枋横木，才方便挂禅衣和帷帐。前平面板要安水椹板。椹板离地面两寸，下面好安放横木，用来承托板片，板片要拼合紧密。

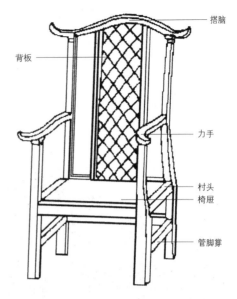

搭脑

背板

力手

村头
椅屉

管脚枨

□ 禅椅

禅椅，椅面宽大，直靠背，简约雅致，扶手有无皆可，供人盘膝而坐以参禅，故称"禅椅"。

禅椅式

一尺六寸三分高，一尺八寸二分深，一尺九寸五分深。上屏[1]二尺高，两力手[2]二尺二寸长，柱子方圆一寸三分大。屏上七寸，下七寸五分，出笋[3]三寸斗枕头[4]。下盛脚盘子[5]四寸三分高，一尺六寸

□ 禅椅　清　黎明　《法界源流图卷》局部

图中三位大师身下是三种不同形制的禅椅。

长，一尺三寸大。长短大小仿此。

注解

1 上屏：椅背中间的背板。

□ 镜架镜箱面架式 《新镌京板工师雕斫正式鲁班经匠家镜》万历本 插图

2 力手：扶手。

3 出笋：榫头伸出。笋，通"榫"，榫头。

4 枕头：椅背上部加宽加厚的横木，方便枕靠后脑，即搭脑。

5 盛脚盘子：搭放两脚的脚凳。

译文

禅椅高一尺六寸三分，深有两种，一种为一尺八寸二分深，一种为一尺九寸五分深。椅背背板高两尺，扶手长二尺二寸，柱子粗细一寸三分。背板上端宽七寸，下端宽七寸五分，榫头露出三寸接搭脑。前面脚踏凳高四寸三分，长一尺六寸，宽一尺三寸。尺寸长短大小都要仿照此式。

镜架势及镜箱式[1]

镜架及镜箱有大小者。大者一尺零五分深，阔九寸，高八寸零六分，上层下镜架二寸深，中层下抽箱[2]一寸二分，下层抽箱三尺[3]，盖一寸零五分，底四分厚。方圆雕车脚。内中下镜架七寸大，九寸高。若雕花者，雕双凤朝阳，中雕古钱，两边睡草花[4]，下佐[5]连花托[6]。此大小依此尺寸退墨，无误。

注解

1 镜架势及镜箱式：可供安放镜子的架台和箱柜。势，应为"式"，样式。
2 抽箱：抽屉。底本多作"抽相"，据咸同本改。下同。
3 三尺：应为"三寸"，否则与文内描述尺寸不能相应。
4 睡草花：或指垂草花，即下垂缠绕的花草纹饰。
5 佐：搭配。
6 连花托：即莲花托。

译文

镜架和镜箱的尺寸有大有小。大的进深一尺零五分，宽度为九寸，高度为八寸零六分。上层安装镜架，进深为两寸，中层安置抽屉，进深为一寸二分，下层抽屉进深则为三寸。盖子厚一寸零五分，底座厚四分。镜架四周做底座，

□ 银镜架

　　此镜架1964年出土于江苏苏州元代张士诚父母合葬墓，现藏苏州博物馆。此镜架形似交椅，雕灵芝纹与缠枝花草等纹样，通高32.8厘米，宽17.8厘米；使用时在桌面上将镜腿分开，再将镜子斜倚在靠板上。

□ 宝座式镂雕花鸟纹镜台

镜台，又名镜支，是梳妆用具。明代普遍使用铜镜，镜背有钮，拴绶带，挂在支架上方。此图为宝座式镜台，很像今天的梳妆台，台面除了摆放镜子，屉中还可存放更多梳妆用具。

中间安镜架，七寸宽、九寸高。如果雕花，则雕双凤朝阳纹，中间雕古钱，两边雕下垂缠绕的花草，下面配以莲花托。尺寸的变化按上述进行增减，就不会有差错。

雕花面架[1] 式

后两脚五尺三寸高，前四脚二尺零八分高。每落墨[2] 三寸七分大，方能役转[3]，雕刻花草。此用樟木或楠木[4]，中心四脚折进[5]，用阴阳笋[6]，共阔一尺五寸二分零。

注解

1 雕花面架：雕刻花纹的面盆架。

2 落墨：木工度量材料之尺寸。

3 役转：运转，一说弯折。又一说"役"为"後（后）"字之讹，即后转。

4 楠木：底本作"南木"，据咸同本改。

5 折进：折叠，将架台四柱折叠合并在一起。

6 阴阳笋：即阴阳榫。

译文

后面两腿高五尺三寸，前四腿高二尺零八分。下料时以三寸七分落墨，这样才有弯折的余地，便于雕刻花草。做这具面架要用樟木或者楠木，中心四脚折叠，要用阴阳榫结构，共一尺五寸二分宽。

桌[1]

高二尺五寸，长短阔狭看按面[2]而做，中分两孔。按面下抽箱[3]，或六寸深，或五寸深，或分三孔[4]，或两孔。下踏脚方与脚一同大，一寸四分厚，高五寸。其脚方圆[5]一寸六分大，起麻橱线[6]。

□ 灵芝卷草纹六足高面盆架　清

图中面盆架两根高柱间有四根横杆连接，每根下方都有花式牙条与立柱相连，可以同时搭放多张面巾等盥洗用具。最上方横杆出头，雕灵芝卷草纹，出头与立柱间设挂牙。

案桌式（此条目原在"折桌式"后，且内容与"桌"完全相同，所以整理在一起，不另出注解与译文）

高二尺五寸，长短阔狭看按面而做，中分两孔，按面下抽箱，或六寸深，或五寸深，或分三孔，或两孔，下踏脚方，与脚一同大，一寸四分

□ 案桌式　《新镌京板工师雕斫正式鲁班经匠家镜》万历本　插图

厚，高五寸。其脚方圆一寸六分大，起麻櫺线。

注解

1　桌：本篇疑为衍文，底本下文有《案桌式》，与本篇内容全同。底本
　　"桌"作"棹"，是"桌"的异体字，古代"桌"最早写为"卓"，后
　　来加"木"变为"棹"，发生构件移位又变为"桌"，黄朝英《靖康缃素
　　杂记·倚卓》："今人用'倚、卓'字多从'木'旁……盖人之所倚为
　　'倚'，卓之在前者为'卓'。"

2　按面：桌面。按，通"案"，桌子。

3　下抽箱：下侧抽屉。咸同本作"厚花箱"。

4　孔：这里指抽屉。

□ **红木镶瘿木面翘头案　宋**

　　此案通体红木，桌面光素，分段平镶三块瘿木，桌面两头翘起，腿间施落曲牙掌子，雕云纹。

□ **三弯腿炕桌**

　　炕桌为明代典型桌型之一，用于炕上，或席地而坐时。此桌为高束腰，牙板无雕刻。腿足束为三弯腿，工艺简单，给人以厚重沉稳之感。

　　5　方圆：桌脚的直径。底本"圆"多作"员"，今改。下同。

　　6　麻横线：一种线脚样式。

译文

　　桌子高二尺五寸，根据桌面确定桌子其他部位的长短宽窄的尺寸，从中间分两个抽屉。桌面下有抽屉，深或为六寸，或为五寸，有的桌子一面有三个抽屉，有的有两个抽屉。下侧脚踩的横梁与桌脚大小相同，厚一寸四分，高度为五寸。桌脚直径一寸六分，做麻横线式的线脚。

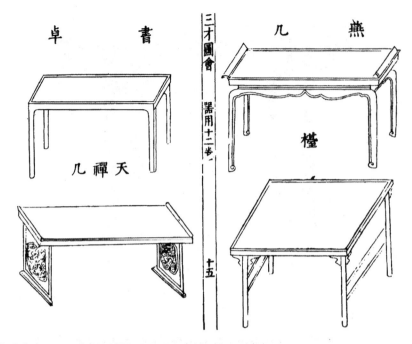

□ 各式桌案　明　《三才图会·器用类》插图

以上是各种桌、案、几、台的式样图。用于摆放物品的家具，差异并不特别大，通常认为，腿的位置顶住板面四角的为"桌"，腿部位置较板面向内缩进一部分的为"案"，人们也通常将"案"与"几"并称。宋代以后，桌逐渐趋于实用，上至达官贵人，下至平民百姓，家中都有桌。而案的陈设功能开始渐渐大于实用功能，画案、供案、书案、棋案等，都更重文化内涵而非纯粹的实用意义。

补述

文中"桌"与"案桌式"内容完全相同，都是指狭长形的桌子。"案"本为古代食器，《急就篇》注："无足曰盘，有足曰案，所以陈举食也。"战国、两汉时期案多以木制，其上饰纹饰，后来案逐渐发展为狭长的承具，如书案、平头案等，其作用已相当于桌。

古代桌子形制多样，日常生活中常见的还有炕桌，即在炕上用的桌子，多见于北方。因在炕上使用，故炕桌较一般桌类家具更为小巧方便，为矮脚桌。炕桌同样有多种样式，圆方不一，有无束腰皆可，也可雕刻花牙装饰，是兼具实用与装饰性的常见家具。

八仙桌[1]

高二尺五寸，长三尺三寸，大二尺四寸。脚一寸五分大。若下炉盆[2]，下层四寸七分高，中间方圆九寸八分，无误。勒水[3]三寸七分大。脚上方圆二分线[4]，桌框二寸四分大，一寸二分厚。时师依此式，大小必无一误。

□ 灵芝纹弯脚八仙桌　清

八仙桌是指桌面四边长度相等的桌子，在桌子四边，各安一张长凳，一张长凳可坐两人，共坐八人，故称"八仙桌"。现在可考的八仙桌至少在辽金时代就已出现，明清盛行。在清代，无论是达官显贵，还是寻常百姓，家家都可寻到八仙桌的影子，八仙桌甚至成为很多家庭中唯一的大型家具。

注解

1　八仙桌：可以围坐八人的方桌，因此得名。王世襄先生《〈鲁班经匠家镜〉家具条款初释》认为本篇数据存在疑问，似为普通长方桌，而不是明清时期的八仙桌。

2　炉盆：即炭火盆。

3　勒水：即"勒水花牙"。花牙，又称"牙条"，连接桌椅两腿的木条或木板，多刻有各种图案，起加固和装饰的作用。

4　方圆二分线：指桌脚做成内方外圆的形式。

译文

八仙桌高二尺五寸，长三尺三寸，宽二尺四寸。桌腿宽一寸五分。如果下面放火炉盆，那么下层木板离地高四寸七分，中间长九寸八分。勒水宽三寸七分。桌腿做成内方外圆的两种样式，桌框宽二寸四分，厚一寸二分。现在的匠师依照上述尺寸制作，不会有错。

□ 八仙桌　明　《笔花楼新声》插图

　　《笔花楼新声》又名《咏物新词图谱》，为散曲集，图中众人围坐在八仙桌旁，宴饮赏景，奏乐取乐。

小琴桌[1]

长二尺三寸，大一尺三寸，高二尺三寸。脚一寸八分大，下梢[2]一寸二分大，厚一寸一分。上下琴脚勒水二寸大，斜斗[3]六分。或大者放长尺寸，与一字桌同。

注解

1 小琴桌：桌面狭长略窄，下有束腰，可以放置古琴，故而得名。

2 下梢：向下由粗到细逐渐收缩。

3 斜斗：倾斜。插图中的琴桌带有束腰，腿部相对于束腰位置更外扩一些，因此要用牙板将两个部分连接起来，牙板便要有一定的倾斜角度。

译文

长二尺三寸，宽一尺三寸，高二尺三寸。桌腿宽一寸八分，向下收缩到宽一寸二分，厚一寸一分。上下琴脚勒水花牙宽两寸，向外倾斜六分。要做大可以放大尺寸，与一字桌一样。

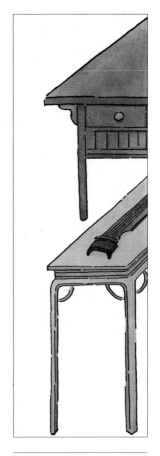

□ 小琴桌 《新镌京板工师雕斫正式鲁班经匠家镜》万历本 插图

□ 下卷式琴桌 清

琴桌为清代苏式家具中一种独特的长条形桌，可用来陈放古琴和古筝等。此桌桌面攒框装独板，两侧往下卷曲，雕灵芝纹，案面下为拱璧花牙，桌腿三分之一处和脚部内收。

□《听琴图》 明 杜堇
　　画中弹琴者为司马相如，屏风后侧立听琴
者是卓文君。司马身前琴桌并无束腰，琴前有
香炉和香插。

□ **棋桌　清**

棋桌多为方形，桌面刻棋盘。图示为红木棋桌，棋盘也是木制，桌侧雕倒吊蝙蝠纹饰，寓意福到。

棋盘方桌式

方圆二尺九寸三分。脚二尺五寸高，方圆一寸五分大。桌框一寸二分厚，二寸四分大。四齿吞头[1]四个，每个七寸长，一寸九分大。中截下绦环脚或人物，起麻横出色线[2]。

注解

1　四齿吞头：一种有装饰的四齿锁扣。一说为桌上的四个角牙。

2　麻横出色线：均为线脚样式，不详。底本无"横"字，据崇祯本补。

译文

长宽均为二尺九寸三分，桌腿高二尺五寸，一寸五分粗。大桌框厚一寸二分，宽二寸四分。四个四齿吞头，每个长七寸，宽一寸九分。中间装绦环板或雕人物图案，雕麻横线和出色线。

圆桌式

方三尺零八分，高二尺四寸五分，面厚一寸三分。串进[1]两半边做，每边桌脚四只，二只大，二只半边做，合进都一般大，每只一寸八分大，

□ **月牙桌　清晚期**

此月牙桌，即由两张半圆形的"月牙桌"整合而成。月牙桌用于拼合的两条桌腿显然比另两条窄，然一旦合并，与另两条同样粗细，其外形也一样。

一寸四分厚，四围三湾勒水[2]。余仿此。

注解

1 串进：组合。指将圆桌做成两个半圆形，可组合成一张圆桌。

2 三湾勒水：应指三弯牙条。三弯腿是传统家具造型的典型式样之一，呈S形弯曲，此处应指连接桌面与桌腿的牙条也做成这种"三弯"式样。

译文

桌面直径三尺零八分，高二尺四寸五分，厚一寸三分。桌面是用两个半圆面拼接而成的，每边有四只桌脚，两只桌脚大，另外两只做一半大，组合后所有桌脚大小都相同，每只宽一寸八分，厚一寸四分，四周做三弯牙条。其余都仿照这个。

一字桌式

高二尺五寸，长二尺六寸四分，阔一尺六寸。下梢一寸五分，方好合进[1]，做八仙桌。勒水花牙三寸五分大，桌头[2] 三寸五分长，框一寸九分大，一寸[3] 二分厚。框下关头[4] 八分大，五分厚。

注解

1 合进：组合成。

2 桌头：桌面边缘伸出桌腿的部分。

3 一寸：底本误作"乙寸"，据咸同本改。

4 关头：桌框下的长牙条，用于衔接桌面和桌腿的牙板外侧。

译文

一字桌高二尺五寸，长二尺六寸四分，宽一尺六寸。桌面下桌腿向内收一寸五分，这样才好拼接成一张八仙桌。牙板宽三寸五分，桌面长边伸出桌腿三寸五分，桌面窄边攒框宽一寸九分，厚一寸二分。桌面长边牙条外的关头宽八分，厚五分。

折桌式

框一寸三分厚，二寸二

□ 一字桌　明　《埋剑记》插图

图中桌子即为一字桌，这种一字桌造型简洁，没有束腰，桌面短边下有关头。

□ 一腿三牙罗锅枨条桌

条桌桌面较其他桌子的桌面更简洁。此桌无束腰，用"一腿三牙"，即一条桌腿与三块牙子相接。桌面下用罗锅枨，牙板位置较高。

分大。除框，脚高二尺三寸七分正，方圆一寸六分大，下要稍去些[1]。豹脚[2]五寸七分长，一寸一分厚，二寸三分大，雕双线，起双钩[3]。每脚上二笋斗[4]，豹脚上方稳，不会动[5]。

注解

1　稍去些：稍微细一些。

2　豹脚：一说"豹"通"抱"，即"抱脚"，形如手臂弯抱，本书炉座四条（圆炉、看炉、方炉、香炉），均用豹脚。豹脚（抱脚）可能为弯腿的统称，包括三弯腿或鼓腿。

3　雕双线，起双钩：豹脚线条的修饰手法。

4　二笋斗：笋，即"榫"。两个榫卯结构的组合。

5　豹脚上方稳，不会动：桌脚才能稳固，不会晃动。底本作"每脚上要二笋斗，豹脚上要二笋斗，豹脚上方稳不会动"，疑有衍文，据咸同本删改。

□ 搭脚仔凳　《新镌京板工师雕斫正式鲁班经匠家镜》万历本　插图

译文

外框厚一寸三分，宽二寸二分。不包括桌框厚度，桌脚高二尺三寸七分整，一寸六分粗，桌腿下部稍微细一些。豹脚长五寸七分，厚一寸一分，宽二寸三分，刻双线，起双勾。桌腿要两个榫头卯合，这样才稳固，不会晃动。

搭脚仔凳[1]

长二尺二寸，高五寸，大四寸五分。大脚[2]一寸二分大，一寸一分厚。面起剑脊线[3]，脚上岩竹圆[4]。

◎各式腿足形制

　　腿作为家具的"基础"，支撑着整个家具。明清时期，古典木制家具已经发展到实用与审美的巅峰，不同用途、不同高矮的家具，都出现了与之相配的腿足，尽管式样不同，但它们都在适应承重要求的同时强化了美感。

三弯腿

　　三弯腿呈S形，分高型和矮型，线条流畅圆润，且这种造型对床榻等重型家具的承重很有利。图中三弯腿下，还设有龟足，避免腿部直接触地以防潮。

鼓腿

　　鼓腿呈C形，整体向外膨出。这种腿形的腿足与束腰处连接的牙板也会随着腿足弧度向外膨出，故也称"膨牙鼓腿"，鼓腿和三弯腿一样，有良好的承重能力。

象鼻足

　　象鼻足形如象鼻，有内收和外翻两种，图中为内收的象鼻足。

方腿

　　方腿与圆腿都属于直腿。在无束腰的桌凳中使用方腿或圆腿，腿足一般不做雕饰，有的会在底部套铜足套，以保护腿足，避免磨损、受潮。

剑腿

　　剑腿是基丁常见腿足的一种花式腿形，形如宝剑，外形多变。

圆腿

　　圆腿有圆形断面和椭圆断面之分，与方形桌面组合，寓"天圆地方"之意。圆腿通常用在无束腰的家具上，采用"圆包圆"造法，即圆腿外由裹腿掌包裹，对工匠技艺要求较高。

壺门

□ **踏凳（一对）**

踏凳，又称"脚凳""脚踏"，是一种矮脚小凳，放在椅前或榻旁，以便搁脚或放鞋等。图中两凳，牙板做壶门形，凳面素雅，形制稳定。

注解

1　搭脚仔凳：放椅前搭脚的矮凳，也叫脚凳。

2　大脚：疑为"搭脚"。一说"大"字为衍文当删。

3　剑脊线：又称"剑脊棱"，一种中间高耸、两旁斜仄的线脚，形如宝剑两锋面中间的脊部，因此得名。底本"剑脊"多误作"釛春"，形近而讹，今改。

4　岩竹圆：竹节状的凸圆。底本"岩（巖）"误作"厅（廳）"，义不可通，"巖""廳"形近易讹，今改。下文《香炉样式》有"岩竹线"。

译文

长二尺二寸，高五寸，宽四寸五分。框内搭脚板宽一寸二分，厚一寸一分。凳面刻剑脊线，凳腿做竹节状花纹。

诸样垂鱼[1] 正式

凡作垂鱼者，用按营造之正式[2]。今人又叹作繁针[3]，如用此，又用做遮风及偃楄[4]者，方可使之。今之匠人又有不使垂鱼者，只使直板[5]，作如意头垂下者，亦好。如不使，则不妨不做如意[6]，只作雕云样者，亦好。皆在主人之所好也。

注解

1 垂鱼：也叫"悬鱼"，房屋外脊合角拼合处的木片，在博风板的人字上角，多为金鱼或云头状。《营造法式·小木作制度》："垂鱼惹草：造垂鱼惹草之制，或用华瓣，或用云头，造垂鱼长三尺至一丈，惹草长三尺至七尺，其广厚皆取每尺之长积而为法。垂鱼版每长一尺，则广六寸、厚二分五厘。惹草版每长一尺，则广七寸、厚同垂鱼。凡垂鱼施之于屋山风版合尖之下，惹草施之于博风版之下。槫之外每长二尺，则于后面施楅一枚。"

2 营造之正式：建筑营造的正规格式。或指残卷本《新编鲁般营造正式》。

3 繁针：繁复细密的针织，泛指繁难的工艺。

4 偃桷：覆盖并保护屋椽。

5 直板：即博风板，又称"博缝板""搏风板（版）""封山

□ 诸样垂鱼正式　《新镌京板工师雕斫正式鲁班经匠家镜》万历本　插图

板"，多用在悬山式建筑。这种建筑的屋顶两端延伸出山墙，出于防避风雪、遮挡檩头的需要，一般会在檩条顶端加板片。

6 头垂下者……不做如意：底本无此段，残卷本作"垂下者亦好，如不使则又不妨，如不做如"，文本错讹较多，今据《三台万用正宗·营宅门》引文补。

译文

凡是制作垂鱼，都要遵循建筑营造的正规格式。如今有人感叹制作过程十

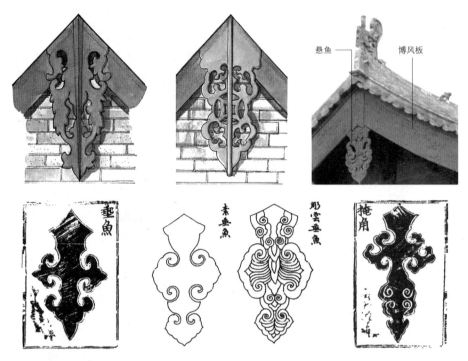

□ **垂鱼图示**

　　垂鱼，即悬鱼，传统建筑构件之一，多用木板雕成。悬鱼位于悬山或歇山屋顶两端的博风板下,垂于正脊，最初为鱼形，故名悬鱼。

　　分繁难，如果要使用这个结构，需要在遮风或覆盖屋椽的情况下才能使用。现在工匠也有不用垂鱼形状的，用直木板做成下垂的如意形状，效果也很好。如果不用垂鱼形状，不妨不做如意形状，只雕出祥云形状，效果也很不错。这些都需要遵循主人家的喜好。

补述

　　垂鱼兼具实用和装饰功能，可以盖住博风板合角处的缝隙，使其免受风雨的侵袭，还有加固稳定博风板、保护檩条的作用。部分建筑物的垂鱼安设在博风板之下，仅仅盖住屋檩，田艺蘅《留青日札》载："悬鱼，博风板合尖下所垂之物也。"后世的发展，使垂鱼的装饰意味越来越重，而实用功能则逐渐减弱。垂鱼的起源已经不可确考，但可大致推测其出现时间大约在北周至隋唐时期。这种装饰物做成鱼形称为"垂鱼"，可能

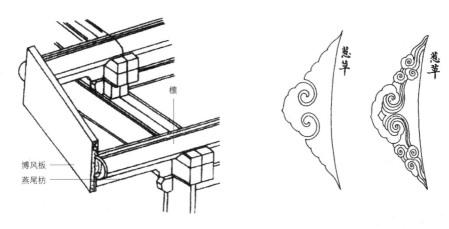

□ 博风板

宋时称"搏风板"，又称"搏缝板""封山板"，传统木结构建筑构件之一，通常用于歇山顶和悬山顶建筑。博风板固定在檩条顶端，人字正中作悬鱼，两旁作惹草（云状装饰物），以防风挡雪、装饰外墙。

□ 牛腿

牛腿，即"撑栱"，亦称"马腿""梁托"，是建筑混合结构中梁下的一块支撑物，有将梁支座的力分散传递的作用。左图中短枋下与柱子连接的结构即为牛腿。有的牛腿仅为一根短柱，有的则会雕刻各种纹样。

鲁班经

是与东汉悬鱼太守的典故有关。据《后汉书·羊续传》载，羊续任南阳太守时，府丞进献生鱼，羊续没有接受，而是将其悬挂在庭院中；后来府丞再次进献，羊续便将先前悬挂的生鱼展示给他看，以表明自己不接受任何贿赂。时人赞赏羊续廉洁节俭的美德，都把他称为"悬鱼太守"。

古代建筑房檐结构中还有牛腿。牛腿亦称"马腿"，是古建筑上檐柱与横梁之间的撑木，主要起支撑建筑外挑木、檐与檩之间承受力的作用，使外挑的屋檐达到遮风避雨的效果，并能将其重力传到檐柱，使其更加稳固。"牛腿"最初仅仅只是一根支撑斜木的木杆，至明朝初期，木杆上出现竹节、花鸟、松树之类的浅雕，到清代，"牛腿"逐渐演变成整块斜木雕刻，工艺也日趋繁琐，并逐步演化为传统民居中一种象征房主身份的标志性木雕构件。

驼峰[1] 正格

驼峰之格亦无正样[2]，或有雕云样，或有做毡笠[3]样，又有做虎爪如意[4]样，又有雕瑞草者，又有雕花头者，有做毡棒[5]格，又有三蚌[6]。或今之人多只爱使斗[7]，立叉童[8]，乃为时格[9]也。

注解

1 驼峰：梁架间配合斗拱承托梁栿的垫木，形如驼峰，因此得名。驼峰有全驼峰和半驼峰之分，全驼峰有鹰嘴、掐瓣、戾帽、卷云等款

□ 驼峰正格 《新镌京板工师雕斫正式鲁班经匠家镜》万历本 插图

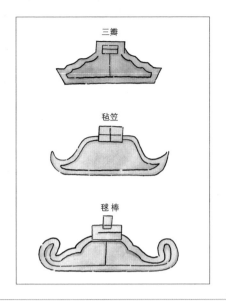
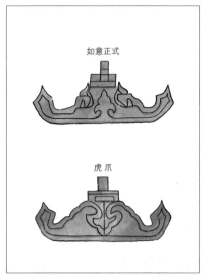

□ 三瓣、毡笠、毬棒、如意正式、虎爪 《鲁般营造正式》残卷本 插图

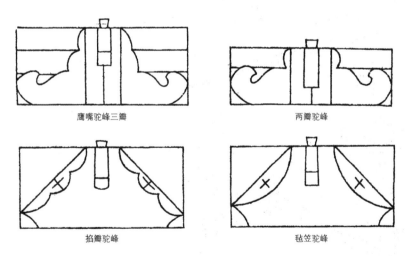

□ 《营造法式》中的驼峰样式
驼峰又有全驼峰、半驼峰两种形状。半驼峰极为少见，上四图均为全驼峰。

式。《营造法式·大木作制度》说："凡屋内彻上明造者，梁头相叠处，
须随举势高下用驼峰。其驼峰长加高一倍，厚一材。枓下两肩，或作入
瓣，或作出瓣，或圜讹两肩，两头卷尖梁头安替木处，并作隐枓，两头造
耍头或切几头，与令拱或襻间相交。"

2 正样：标准的式样。

3 毡笠：毛毡做的笠帽，四周有微翘的帽檐。

4 虎爪如意：虎爪形与如意祥云纹样的结合。

5 毬棒：古代球戏使用的长棒。毬，通"球"。底本"棒"作"捧"，据残卷本改。

6 三蚌：应为"三瓣"。宋《营造法式》中有此式样。

7 斗：斗形的木块，承托上方的梁和檩。

8 立叉童：用叉柱造承接（斗和）童柱，童柱下端分叉，柱根叉在斗上，《营造法式·大木作制度》："凡平坐铺作，若叉柱造，即每角用栌科一枚，其柱根叉于栌科之上。"叉，底本作"又"，今改。

9 时格：一时流行的式样。

译文

　　驼峰的样式并不固定，有做成云朵形状的，有做成毡笠形状的，还有做成虎爪如意形状的，有雕刻瑞草纹的，有雕刻花头纹的，还有做成团花簇锦的，更有做成三瓣的。现在有人只爱用叉柱造承接斗和童柱，是当下风行的式样。

□ 风箱样式　《新镌京板工师雕斫正式鲁班经匠家镜》万历本　插图

风箱[1] 样式

　　长三尺，高一尺一寸，阔八寸。板片八分厚，内开风板六寸四分大，九寸四分长。抽风横仔八分大、四分厚，扯手[2] 七寸四分长，抽风横仔八分大、四分厚，扯

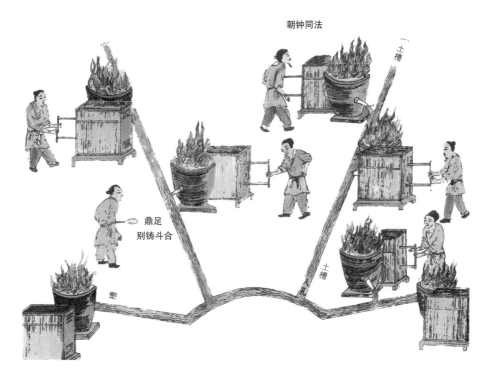

□ 铸鼎　明　宋应星　《天工开物》插图

　　图为工匠铸鼎时的工序图，匠人都在拉动风箱，以使火力更猛，从而提高炉内温度。

手七寸长³，方圆一寸大。出风眼要取方圆一寸八分大，平中为主⁴。两头吸风眼，每头一个，阔一寸八分，长二寸二分。四边板片都用上行做准。

注解

　1　风箱：又称"橐龠"，古代的推拉式鼓风设备，由木制推拉把手和活动木箱构成。把手拉动，空气从进气口吸入风箱皮囊，再往里推，使空气挤压进入炉中。

　2　扯手：即手握的手柄、把手，用于拉动鼓风板。

　3　抽风横仔八分大、四分厚，扯手七寸长：疑为衍文，或为两种尺寸款式。

　4　平中为主：要在正中。

译文

　　风箱长三尺，高一尺一寸，宽八寸。风板厚八分，宽六寸四分，高九寸四分。抽风的木箱外框八分宽，四分厚。把手长七寸四分，方圆一寸大。出风口方圆一寸八分大，要做在正中。两端各一个进风口，宽一寸八分，长二寸二分。四边的木板都以上述数据为标准来做。

衣架雕花式

　　雕花者五尺高，三尺七寸阔。上搭头[1]每边长四寸四分，中绦环三片，桨腿[2]二尺二寸五分大，下脚[3]一尺五寸三分高。柱框[4]一寸四分大，一寸二分厚。

注解

　　1 搭头：衣架上用于悬挂衣服的横木伸出竖柱外侧的部分。

　　□ 龙纹衣架（左）与攒花龙首衣架（右）　清

　　明清时期，家具发展至成熟阶段，纹饰更加繁复华丽，结构也更为合理实用。图为两种不同式样的衣架，横杆悬搭衣物，这种悬挂衣物的架子叫"桁"，又叫"木施"，衣架横杆两头翘起，雕龙头、凤头、祥云等图案。王世襄在《明清家具研究》一书中说："衣架是用来搭衣服的，不是用来挂衣服的，故一律无挂钩装置"。左图龙纹衣架与《鲁班经》所述雕花衣架一样，都有三块绦环板。

2　桨腿：衣架立柱两侧，位于下脚上面的对称牙子，起稳固作用。

3　下脚：衣架竖柱与地面相接，为了使衣架直立稳固，竖柱底部会设置两根横脚，与桨腿一起起稳定支撑作用。

4　柱框：衣架两侧起支撑作用的边框，功能类似柱子，但是扁平木条。

译文

　　雕花衣架高五尺，宽三尺七寸。上面搭头每边长四寸四分，中间安三片绦环板，桨腿宽二尺二寸五分，下脚长一尺五寸三分。柱框一寸四分宽，一寸二分厚。

□ **素衣架　明　《博笑记》插图**
　　图中男主人身后有一具素衣架。衣架造型简朴，仅横杆两头有装饰。

素衣架¹式

　　高四尺零一寸，大三尺。下脚一尺二寸长，四寸四分大。柱子一寸二分大，厚一寸。上搭脑出头二寸七分，中下光框²一根，下二根。窗齿每成双，做一尺三分高；每眼齿仔八分厚，八分大。

注解

1　素衣架：没有花纹的衣架。

2　光框：与立柱构成框架结构的横木。

译文

素衣架高四尺一寸，宽三尺。下脚长一尺二寸，宽四寸四分。小柱宽一寸二分，厚一寸。搭脑伸出竖柱二寸七分，中间安一根没有纹饰的横条，下面安成对的窗齿样细木条，做一尺三分高；每眼窗齿厚八分，宽八分。

□ **面架　清**

有三足、四足、五足和六足等不同形制，分高、矮两种，高面盆架多为六足，往往可以折叠。按照足的类型，又可分为直足和弯足。图为清代黄花梨螭龙纹高面盆架，直径44.5cm，高169cm，直足。

面架式

前两柱一尺九寸高，外头二寸三分。后二脚四尺八寸九分，方圆一寸一分大。或三脚者[1]，内要交象眼[2]，斗笋[3]画进一寸零四分，斜六分，无误。

注解

1 三脚者：三条腿的面盆架。

2 交象眼：三根掌子相接成三角形，以便承托脸盆，形如象眼，因此得名。

3 斗笋：拼合榫卯结构。万历本作"除笋"，据咸同本改。笋，通"榫"。

译文

前面两根柱子高一尺九寸，柱头向外倾斜二寸三分。后两根脚柱高四尺八寸九分，方圆一寸一分。又有三脚的，柱内以三根掌子连接为似象眼的三角形，拼合外出榫一寸零四分，斜六分，就不会有差错。

鼓架¹式

二尺二寸七分高，四脚方圆一寸二分大，上雕净瓶头²，三寸五分高，上层穿枋仔³四八根，下层八根，上层雕花板，下层下绦环。或做八方者⁴，柱子横槅仔⁵尺寸一样，但画眼上每边要斜三分半，笋⁶是正的。此尺寸不可走分毫。谨此。

注解

1 鼓架：这种鼓架高度较低，四根支柱撑起，在中上处安支架，使用时将鼓平放于鼓架之上，鼓手用鼓槌由上至下敲击。还有一种鼓架较高，鼓竖放，鼓手双手举起前后挥动手臂敲击鼓面。

2 净瓶头：净瓶式样的柱头。

3 枋仔：横木。

4 八方者：八角形的鼓架，需用八根立柱。

5 横槅仔：即枋子，横向连接的木条。

6 笋：榫。

□ 鼓架式 《新镌京板工师雕斫正式鲁班经匠家镜》万历本 插图

译文

鼓架高二尺二寸七分，四根立柱方圆一寸二分，柱头雕为净瓶式样，高三寸五分；鼓架上层用四根或八根枋条穿接，下层八根，上层枋子装雕花木板，下层装绦环板。也有做成八边的，其中柱子与横向枋条尺寸与前一样，只是榫

□ **鼓架　清**

　　此鼓架四柱，形似"S"，可合叠，上端二横枨，一端以榫卯结构与方柱衔接，另一端以活动销扣相连。

卯拼接处要斜上三分半，榫才是正的。这个尺寸不能有分毫出入，谨记。

铜鼓架[1]式

　　高三尺七寸，上搭脑[2]雕衣架头花[3]，方圆一寸五分大，两边柱子俱一般。起棋盘线，中间穿枋仔，要三尺高。铜鼓挂起便手好打。下脚雕屏风脚样式，桨腿一尺八寸高，三寸三分大。

注解

1　铜鼓架：悬挂铜鼓的架子。这种鼓架较低，形如门框，上挂铜鼓，使用时鼓手双手垂下前后挥动敲击鼓面。

2　搭脑：衣架等家具最上端的横枋。

3　头花：即雕刻纹饰的柱头。

译文

　　铜鼓架高三尺七寸，最上端横梁雕与衣架一样的花头，方圆一寸五分，两边柱子也一样。上起棋盘线，中间穿枋条离地三尺高，悬挂铜鼓才好打。下脚雕屏风腿的式样，桨腿高一尺八寸，宽三寸三分。

◎ 各式鼓架

　　鼓在远古被奉为通天神器，用于祭祀，也用于征战，同时也是报时、报警的工具。《太平御览》卷五八二《帝王世纪》中，便有"黄帝杀夔，以其皮为鼓，声闻五百"的记载，足见鼓的使用由来已久。从周代开始，鼓被人们当作乐器，周代有八音，鼓为群音之首。随着社会的发展，鼓的应用范围更为广泛，也更加走进大众生活，鼓的种类也越发多样。承托鼓的鼓架也根据鼓式的不同，发展出了更多样式。

圆形鼓架　南唐　顾闳中
《韩熙载夜宴图》局部

　　图中为圆形鼓架，鼓架如同一个圆盆，上部有雕花板，中有束腰。

小型鼓架　明　李世达　《元日新年图》局部

　　图中左下角，左右各两根细柱交叉成简单的鼓架，这种鼓架只适用于小型鼓。

方框形鼓架　明　钱贡　《太平春色》局部

　　图中墙角处，几个孩子围着一个小鼓，承托鼓的是方框形鼓架，没有任何雕饰。

三柱鼓架　南宋　杂剧　《打花鼓》图

　　图中右侧为三根柱子组成的鼓架，形制简洁，但结构稳固。

莲花祥云鼓架　南唐　周文矩　《合乐图》局部

　　图中右侧一宫廷乐伎正在击鼓，承托鼓的是由一根立柱支撑的鼓架，立柱下有底座，底座形如莲花，立柱上方鼓托处雕云纹，如祥云托住大鼓。

□ 六柱鼓架　明　《千金记》插图

图中为六柱鼓架，上下各有六根短枋连起立柱，结构明快简单。

花架式

　　大者六脚，或四脚，或二脚。六脚大者，中下骑相[1]一尺七寸高，两边四尺高，中高六尺，下枋二根，每根三寸大，直枋二根，三寸大[2]，五尺阔，七尺长。上盛花盆板一寸五分厚，八寸大。此亦看人家天井大小而做，只依此尺寸退墨有准。

注解

1　骑相：即骑箱，位置较低，其上摆放花盆。

2　直枋二根，三寸大：底本此句重复两次，疑为衍文，今删。

译文

　　大的花架有六条脚，也有四脚和二脚的。大型六腿花架，骑箱高一尺七

□ 小型花架　明　陈洪绶　《西厢记真本》插图

　　图中为小型花架，在室内，不在天井，其式样也与《鲁班经》所述式样不同。

寸，两边高四尺，中间高六尺。下面有两根木枋，每根三寸宽，直木枋两根，三寸高，五寸宽，七尺长。上部放花盆的木板厚一寸五分，八寸宽。这种花架要看主人家天井的大小，完全按照上述尺寸增减就可以了。

凉伞[1]架式

　　三尺三寸高，二尺四寸长。中间下伞柱仔[2]，二尺三寸高，带琴脚[3]在内算。中柱仔[4]二寸二分大，一寸六分厚，上除三寸三分，做净平头[5]。中心下伞梁，一寸三分厚，二寸二分大，下托伞柄亦然而是。两边柱子方圆一寸四分大，窗齿八分大，六分厚。琴脚五寸大，一寸六分厚，一尺五寸长。

◎各式花架

花草是古人装点居住环境的重要装饰物，承托花盆的花架也有各种式样，本身也是一种装饰物件。花架又叫花几，自宋元时期花几的制作数量开始增多。花架分室内室外两种，室内花架通常比桌案要高，但也是从明代开始，花架开始出现渐趋细高的形制，清中期以后，这种细高造型的花架十分流行。

矮老

牚

□ 雕竹节花架（一对）

图中花架通体黄花梨制成，攒边装面心，牚上施双矮老，底部设置托泥，为典型的苏作清式家具，通体仿竹节纹饰。

□ 枋根藤花架　清

此花架底部采用镂空雕技法，雕琢出根藤缠绕的形状。

□ 苏作高低花架　清

此花架四腿，形似三具花架拼接在一起，中间高两边低。通体做竹节纹饰，架面与立柱间施竹叶纹花牙。

□ 花篮形苏作花架　明

此花架整体造型为花篮，整体上疏下密，十字底座，牚上施圈，为典型苏作明式家具。

□ 凉伞架式（右上角为凉伞架） 《新镌京板工师雕斫正式鲁班经匠家镜》万历本 插图

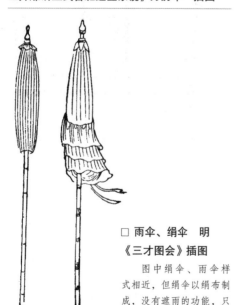

□ 雨伞、绢伞 明
《三才图会》插图
　图中绢伞、雨伞样式相近，但绢伞以绢布制成，没有遮雨的功能，只作凉伞用。

雨伞　　　绢伞

注解

1 凉伞：一种遮阳伞，通常有一定地位的官员或贵族才使用。

2 伞柱仔：放伞柄的横枋。中间下伞柱仔意为中间向下放置伞柄。

3 琴脚：柱子下端的横木。

4 中柱仔：伞架两侧柱子，但不知"中"何义。

5 净平头：即净瓶头。

译文

　　凉伞架高三尺三寸，长二尺四寸。中间放伞柄的横枋，算上琴脚，高二尺三寸。中柱宽二寸二分，厚一寸六分，中柱上端留出三寸三分，做净瓶头。放伞的梁，厚一寸三分，宽二寸二分，下面承托伞柄的梁尺寸相同。两边柱子大小为一寸四分，窗齿宽八分，厚六分。琴脚宽五寸，厚一寸六分，长一尺五寸。

校椅[1] 式

　　做椅先看好光梗木头及节，次用解开，要干枋才下手做。其柱子一寸大，前脚二尺一寸高，后脚二尺[2]九寸三分高。盘子[3]深一

□ 油伞　清　冷枚　《雪艳图》

　　画中女子雪地赏花，两位侍女随侍左右，手撑油伞。

雪艳圖

　金簡畫史冷枚

□ 校椅式　《新镌京板工师雕斫正式鲁班经匠家镜》万历本　插图

尺二寸六分，阔一尺六寸七分，厚一寸一分。屏上五寸大，下六寸大。前花牙一寸五分大，四分厚。大小长短依此格。

注解

1　校椅：即"交椅"，又称"胡床""交床"，可以折叠，非常轻便，两根椅腿互相交叉，因此得名。程大昌《演繁露·交床》："今之交床，制本自虏来，始名胡床……隋以谶有胡，改名交床。"胡三省《资治通鉴注》："交床以木交午为足。足前后皆施横木而平其底，使之错地而安。足之上端其前后亦施横木而平其上，横木列窍以穿绳条，使之可坐。足交午处复为圆穿，贯之以铁，敛之可挟，放之可坐。以其足交，故曰交床。"

2　二尺：底本作"式尺"，"式"应为"贰"形讹，据咸同本改。后多有底本误作"式"处，均据改。

3　盘子：即椅子的座面。

译文

制作交椅，先要选用光滑的木头，看好它没有枝节，再解开晾干，才可以下手制作。交椅的柱子宽一寸，前脚高二尺一寸，后脚高二尺九寸三分。坐面进深一尺二寸六分，宽一尺六寸七分，厚一寸一分。背板上面宽五寸，下面宽六寸。前面脚踏上的花牙宽一寸五分，厚四分。交椅的尺寸大小，要按这个标准。

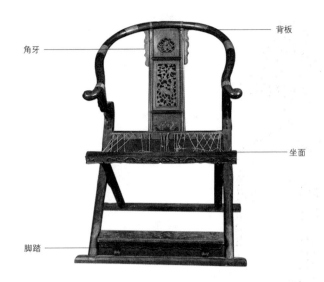

背板

角牙

坐面

脚踏

□ 黄花梨麒麟纹交椅

图中为圈椅式交椅，扶手五接，以黄铜饰件加固，背板上端两侧带卷云窄角牙，中间雕麒麟图案，底部有脚踏。明清交椅椅面多为藤编，柔软贴合、冬暖夏凉，因此也容易损坏。

□ 清　郎世宁、丁观鹏等　《乾隆帝岁朝行乐图轴》局部

图中右侧，坐在交椅上的是乾隆皇帝。

板凳式

每做一尺六寸高，一寸三分厚，长三尺八寸五分。凳头[1]三寸八分半长。脚一寸四分大，一寸二分厚，花牙勒水[2]三寸七分大。或看凳面长短及粗，凳尺寸一同，余仿此。

注解

1 凳头：凳面边缘伸出凳腿的部分。底本"头（頭）"作"要"，据万历本改。

2 花牙勒水：这里指凳腿与凳面相接处起固定、美化作用的牙条。

□ 板凳式 《新镌京板工师雕斫正式鲁班经匠家镜》万历本 插图

译文

板凳做一尺六寸高，凳面厚一寸三分，长三尺八寸五分。凳头起出凳腿三寸八分半。凳腿宽一寸四分，厚一寸二分，勒水花牙宽三寸七分。可根据凳面长短宽窄，确定凳子其他部位的尺寸，其余都仿照这个式样。

□ 各式凳杌

图为明代《三才图会》中的各种杌子和凳子。

木杌　　　　　　　竹杌　　　　　　　　　　　　凳

束腰

□ **束腰方凳　明**

　　此凳高束腰；腿股、脚内收呈马蹄形；攒牙中凸，形如展翅。

横枨

□ **小板凳**

　　此凳无雕饰，藤编坐面，腿下端安横枨，便于屈膝放足。

琴凳式

　　大者看厅堂阔狭浅深而做。大者高一尺七寸，面三寸五分厚，或三寸厚，即敷坐[1]不得。长一丈三尺三分，凳面一尺三寸三分大，脚七寸分大[2]，雕卷草双钩[3]，花牙四寸五分半，凳头一尺三寸一分长。或脚下做贴仔[4]，只可一寸三分厚，要除矮脚一寸三分才相称。或做靠背凳，尺寸一同。但靠背只高一尺四寸则止，横仔[5]做一寸二分大，一尺五分厚，或起棋盘线，或起剑脊线，雕花亦而之。不下花者同样。余长短宽阔在此尺寸上

□ **造凳样式　《新镌京板工师雕斫正式鲁班经匠家镜》万历本　插图**

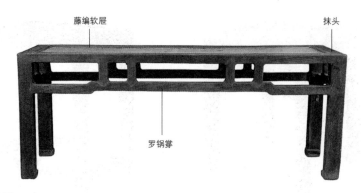

藤编软屉　　　　　　　　　　　　抹头

罗锅枨

□ **席面春凳**

　　春凳，可供两人坐用，在明朝时多为女子闺房中用，比条凳更宽，但长度更短，其长宽比例约为2：1。女子出嫁时，陪嫁被褥等置于春凳上，贴喜花，由人抬着进至夫家，所以古时春凳也为嫁妆家具。

分，准此。

注解

1　敷坐：铺设坐具以便落座，多见于佛经。《中阿含经》："往诣娑罗逻岩山中比丘众前，敷坐而坐。"底本"敷"误作"軗"，为"尃"俗写作"車"而讹，《龙龛手鉴》"敷"即俗作"軗"，今据改。

2　脚七寸分大：原文有缺漏，但确切数据已不可考。据江牧《鲁班经图说》，如果是直径"七寸"则过于粗大，近似房屋柱子尺寸，如果是"七分"则过于细小，不符合承重需要，因此此处或为"一寸七分大"。

3　卷草双钩：有两个弯钩的卷草图纹。底本"钩"作"钓"，据咸同本改。

4　贴仔：这里指凳腿下起稳固作用的屈膝放足的横木，也叫"托泥"。

5　横仔：连接凳腿的横木。底本"横"作"横"，据万历本改。

译文

　　大的琴凳要根据厅堂室内的大小而做。大琴凳高一尺七寸，凳面厚三寸五分，或者三寸，但不能铺设坐具。长一丈三尺三分，凳面宽一尺三寸三分，凳腿宽一寸七分，雕卷草双勾花纹，花牙长四寸五分半，凳头长一尺三寸一分。也可以在脚下作托泥，但只能做一寸三分厚，这样的话要使凳腿缩短一寸三分才相称。也可以把琴凳做成有靠背的，凳的尺寸不变，但靠背高只能做一尺四

◎家具构件

　　古典家具每一细微之处都凝结了匠师智慧，各部分结构都既发挥承重作用，又具有装饰性，每一构件都有其专门称呼。

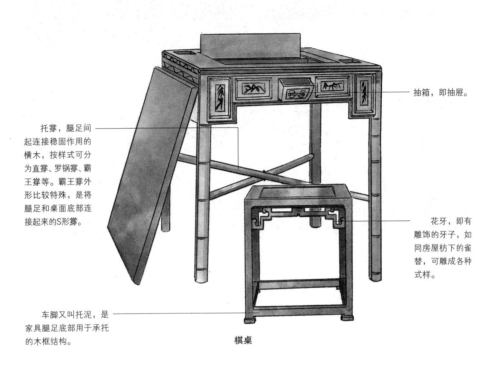

托萝，腿足间起连接稳固作用的横木，按样式可分为直萝、罗锅萝、霸王萝等。霸王萝外形比较特殊，是将腿足和桌面底部连接起来的S形萝。

抽箱，即抽屉。

花牙，即有雕饰的牙子，如同房屋枋下的雀替，可雕成各种式样。

车脚又叫托泥，是家具腿足底部用于承托的木框结构。

棋桌

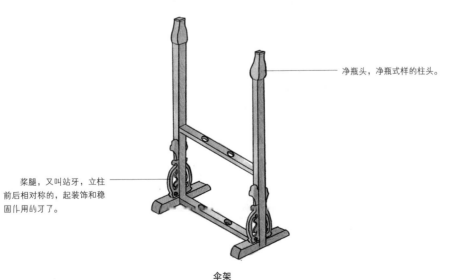

净瓶头，净瓶式样的柱头。

桨腿，又叫站牙，立柱前后相对称的，起装饰和稳固作用的牙子了。

伞架

□ 带背琴凳　明　仇英　《清明上河图》局部

　　道地药材铺檐下，临街面所放的即带背琴凳，估计其长度近一丈，坐面宽近二尺，坐高一尺左右。

寸，靠背横木也只做一寸二分宽、一尺五分厚，可以起棋盘线，也可以是剑脊线，雕花也可以。不雕花的尺寸也相同。其余长短宽窄都在以上尺寸中裁定。

杌子[1]式

　　面一尺二寸长，阔九寸或八寸，高一尺六寸。头空一寸零六分画眼[2]。脚方圆一寸四分大，面上眼斜六分半[3]。下横仔[4]一寸一分厚，起剑脊线。花牙[5]三寸五分。

注解

1　杌(wù)子：一种方形、没有靠背的小板凳。
2　画眼：画榫头开挖的位置。

□ 交机

机，即凳子，为无椅背的坐具，宋代时逐渐发展成为正式的坐具。其具体命名依据形状而定，有"圆机""方机""交机"和长条形的"牌机"等。交机即现在仍在使用的马扎，由古代胡床（校椅）发展而来，其最大特点为可以折叠，体型较小。

3 面上眼斜六分半：平面上的榫眼倾斜六分半。因为机凳四腿向外略微倾斜，所以榫眼也得倾斜。

4 横仔：即掌子，连接凳腿的横木。

5 花牙：有雕饰的牙子。

译文

凳面长一尺二寸，宽九寸或者八寸，高一尺六寸。在距离凳头一寸零六分处做榫眼。凳腿宽一寸四分，凳面榫眼倾斜六分半。下部连接的掌子厚一寸一分，起剑脊线。掌子与凳腿交接处花牙长三寸五分。

大方杠箱¹样式

柱高二尺八寸，四层。下一层高八寸，二层高五寸，三层高三寸七分，四层高三寸三分。盖

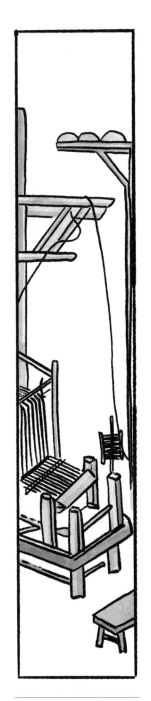

□ 机子式 《新镌京板工师雕斫正式鲁班经匠家镜》万历本 插图

抬杠

提梁

将军柱

虎爪双钩

□ 扛箱　明　《诗赋盟传奇》插图

　　图中箱子与《鲁班经》中的描述几乎一致，箱置于箱架中，箱子两侧有立柱固定箱体，立柱底部设有桨腿加固。

高二寸，空一寸五分。梁一寸五分，上净瓶头，共五寸。方层板片四分半厚，内子口三分厚，八分大。两根将军柱²，一寸五分大，一寸二分厚。桨腿³四只，每只一尺九寸五分高，四寸大。每层二尺六寸五分长，一尺六寸阔，下车脚二寸二分大，一寸二分厚，合角斗进⁴，雕虎爪双钩⁵。

注解

1　大方扛箱：容纳酒食或礼品的木箱，穿杠后可由两人扛送。

2　将军柱：扛箱子架子的立柱，位于箱子两侧，既上接提梁，也固定箱子。

3　桨腿：对称安装在立柱两侧，与底座相连，既稳固立柱，也装饰箱体。

4　合角斗进：王世襄在《明式家具研究》中认为，这是指"车脚以45°角榫卯结构的造法"。

5　虎爪双钩：有两个弯钩的虎爪图纹。底本"钩"误作"的"，据万历本改。

译文

大方扛箱两边立柱高二尺八寸，共四层。最下面一层高八寸，第二层高五寸，第三层高三寸七分，第四层高三寸三分。箱盖厚二寸，盖与提梁间空一寸五分。提梁高一寸五分，上部净瓶状柱头高五寸。各层板片厚四分半，每层箱子口沿三分厚、八分高。两根中柱宽一寸五分，厚一寸二分，柱底底座上安两两对称的桨腿，每只高一尺九寸五分，四寸宽。每层长二尺六寸五分，宽一尺六寸，底座二寸二分宽，一寸二分厚，用45°榫卯结构对接，拼接处雕虎爪双钩图纹。

食格¹ 样式

柱二根，高二尺二寸三分，带净瓶头²在内一寸一分大，八分厚。梁八分³厚，二寸九分大，长一尺六寸一分，阔九寸六分。下层五寸四分高，二层三寸五分高，三层三寸四分高，盖三寸高，板片三分半厚。里子口八分大，三分厚。车脚二寸大，八分厚。桨腿一尺五寸三分高，三寸二分大。余大小依此退墨做。

提梁
立柱
盖板
站牙
底座

□ 食格　明　《西厢记》插图

　　图中小厮所挑为提盒和温酒炉。提盒分多层，绳子穿过提梁上的钩子，再吊在扁担一头，右头是一坛酒，放在一个炉子之上。此即古代大户人家出游的场景。

注解

1　食格：盛装食物的大型提箱，箱内可分为数格，也叫"提盒"或"食盒"。

2　净瓶头：净瓶样柱头，木柱雕刻样式之一。净瓶，又称"玉净瓶"，佛教中菩萨的盛水法器，《释氏要览》："此云瓶，常贮水随身，用以净手。"底本"瓶"误作"平"，音近而讹，今改。

3　八分：底本"八"误作"尺"，义不可通，今改。

译文

　　食格有立柱两根，高二尺二寸三分，含净瓶头在内，宽一寸一分、厚八分。提梁厚八分，二寸九分大，长一尺六寸一分，宽九寸六分。由下到上，第一层高五寸四分，第二层高三寸五分，第三层高三寸四分，盖板高三寸，板片厚三分半。里子口沿高八分，厚三分。底座宽二寸，厚八分。桨腿高一尺五寸三分，三寸二分宽。其他尺寸的食格，都按照上述比例增减尺寸。

◎ 提盒

一种分多层，又有提梁的长方盒，多用于饭馆、糕点铺运送食物，古代郊游时官宦人家及文人雅士也常用，内装点心、茶酒等，也有与提炉携用，盛野炊食品。

提梁
盖板
立柱
分格
站牙
底座

□ 紫檀描金食盒　清

此食盒由七套盒、一盖、一格组成。食盒下有底座，两侧立柱固定食盒，又与提梁相接，立柱与底座间有站牙加固。盒体用描金勾勒纹饰，兼具实用性与观赏性，这种式样的提盒在清代十分流行。

式圓爐提　　　　　　式圓合提遊山

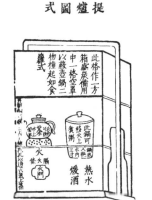

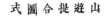

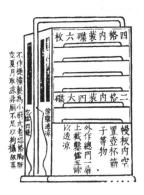

□ 提炉与提盒式样

图为《三才图会》中的提炉和提盒，提炉不仅可盛放食物，底部还设有炭格，以保温暖酒；提盒内分多格，上面矮格装菜碟，下面稍高一点的分格可放置酒壶、酒杯等。

□ 衣橱样式 《新镌京板工师雕斫正式鲁班经匠家镜》万历本 插图

衣厨[1] 样式

高五尺零五分，深一尺六寸五分，阔四尺四寸，平分为两柱，每柱一寸六分大，一寸四分厚。下衣横一寸四分大，一寸三分厚。上岭[2]一寸四分大，一寸二分厚。门框每根一寸四分大，一寸一分厚，其厨上梢[3]一寸二分。

注解

1 衣厨：盛放衣物的柜子。厨，应为橱。

2 上岭：衣橱顶部的顶檐。

3 上梢：指衣橱侧角要由下至上逐渐收缩。

译文

衣橱高五尺五分，橱内深度一尺六寸五分，宽四尺四寸，两边各用两根支柱，每根柱子柱宽一寸六分，厚一寸四分。连接柱子、固定柜板的横木一寸四分宽，一寸三分厚。橱顶顶檐宽一寸四分，厚一寸三分。各根门框宽一寸四分，厚一寸一分，衣橱柜侧脚由下而上逐渐内收为一寸二分。

衣箱式

长一尺九寸二分，大一尺六分，高一尺三寸。板片只用四分厚，上层盖一寸九分高。子口[1]出五分。或下车脚，一寸三分大，五分厚；车脚只是三湾[2]。

注解

1 子口：同前文"内子口"，为箱子的口沿，可以使箱盖盖拢时合紧。

2 只是三湾：做有三道弯折的曲线。湾，为"弯"。

译文

衣箱长一尺九寸二分，宽一尺六分，高一尺三寸。板片只用四分，上层盖板高一寸九分。箱子口沿高出箱口五分。可以安底座，一寸三分宽，五分厚；底座做成三弯。

□ 衣箱式 《新镌京板工师雕斫正式鲁班经匠家镜》万历本 插图

□ 云龙纹官皮箱

官皮箱，小型箱柜，置案桌上，是明清最常见的小件家具。箱顶有盖，盖下有盛盘；箱身分为三层，每层有抽屉。

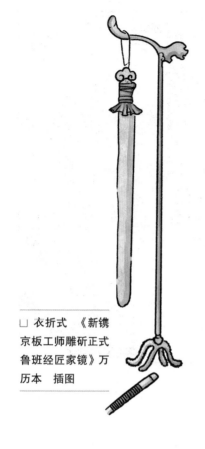

□ 衣折式　《新镌
京板工师雕斫正式
鲁班经匠家镜》万
历本　插图

衣折¹式

　　大者三尺九寸长，一寸四分大；内柄²五寸，厚六分。小者二尺六寸长，一寸四分大，柄三寸八分，厚五分。此作如剑样。

注解

1　衣折：折叠衣物的辅助工具。

2　内柄：即手柄。

译文

　　大的长三尺九寸，一寸四分宽；手柄长五寸，厚六分。小的长二尺六寸，一寸四分宽，手柄长三寸八分，厚五分。这种衣折的形状制作得像一把宝剑。

药厨¹

　　高五尺，大一尺七寸，长六尺。中分两眼²。每层五寸，分作七层，每层抽箱两个。门共四片，每边两片。脚方圆一寸五分大。门框一寸六分大，一寸一分厚。抽箱板³四分厚。

注解

1　药厨：存放中药的橱柜，有许多整齐排列的小抽屉，以便装入各种药材。

2　两眼：两个部分。底本"眼"误作"根"，据万历本改。

3　抽箱板：底本作"抽相板"，据咸同本改。后文多有"箱"误作"相"处，均据改。

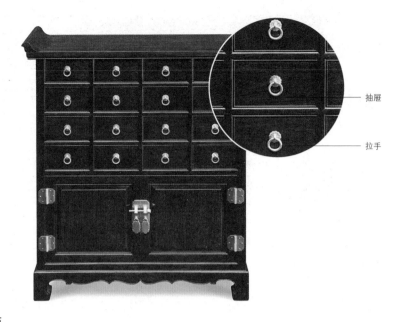

抽屉

拉手

□ 十六斗药柜

　　药橱即为储存药物的柜子。图中药柜由若干格子组合而成，每格置抽屉，抽屉上装铜拉手，无多余装饰，自古便为药房药柜最普遍的样式，通常每个抽屉前会贴有写了格中药物名字的纸片，便于抓取，至今这种样式的药柜仍常见于各个中医药房。

合格证
检验员：03

　　五尺，厚一尺七寸，宽六尺。橱柜分左右两边。每层高五寸，共七层，做两个抽屉；抽屉门共四片，每边抽屉前后各一片。橱腿宽和厚都一寸五分。门框宽一寸六分，厚一寸一分。抽屉板四分厚。

药箱

　　二尺高，一尺七寸大，深九寸[1]。中分三层，内下[2]抽箱只做二寸高，内中[3]方圆交做四孔[4]，如田字格样，好下药。此是杉木板片合进，切忌杂木。

注解

　　1　深九寸：底本脱"寸"字，今据补。

□ 药箱　明　仇英　《清明上河图》局部

　　图中药箱比《鲁班经》所述的规格更大，式样似乎也有所不同，其屉内也有分格，但不是"田字格"。

2　内下：箱体内部的底层。

3　内中：箱体内部。

4　交做四孔：交叉作出四个孔洞，对应下文"田字格"。底本误作"交佐巳孔"，"四""巳"音近而讹，今改。咸同本"四孔"作"几孔"，亦可通。

译文

　　药箱高二尺，宽一尺七寸，深九寸。中间分三层，内部底层抽屉只做二寸高，屉内交叉做成四个方格，如同"田"字，好放药材。要用纯杉木组装，切忌用杂木。

柜式

　　大柜，上框者二尺五寸高[1]，长六尺六寸四分，阔三尺三寸。下脚高

□ **雕云龙纹顶箱柜、方角四件柜（一对）**

　　橱与柜都是储物用具，但柜的形体通常较高，可以存放大件或更大量的物品。顶箱柜因其柜有顶箱，故名，但一对顶箱柜乃由四件箱件组成，故又名"四件柜"。此柜柜膛宽大，存放朝服也不用折叠，应为官人家用具，因此也可叫"朝服柜"。

七寸，或下转轮斗在脚上，可以推动。四柱，每柱² 三寸大，二寸厚，板片下叩框方密。小者，板片合进，二尺四寸高，二尺八寸阔，长五尺零二寸。板片一寸厚板。此及量斗及星迹³，各项谨记。

注解

　1　高：这里应指柜子深度，由此后文"长"应为"高"，"阔"应为面阔，即宽度。

　2　四柱，每柱：底本中"柱"均作"住"，义不通，据咸同本改。

　3　量斗及星迹：或指柜板交合处连续不断的榫卯结构，通常为燕尾榫。

译文

　　大柜，外框深二尺五寸，高六尺六寸四分，宽三尺三寸。柜腿高七寸，也可以在足底安滚轮，这样就可以推动。四根立柱，每根宽三寸，厚两寸，柜面木片扣在柜框中才紧密。小柜，板片进深二尺四寸，宽二尺八寸，高五尺二寸。板片厚一寸。上述尺度及柜板要连续榫卯相接等各种事项都要谨记。

□ 柜　明　《三才图会》插图

　　明代柜子的典型特征就是上小下大，这样的柜子稳定性更好。图中柜子四角都有立柱，再用木板组合成柜面，这种带有立柱的柜子比用木板直接拼接更坚固。

烛台[1]式

　　高四尺，柱子方圆一寸三分大[2]。上盘仔[3]八寸大，三分倒挂花牙。每一只脚下交进三片，每片高五寸二分，雕转鼻带叶[4]。交脚之时，可拿板片画成，方圆八寸四分，定三方长短，照墨方准。

□　烛台式（左上角）　《新镌京板工师雕斫正式鲁班经匠家镜》万历本　插图

注解

1 烛台：以钻牙、灯座支撑的承托盘，也叫"座灯"。

2 一寸三分大：底本作"一寸三分大分"，后一"分"字疑为衍文，今删。

3 上盘仔：即承托蜡烛或油灯的为托盘。

4 转鼻带叶：或指象鼻和草叶图纹。

译文

　　烛台高四尺，柱子直径一寸三分。顶盘八寸，盘下倒挂着三只花牙。三只花牙分别对应三

□ 立柱式烛台　清　《意中缘》插图

　　图中靠墙处有一个立柱式烛台，与《鲁班经》插图中的烛台类似，但结构更加巧妙，灯盘高度可通过下方横木的位置来调整。

片台脚花牙，柱脚花牙每片高五寸二分，雕象鼻草叶图案。拼接交脚时，可以先在木板上画出草图，即一个直径八寸四分的圆，然后将圆弧线均分为三份，以确定每片台脚花牙的长短和位置，照着画出墨线再做才准确。

□ 烛台

　　简单的烛台仅为一个有针尖的承盘，考究的则有诸种造型。

火斗[1]式

　　方圆五寸[2]五分，高四寸七分，板片三分半厚。上柄柱子共高八寸

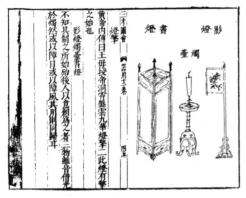

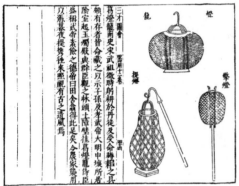

□ 灯具　明　《三才图会》插图

春秋战国时期，以油脂作为燃料，使得真正意义上的灯具出现了。此后，灯具造型、材质、使用方式等都有很大发展，其式样也愈加丰富。到明代，已经有悬挂式灯笼、手提式提灯、烛台等多种照具，并适用于各种不同的场所。

五分，方圆六分大。下或刻车脚，上掩火窗[3]，齿仔四分大，五分厚。横二根，直六根或五根。

此行灯檠[4]高一尺二寸，下盛板三寸长。一封书[5]做一寸五分厚，上留头一寸三分，照得远近，无误。

注解

1　火斗：一种内置蜡烛的照明灯具。一说为铁熨斗，但似与木匠无关。

2　五寸：底本误作"式寸"，据万历本改。

3　火窗：可以透出光亮的孔口。

4　行灯檠：檠，灯架，这里指举灯行走时手持的杆。底本"檠"误作"警"，据咸同本改。

5　一封书：一种明式小型方角灯"檠"罩，外形方正平直，形如竖立的书，因此得名。

译文

火斗直径五寸五分，高四寸七分，板片厚三分半。上柄柱子高八寸五分，直径六分。下面可以雕刻出车脚，上面则开火窗，窗齿四分大，五分厚。安横条两根，纵条五根或六根。

这种行路用灯的灯架高一尺二寸，下盛板长三寸。书灯做一寸三分厚，顶端留出一寸三分，想照亮远处和近处，这样做就不会有差错。

□ 火斗　明　《二刻拍案惊奇》插图

　　岸上两随行男子手握灯杆，正举灯照亮，方便主人下轿。细看擎灯，蜡烛放在"火斗"的底座上，似与《鲁班经》所述一致。

□ 圆炉　明　《绣襦记》插图

　　图中圆炉与《鲁班经》所述式样相同，有豹脚六只，下端有圆形托泥，而且体型比《鲁班经》所述还要大些。

圆炉[1]式

　　方圆二尺一寸三分大，带脚及车脚共上盘子[2]，一应高六尺五分正。上面盘子一寸三分厚，加盛炉盆贴仔[3]八分厚，做成二寸四分大。豹脚六只，每只二寸大，一寸三分厚。下贴梢[4]一寸厚，中圆九寸五分正。

注解

1　圆炉：放圆形火炉的炉架。

2　带脚及车脚共上盘子：加上架腿以及架腿下方底座，和炉架面。

3　贴仔：这里应指炉盆底周围用于承托隔热的垫木。

4 贴梢：指架脚所附的托泥。

译文

圆炉直径二尺一寸三分，带脚及脚下托泥，并上方的炉架面盘，共高六尺五分整。上方平盘厚一寸三分，加炉盆的隔热垫木厚八分，做成二寸四分厚。六只豹脚，每只宽二寸，厚一寸三分。紧附豹脚下端的托泥向内收缩一寸厚，圆形托泥的直径为九寸五分整。

看炉[1]式

九寸高，方圆二尺四分大。盘仔下绦环二寸，框一寸厚，一寸六分大[2]。做大[3]方下豹脚，脚二寸二分大，一寸六分厚，其豹脚要雕吞头[4]。下贴梢一寸五分厚，一寸六分大，雕三湾勒水。其框合角笋眼[5]要斜八分半，方斗得起，中间孔方圆一尺，无误。

注解

1 看炉：炉龛，即安放香炉的小柜。看，通"龛"，音同假借。

2 一寸六分大：底本作"一寸六分大分"，后一"分"字疑为衍文，今删。

3 做大：制作比较大的。底本作"佐亦"，"佐"通"做"，"大""亦"形近易讹，今改。

4 吞头：兽面吞头，即兽口含银环，是一种装饰式样。

5 笋眼：即榫眼。

译文

炉龛高九寸，直径二尺四分。炉架圆盘下方安二寸宽的绦环板，外框一寸厚，一寸六分宽。炉龛较大的则要安豹脚，豹脚两寸两分宽，一寸六分厚。豹脚上要有吞头。下面向内微收的托泥厚一寸五分，一寸六分宽，雕出三弯的花牙。外框合角处的榫眼要倾斜八分半，才组合得起，中间放香炉的孔直径一尺，这样才不会有差错。

□ **方炉　清　陈枚　《月曼清游图册》插图**

　　画中所绘方炉比《鲁班经》所述方炉更大，外方内圆的炉架，中间放圆形炭盆，其式样与《鲁班经》所述相似。

方炉[1]式

　　高五寸五分，圆尺内圆九寸三分[2]。四脚二寸五分大，雕双莲挽双钩，下贴梢一寸厚，二寸大。盘仔一寸二分厚，绦环一寸四分大，雕螳螂肚[3]接豹脚相称。

注解

1 方炉：外方内圆的小型炉架。

2 圆尺内圆九寸三分：里面做圆形的盘子，以放炭盆。

3 螳螂肚：牙条中段下垂或外凸，形如螳螂之腹，因此得名。

译文

方炉高五寸五分，内部放炭盆的盘子直径九寸三分。四条腿四面宽都为二寸五分，雕双莲和双钩纹，向内微收的托泥厚一寸、宽二寸。放炭盆的炉盘厚一寸二分，盘下的绦环板一寸四分宽，雕螳螂肚与豹脚相接。

香炉样式¹

细乐者²长一尺四寸，阔八寸二分。四框三分厚，高一寸四分。底三分厚，与上样样阔³大。框上斜三分，上加水边⁴，三分厚、六分大，起岩竹线⁵。下豹脚，下六只，方圆八分大，一寸二分大。贴梢三分厚，七分大，雕三湾。车脚或粗的不用豹脚，水边寸尺一同。又大小做者，尺寸依此加减。

注解

1 香炉样式：这里指香炉架的样式。

2 细乐者：可供玩赏的细长炉架。

3 与上样样阔：长和宽与上面的一样。上样：上述式样。阔：指宽度和长度。

4 水边：指攒框板的外沿凸起的边。香炉架框向外逐渐倾斜，形成四周高、中间低的样式，可防香炉滑落；框边又起水边，可防止水流出边沿。香炉底座中加水是为了防止香炉过热，并承接香灰。

5 岩竹线：竹节状的线脚。底本"岩（巗）"误作"厫"，"巗""厫"形近易讹，今改。

□ 灯挂椅 明 《金印记》插图

图中壁屏前的是灯挂椅，结构简洁，椅背舒展，上段正好枕至人的肩背，中段突着腰脊。

译文

好看的细长香炉架，长一尺四分，宽八寸二分。四周外框厚三分，高一寸四分。底部厚度为三分，长度和宽度与上面尺寸一样。攒框板外沿向上斜三分，上面起三分厚、六分宽的水边，做成岩竹竹节样的线脚。下面是六只豹脚，直径八分，高一寸二分。底部托泥厚三分，宽七分，雕三弯状的曲线牙子。有的用粗车脚，不用豹脚，但水边尺寸也相同。更大或更小的，可依照以上尺寸增减。

学士灯挂[1]

前柱一尺五寸五分高，后柱子二尺七寸高，方圆一寸大。盘子[2]一尺三寸阔，一尺一寸深。框[3]一寸一分厚，二寸二分大。切忌有节[4]树木，无用。

注解

1 学士灯挂：灯挂本指用于挑灯的灯杆，这里应为"灯挂椅"。

2 盘子：坐面。

3 框：坐面四周的边框。

4 有节：带有枝杈瘤节。

译文

灯挂椅的前柱高一尺五寸五分，后柱高二尺七寸，柱子粗一寸。坐面宽一尺三寸，进深一尺一寸。外框厚一寸一分，宽二寸二分。切忌有瘤节的树木，这样的木材不可使用。

香几[1]式

　　凡做香几[2]，要看人家屋大小若何。而大者，上层三寸高，二层三寸五分高，三层脚一尺三寸长，先用六寸大，后做[3]一寸四分大，下层五寸高。下车脚一寸五分厚。合角花牙五寸三分大。上层栏杆仔[4]三寸二分高，方圆做五分大。余看长短大小而行。

注解

1　香几：摆放香炉的桌案。几，桌案。

2　凡做香几：底本误作"凡佐香九"，据咸同本改。

□ 红木五足香几　清

　　几，为置放物件的小桌子；香几，用来放置香炉。此香几五足，下带托泥，托泥上雕圆珠与几腿底端相接；高束腰，腰下做雕花牙板；腿为三弯腿，托泥下有龟足，以直接着地，有长寿祈福之意。

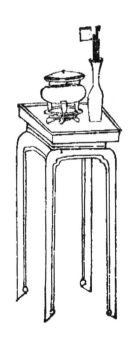

□ 香几　明　《三才图会》插图

□ 香几　明　《琵琶记》插图

　图中心小几即为香几，上放香炉与烛台，周围众人似在品香。

3 后做：底本"后（後）"误作"役"，义不相通，据咸同本改。

4 栏杆仔：香几几面上边沿安装的小栏杆，以防香炉等物品滑落。

译文

凡是制作香几，要先观察室内大小。大的上层高三寸，二层高三寸五分，第三层带脚，高一尺三寸，先加工成六寸，再加工为一寸四分，下层高五寸。托泥一寸五分厚。合角处花牙宽五寸三分。上层桌边围栏高三寸二分，五分厚。其余尺寸视情况而定。

招牌[1]式

大者，六尺五寸高，八寸三分阔。小者，三尺二寸高，五寸五分大。

□ **店招** **明** **仇英** **《清明上河图》局部**

画中为一个集市，街边店铺鳞次栉比，每间店铺门前都挂有店招，依次是"扇铺""毡绒贷行""纸铺""典衣"等。

□ 店招　明　《二奇缘传奇》插图

　　画中店招悬于屋檐下，上书"留珮馆"，其上更高挑着招旗。从上所挂鸡、鱼和酒具看，此"留珮馆"应该是一家饭馆。

注解

　　1　招牌：店家挂在檐前用于招揽生意的牌子。

译文

　　大的高六尺五寸，宽八寸三分。小的高为三尺二寸，宽五寸五分。

洗浴坐板[1]式

　　二尺一寸长，三寸大，厚五分。四围起剑脊线。

注解

　　1　洗浴坐板：洗浴时供人坐下的木板，常置于浴盆上。

□ **洗浴坐板　清　《奈何天》插图**
画中男子所坐正是洗浴坐板。

译文

洗浴坐板长二尺一寸，宽三寸，厚五分，四周起剑脊线。

象棋盘式

大者，一尺四寸长，共大一尺二寸。内中间河路[1] 一寸二分大。框七分方圆。内起线三分，方圆横共十路，直共九路。河路笋要内做重贴[2]，方能坚固。

注解

1 中间河路：棋盘中间的"楚河汉界"，用来划分棋手双方各自的半区。
2 重贴：两条托泥板与两根横木榫合。

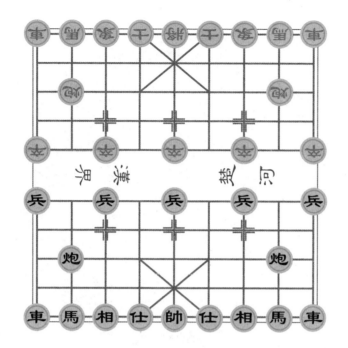

□ **象棋**

相传象棋起源于舜的弟弟"象"，其人好斗，发明了一种模拟战争的"象棋"游戏；到秦末汉初，韩信又将这一游戏进行针对性的改善，增加了"楚河汉界"，但仍叫作"象棋"；一直到宋朝，象棋行棋规则才基本定型。

译文

大的长一尺四寸，宽一尺二寸。中间河路宽一寸二分。外框宽七分。盘内起线宽三分，横向十条，纵向九条。河路的榫卯需要贴接才坚固。

围棋盘式

方圆一尺四寸六分，框六分厚、七分大，内引六十四路长通路[1]，七十二小断路。板片只用三分厚。

注解

1 长通路：即贯穿棋盘的直线。

□ 棋盘　明　钱榖　《竹亭对棋图》局部

　　画中棋盘与棋桌一体，与《鲁班经》中所述并不一致，棋盘也更大，但盘式仍由六十四路长通路与七十二小断路构成。

译文

　　围棋棋盘长宽都为一尺四寸六分，外框厚六分，宽七分。棋盘内画六十四条长通路，七十二条小断路。棋盘板片只要三分厚。

算盘式

　　一尺二寸长，四寸二分大。框六分厚，九分大，起碗底线[1]。上二子一寸一分，下五子三寸一分。长短大小，看子而做。

□ 算盘 明 兰陵笑笑生 《金瓶梅词话》插图

　　画中为绸缎庄，柜台上放着一个算盘，算盘旁是称量金银的秤，画中人物正交易中。

注解

　　1 碗底线：一种弧线脚，形似碗底纵向剖面的弧形。

译文

　　算盘长一尺二寸，宽四寸二分。外框六分厚，九分粗，起碗底一样的弧线。算盘上框两子大小为一寸一分，下框五子大小为三寸一分。算盘的长短大小根据子的大小和多少来定。

档

梁

框

上珠

下珠

□ 红木算盘

　　算盘在元、明时期逐渐取代算筹，成为中国人主要的计算工具。算盘为长方形，可以是木框，也可以是金属框，子也一样。算盘内贯直柱，俗称"档"；档数根据需要而定，档中横一"梁"，梁上两珠，每珠作数为五，梁下每档五珠，每珠作数一。

茶盘托盘样式

　　大者，长一尺五寸五分，阔九寸五分。四框一寸九分高，起边线[1]三分半厚，底三分厚。或做斜托盘[2]者，板片一盘子大，但斜二分八厘。底是铁钉钉住。大小依此格加减，无误。有做八角盘者，每片三寸三分长，一寸六分大，三分厚，共八片，每片斜二分半，中笋一个，阴阳交进[3]。

注解

　　1　边线：类似于前文"水边"，是高于边框的线脚，防止水从盘中溢出。

　　2　斜托盘：边框沿口外斜的托盘。

　　3　中笋一个，阴阳交进：相邻木片间用阴阳榫结构拼接。

译文

　　大的长一尺五寸五分，宽九寸五分。四面外框高一寸九分，沿口起边线三分半厚，盘底三分厚。有做成边框口沿向外倾斜的，边框板片与托盘同大，只是略微要倾斜二分八厘，底用铁钉钉住，尺寸大小可以依照这个式样调整，就不会有差错。也有做成八角盘的，每片边框则三寸三分长，一寸六分宽，三分厚。这种托盘由八片做成，每片要向外框片沿口倾斜两分半，每片间用阴阳榫拼接。

□ **托盘** 明 《三才图会》插图

　　托盘为古代盛装食物、碗、碟等的盘子，多为木制。

根据《鲁班经》所述绘制的托盘

踏水车¹式（此条原在"手水车式"条后，为阅读方便，本版调于此。）

四人车²，头梁³八尺五寸长，中截方，两头圆。除中心车槽⁴七寸阔，上下车板刺⁵八片。次分四人已阔，下十字横仔⁶一尺三寸五分长，横仔之上斗棰仔⁷，圆的，方圆二寸六分大，三寸二分长。两边车脚⁸五尺五寸高，柱子二寸五分大，下盛盘子⁹长一尺六寸正，一尺大，三寸厚，方稳。车桶¹⁰一丈二尺长，下水厢¹¹八寸高，五分厚。贴仔¹²一尺四寸高，共四十八根，方圆七分大。上车面梁¹³一寸六分大，九分厚，与水厢一般长。车底四寸大，八分厚，中一龙舌¹⁴，与水厢一样长，二寸大，四分厚。下尾上榫水仔¹⁵，圆的，方圆三寸大，五寸长。刺水板亦然，八片。关水板¹⁶骨八寸长，大一寸零二分，一半四方，一半薄四分，做阴阳笋斗在拴骨¹⁷上。板片五寸七分大，共计四十八片。关水板依此样式，尺寸不误。

注解

1　踏水车：又叫"踏车"，可供二至四人踩蹬踏板的水轮车，上有横木扶手。《天工开物·水利》："其湖池不流水，或以牛力转盘，或聚数人踏转。车身长者二丈，短者半之，其内用龙骨拴串板关水逆流而上，大抵一人竟日之力灌田五亩，而牛则倍之。"

2　四人车：四人踩蹬踏板的水轮，上有横木可供人抓握。

3　头梁：安装踏板的横梁，中部是装有传动车板的"车板刺"的空心木轮。

4　中心车槽：头梁穿过的空心圆形木轮，外侧均匀安装车板刺以便传动长链。

5　车板刺：安装在车槽上的形如齿轮上的齿，下文的"刺水板"也指这个。

6　十字横仔：头梁上的十字形横木条，外端安装踏板以便蹬踩。

7　斗棰仔：供踏水车的人踩踏的圆形锤状踏板，安在十字横仔外端。

8　两边车脚：水车两侧的立柱，起支撑作用。

9　盘子：立柱底部稳固立柱的托盘。

10　车桶：引水管的长条木槽。

11　水厢：围挡以组成水槽的长条木板。

12　贴仔：贴在水槽挡板外侧，承托水槽上梁的竖形木条。

□ 《描金漆画西湖风景图大寿屏》局部 清 广东省博物馆藏

画中应为二人一架踏水车。白沙堤下，农人正抽水犁田，忙于插秧，应是春夏时节。

13 上车面梁：水槽上方支撑车面结构的横梁。

14 龙舌：水车的车轴，承托引向头梁的车板剌。

15 湛水仔：水槽尾部装有车板剌的木轮，与空心车槽结构相似。

16 关水板：剌水板上的围边，用来隔断并拨动水流。

17 拴骨：连接众多关水板骨的"龙骨"，关水板和拴骨共同组成《天工开物》所载"龙骨拴串板"。

译文

四人水车，下部横梁长八尺五寸，中部方，两头圆。头梁中间的空心木轮

踏車

扶手
两边车脚
头梁
中心车槽
十字横仔
刺水板
斗榫仔
盘子
关水板
贴仔

□ 踏水车　明　徐光启　《天工开物》插图
　　画中为二人用的踏水车，《鲁班经》所述四人踏水
车的头梁应更长，还可再允许两人同时工作。

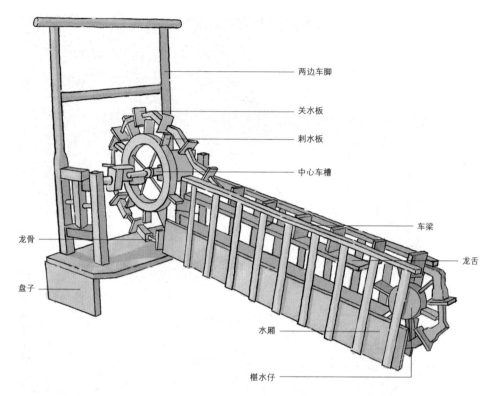

两边车脚

关水板

刺水板

中心车槽

车梁

龙舌

龙骨

盘子

水厢

榉水仔

□ **龙骨水车**

　　《天工开物》中所绘水车在细节上略有不同，此图中水车构件与《天工开物》中水车插图相结合，即和《鲁班经》所述踏水车一致。

宽七寸，轮上均匀安装八个板片。头梁剩下的宽度足够四个人站立，上面安装十字横木条，长一尺三寸五分，木条上榫合圆形锤状踏板，直径二寸六分，长三寸二分。两边立柱高五尺五寸，柱子二寸五分大，立柱底部安装一尺六寸长的盘子，一尺宽，三寸厚，这样才稳固。水槽长一丈二尺，下面水槽两侧的挡板高八寸，厚五分。挡板外侧的木条高一尺四寸，粗七分，共有四十八根。水槽上梁宽一寸六分，厚九分，长度与水槽挡板一样。水槽底部的木板四寸宽，八分厚，水槽中间是龙舌状的横板，长度与水槽挡板一样，两寸宽，四分厚。水槽下方尾部的圆轴"齿轮"直径三寸，长五寸，同样安装八片车板刺。每两个关水板间的关水板骨长八寸，宽一寸零二分，一半为四方形状，另一半则减薄四分，用阴阳榫接在拴骨上；板片五寸七分宽，共计四十八片。按照上述尺寸制作水车，就不会有问题。

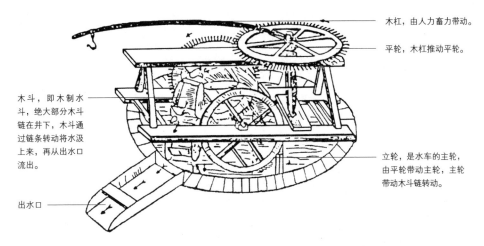

木杠，由人力畜力带动。

平轮，木杠推动平轮。

木斗，即木制水斗，绝大部分木斗链在井下，木斗通过链条转动将水汲上来，再从出水口流出。

立轮，是水车的主轮，由平轮带动主轮，主轮带动木斗链转动。

出水口

□ **木斗水车**

　　木斗水车是一种从井中提水的工具，用木斗代替刮水板，使一串木斗相连，套在井边的立轮上，当立轮转动时，木斗连续上升提水。

手水车¹式

　　此仿踏水车²式同，但只是小。这个上有七尺长或六尺长水厢，四寸高，带面上梁贴仔³高九寸。车头用两片樟木板，二寸半大，斗在车厢上面。轮上关板刺⁴依然八个，二寸长。车手二尺三寸长。余依前踏车尺寸，扯短是⁵。

注解

1 手水车：又称"手摇拨车"，使用时手摇曲柄，带动轮轴旋转，木板长链沿木槽上移，即可实现汲水灌溉。宋应星《天工开物·水利》："其浅池、小洼，不载长车者，则数尺之车，一人两手疾转，竟日之功，可灌二亩而已。"

2 踏水车：脚踏水车。底本"踏"误作"蹹"，今改。

3 贴仔：连接水箱和梁木的木条。

4 关板刺：又叫"车板刺""刺水板"，头梁木轮上传动拨水片的齿板，以便木板长链啮合转动。

5 扯短是：缩短尺寸就行。

□ 汲水装置　明　宋应星　《天工开物》插图

　　古代农田灌溉，大多使用木制的汲水装置，即所谓的龙骨水车。通常安放在河塘边，下端刮板伸入水中，利用链轮传动原理，加以人力（或畜力）带动木链翻转，装在木链上的刮板就将河塘中的水提升到农田里。图为以畜力和人力汲水时灌溉的情景，右上为提水的桔槔。

译文

手水车近似脚踏水车，但尺寸更小些。手水车上有七尺长或者六尺长的水槽挡板，高四寸，承托水槽上梁的木条，高九寸。水槽头部用两片樟木板，每片二寸半大，接在挡板上。车轮上依然安装八片车板刺，每个两寸长。车轮上把手长二尺三寸。其他地方都依照踏水车的尺寸缩短就行。

推车式

凡做推车，先定车屑[1]，要五尺七寸长，方圆一寸五分大。车轪[2]方圆二尺四寸大，车角[3]一尺三寸长、一寸二分大。两边棋枪[4]一尺二寸五分长，每一边三根，一寸厚，九分大。车轪中间横仔[5]一十八根，外轪板片[6]九分厚，重外共一十二片合进。车脚[7]一尺二寸高，锁脚[8]八分大。车上盛罗盘，罗盘六寸二分大，一寸厚。此行俱用硬树的，方坚劳固。

注解

1 车屑：即车辕，车架两侧最长的圆木。
2 车轪（yuè）：文中为"方圆二尺四寸"，似乎指"车轮"。
3 车角：推车前端凸出的圆角状结构，停车时支撑用。
4 棋枪：车身两侧固定车头底板的木条。
5 横仔：横木，即"横子"。
6 外轪板片：组成车轮的木板片。
7 车脚：推车两边的木柱，可以使推车平稳停放。
8 锁脚："八"字形的车脚，上收下阔。

译文

凡是做推车，应先确定车辕的长短，要长五尺七寸，直径一寸五分。车轮直径二尺四寸。车前端仰山并上翘的部分长一尺二寸，大小一寸二分。车头两侧的木条长一尺二寸五分，厚一寸，宽九分，每边各三根。车轮中间横穿十八根木条，组成车轮的板片厚九分，内外共计榫接十二片板片。车后部两侧的木柱高一尺二寸，下部比上部宽八分。车上盛装车轮的罗盘高六寸二分，厚一

□ 推车　明　仇英　《清明上河图》局部

　　上两图所示，是古代两种不同形制的推车，都为独轮，前者车斗围栏低矮，容积较小，后者三面围栏较高，状如圈椅，是供人出行的交通工具。

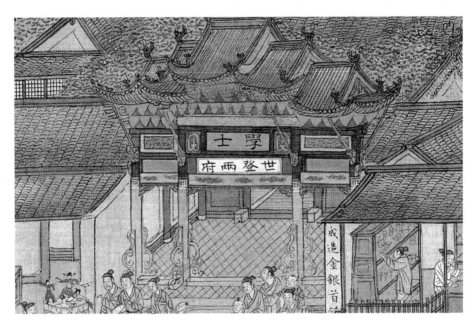

□ 牌匾　明　仇英　《清明上河图》局部
　　画中为学士府的牌楼门，牌楼门高大华丽，上有两块牌匾，上方牌匾板内书"学士"二字，下方牌匾板内书"世登两府"四字。

寸。做推车必须用硬木，这样才坚固耐用。

牌扁[1]式

　　看人家大小屋宇而做。大者，八尺长，二尺大。框一寸六分大，一寸三分厚，内起棋盘线，中下[2]板片，上行下。

注解

　　1　牌扁：牌匾。扁，通

□ 牌匾　明　《仇画列女传》插图
　　图中牌匾重而大，需两人合力抬起。牌匾四周为攒框板，板内书"高氏五节"四字。

"匾"。

  2 中下：边框内安装。中，边框中；下，安装。

译文

    牌匾要根据人家的房屋大小来做。大的可长至八尺，宽二尺，框一寸六分宽，一寸三分厚。牌匾起棋盘线，在边框内由上向下插入板片。

卷三

　　本卷又名"相宅秘诀"，采用图文并行的方式，从风水学的角度，通过对门墙与周边环境如道路、水池、山石等相互关系的阐述，简要总结了一些相宅方法。

相宅秘诀

诗曰：

门高胜于[1] 厅[2]，后代绝人丁。

门高胜于壁，其法多哭泣。

注解

　　1 胜于：高于。
　　2 厅：厅堂。

诗曰：

门扇[1] 或斜欹[2]，夫妇不相宜。

家财常耗散，更防人谋散。

注解

　　1 门扇：门板。
　　2 斜欹：倾斜。欹，通"攲"。

诗曰：

门柱补接[1] 主凶灾，仔细巧安排。

上头[2] 且串中带叶，下补脚疬苦。

注解

　　1 补接：修补拼接。
　　2 上头：指门柱的上部（被修补过），后文
"中"指门柱中部，"下"指门柱下部。

诗曰：

门柱不端正，斜欹多招病。

家退[1] 祸频生，人亡空怨命。

注解

　　1 家退：家道中落。

诗曰：

门边土壁[1]要一般[2]，左大换妻更遭官[3]。

右边或大胜左边，孤寡儿孙常叫天。

注解

1 土壁：门柱两旁的墙壁，起加固大门、保护门柱的作用，比院落的围墙更高。

2 一般：一样大。

3 官：官司。

诗曰：

门上莫作仰供装[1]，此物不为祥。

两边相指或无升[2]，论讼[3]口交争。

注解

1 仰供装：门头装饰、悬挂灯笼等物。

2 无升：一种小型铃铛。扬雄《方言》："无升谓之刁斗。"郭璞注："谓小铃也。"

3 论讼：诉讼，与人对簿公堂。

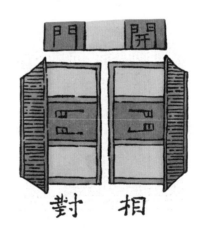

诗曰：

门前壁破街砖缺，家中长不悦。

小口[1]柱死药无医，急要修整莫迟迟[2]。

注解

1 小口：未成年的孩子。

2 迟迟：拖延。

诗曰：

二家不可门相对，必主一家退[1]。

开门不得两相冲，必有一家凶。

注解

1 退：衰退。

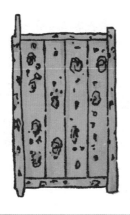

诗曰：

门板莫令多树节，生疮疔不歇。

三三两两或成行，徒配**1** 出军郎**2** 。

注解

　1 徒配：发配流放。古代刑罚中，强制进行劳役称为徒刑，遣送至边远地区称为发配。

　2 军郎：士兵。

诗曰：

门户中间窟痕多，灾祸事交讹**1** 。

家招刺配**2** 遭非祸**3** ，瘟黄定不差。

注解

　1 讹：出差错。

　2 刺配：遭受黥刑后被发配流放。

　3 非祸：飞来横祸。

诗曰：

门板多穿破，怪异为凶祸。

定注**1** 退**2** 财产，修补免贫寒。

注解

　1 定注：即注定。

　2 退：衰退。

诗曰：

一家不可开二门，父子没慈恩。

必招进舍**1** 填门客，时师须会识**2** 。

注解

　1 进舍：古代有一定田产财富的寡妇家中需要男丁照顾，会招"进舍"，类似上门女婿，后面"门客"也指这个。这意味着家中原本的男主人会意外身死，留下孤儿寡母。

　2 会识：知道，了解。

诗曰:

一家若作两门出,鳏寡[1]多冤屈。

不论家中正主人,大小自相凌[2]。

注解

1 鳏（guān）寡：老年丧偶的人，泛指没有亲属。

2 相凌：相互欺凌。

诗曰:

厅屋两头有屋横,吹祸[1]起纷纷。

便言名曰抬丧[2]山,人口不平安。

注解

1 吹祸：即火祸。

2 抬丧：传统丧俗，将死者灵柩抬至坟地准备埋葬。抬棺时抬丧者分列两边，与这种建筑布局类似，故忌讳。

诗曰:

门外置栏杆,名曰纸钱山[1]。

家必多丧祸,恓惶实可怜。

注解

1 纸钱山：门外有栏杆这种格局叫作"纸钱山"，这种格局下家人容易有丧事、灾祸。

诗曰:

人家天井置栏杆,心痛药医难。

更招眼障暗昏蒙,雕花[1]极是凶。

注解

1 雕花：这里指栏杆上雕花。

诗曰:

当厅若作穿心梁[1],其家定不祥。

便言名曰停丧山[2],哭泣不曾闲。

注解

　　1 穿心梁:从插图来看,穿心梁位置低,像是从屋中"穿心"而过,这种低矮的房梁会使屋子显得压抑,给人造成不好的居住感受。

　　2 停丧山:厅堂中有穿心梁的格局叫作"停丧山",停丧即人死后殡而不葬,家人会在死者棺木旁哭灵,因此这种格局主家中常有哭泣。

诗曰:

人家相对仓门开,定断有凶灾。

风疾[1]时时不可医,世上少人知。

注解

　　1 风疾:中医术语,即中风。

诗曰:

西廊壁枋[1]不相接,必主[2]相离别。

更出人心不伶俐,疾病谁医治。

注解

　　1 枋:柱子之间水平或者与梁垂直的穿插构件。

　　2 主:预示。

诗曰:

人家方畔[1]有禾仓,定有寡母坐中堂[2]。

若然架在天医位[3],却宜医术正相当。

注解

　　1 方畔:即旁边。方,通"旁"。

　　2 中堂:家中正厅堂。这里指家中男主人遭难,只能由女主人支撑家庭。

　　3 天医位:指东南巽位,王洙《地理新书·城邑地形》:"巽为天医,上属巨门,一土星纳甲在辛,乾阳得偶之位,故谓之天医。因土而生,谓之一土。为禄位,为民丰富,为宽大,为聪明,为信,为顺,为旗鼓。"

诗曰：

路如牛尾不相和，头尾翻舒反背[1]吟。

父子相离真未免，女人要嫁待何如。

注解

　　1 反背：反目、背叛。

诗曰：

禾仓背后作房间，名为疾病山[1]。

连年困卧不离床，劳病最恓惶[2]。

注解

　　1 疾病山：底本作"疾病出"，意不通，据万历本改。疾病山，形容容易生病的地方。

　　2 恓惶：惊慌穷苦的样子。恓，通"凄"。

诗曰：

有路行来似铁丫[1]，父南子北不宁家。

更言一拙诚堪拙，典卖田园难免他。

注解

　　1 铁丫："丫"字形的铁叉，上有两枝分岔，暗指父子分离，故而忌讳。

诗曰：

路若钞罗[1]与铜角[2]，积招疾病无人觉。

瘟瘟[3]麻痘[4]若相侵，痢疾师巫方有[5]法。

注解

　　1 钞罗：即纱罗，一种透孔的螺纹状绸缎。钞，通"纱"。

　　2 铜角：又称"铜号""吹金"，一种牛角状的唇簧气鸣乐器。

　　3 瘟瘟：瘟病。一作"瘟疫"，亦可通。

　　4 麻痘：即天花，烈性传染病，症状为麻疹出痘。

　　5 方有：才有。万历本、崇祯本作"反有"。

诗曰：

人家不宜居水阁[1]，过房并接脚。两边池水太侵门[2]，流传儿孙好大脚[3]。

注解

1 水阁：水边、水上的阁楼建筑。

2 侵门：水太靠近门。侵，逼近。

3 大脚：又称"天足"，指妇女天然长成的脚。明清时期有裹脚缠足的陋俗，不缠足反而会被嗤笑为"大脚"。

诗曰：

方来不满[1]破分田，十相[2]人中有不全。

成败又多徒费力，生离出去岂无还。

注解

1 方来不满：方位道路修造得不够完美圆满。

2 十相：佛教中的十种善人之相。

诗曰：

故身一路横哀哉，屈屈[1]来朝入穴蛇。

家宅不安死外地，不宜墙壁反教余。

注解

1 屈屈：弯弯曲曲。

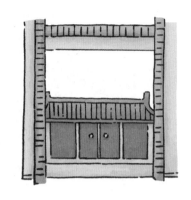

诗曰：

门高叠叠似灵山，但合僧堂道院看。

一直到门[1]无曲折，其家终冷也孤单。

注解

1 到门：通到正门。底本作"倒门"，据咸同本改。

诗曰：

四方平正名金斗[1]，富足田园粮万亩。

篱墙回环无破陷，年年进益添人口。

注解

1 斗：这里指古代量粮食的器具，金斗即形容这种格局能使家中粮产丰足。

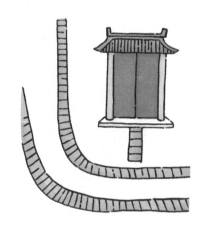

诗曰：

墙垣如弓抱，多曰进田山[1]。

富足人财好，更有清贵官。

注解

1 进田山：即进财山，指家中会招财进宝。

诗曰：

一重城抱一江缠[1]，若有重成积产钱。

虽是富荣无祸患，只宜抱子度晚年。

注解

1 一重城抱一江缠：指屋宅外除了有围墙外，还有河流环绕，是极好的风水。

诗曰：

展帛[1]回来欲卷舒[2]，辨钱田[3]即在方隅。

中男长位须先发，人言此位鬼神扶[4]。

注解

1 展帛：展开布帛，指门前道路如同展开的丝帛一般交错。

2 卷舒：卷缩和舒展。

3 辨钱田：类似于"辨金路"，指能够带来财富的土地。

4 鬼神扶：鬼神帮扶。

诗曰：

屋前行路渐渐大，人口常安泰。

更有朝水[1]向前来，日日进钱财。

注解

1 朝水：即潮水。

诗曰：

南方若还有尖石，代代火烧宅。

大高尖[1]起火成山，烧尽不为难。

注解

1 大高尖：又大又高又尖锐。底本"尖"误作"火"，据万历本改。

诗曰：

品岩[1]嵯峨[2]似净瓶[3]，家出素衣僧。

更主人家出孤寡，官更相传有。

注解

1 品岩：岩石堆叠。

2 嵯（cuó）峨：坎坷高峻的样子。底本作"蹉蛾"，据万历本改。

3 净瓶：又称"玉净瓶"，佛教中菩萨携带的盛水法器。

诗曰：

石虽屋后起三堆，仓库积禾囤[1]。

石藏屋后一般般[2]，潭且更清闲。

注解

1 禾囤（tún）：粮食成堆。

2 一般般：底本"一"作"二"，据万历本改。

诗曰：

路如丁字损人丁，前低荡去不堪行。

或然平生犹轻可[1]，也主离乡亦主贫。

注解

1 轻可：普通、轻易。

诗曰：

左边七字须端正，方断财山定。

或然一似死鸭形，日日闹相争。

诗曰：

路如跪膝不风光，轻轻乍富便更张[1]。

只因笑死浑闲[2]事，脚病常常不离床。

注解

1 更张：更换琴弦，比喻彻底变样。

2 浑闲：平常、等闲。咸同本作"浑常"，亦可通。

诗曰：

路成八字事难逃，有口何能下一挑[1]。

死别生离争似苦，门前有此非吉兆。

注解

　　1 一挑：或指一担粮食。犹言家内虽有人口，但粮食匮乏。

诗曰：

土堆似人拦路抵，自缢[1]不由贤。

若在田中却是吉[2]，名为印绶保千年。

注解

　　1 自缢（yì）：上吊自杀。

　　2 却是吉：反而很吉利。底本"吉"误作"牛"，义不可通，据咸同本改。

诗曰：

若见门前七字去，断作辨金路[1]。

其家富贵足钱财，金玉似山堆。

注解

　　1 辨金路：即财路。

诗曰：

右边墙路如直出，时时叫冤屈。

怨嫌无好一夫儿[1]，代代出生离。

注解

　　1 一夫儿：咸同本作"丈夫儿"，亦可通。

诗曰：

路如衣带细参详，岁岁灾危反位当[1]。

自叹资身多耗散，频频退失好恓惶。

注解

1 反位当：处在逆位。底本"反"作"及"，据万历本改。

诗曰：

门前土堆如人背，上头生石出徒配。

自他渐渐生茅草，家口常忧恼。

诗曰：

门前土墙如曲尺，进契[1]人家吉。

或然曲尺向外长，妻壻[2]哭分张[3]。

注解

1 进契：签购契书，代指增添田宅。

2 妻壻：家主妻子或女儿女婿。壻，通"婿"。

3 分张：分离，这里指离婚。

诗曰：

门前行路渐渐小，口食随时了[1]。

或然直去又低垂，退落不知时。

注解

1 了：中断，断绝。

诗曰：

左边行带事亦同，男人效病[1]手拍风。

牛羊六畜空费力，虽得财钱一旦空。

注解

 1 效病：即哮喘病。效，通"哮"。

诗曰：

路若源头水并流，庄田千万岂能留。

前去若更低低去，退后离乡散手游。

诗曰：

路如烛焰冒长能[1]，可叹其家小口亡。

儿子卖田端的[2]有，不然父母也投河。

注解

 1 冒长能：能够朝上冒出。底本"冒"误作"胃"，义不可通，据万历本改。《万宝全书·营造门》"冒长能"作"摆长摇"，亦可通。

 2 端的：确实，果然。

诗曰：

前街玄武[1]入门来，家中常进财。

吉方更有朝水至，富贵进田牛。

注解

 1 玄武：这里的玄武应指靠山，屋宅风水讲究"前朱雀""后玄武"，就是说屋后有山，靠山高度适当高过主屋即可，但山石不可嶙峋怪异，否则反而不吉。但歌诀中说"前街"玄武入门，似乎与屋后又有矛盾。

诗曰：

门前有路如员障[1]，八尺十二数[2]。

此窟名如陪地金[3]，旋旋[4]入庄田[5]。

注解

1 员障：圆形障碍。员，通"圆"。《便览万宝全书·营造门》"员障"作"柜障"，亦可通。

2 八尺十二数：具体不详，应该指一个不好的风水。

3 陪地金：赔出田宅和钱财。陪，通"赔"。

4 旋旋：缓缓。

5 入庄田：应指庄田会被填进门前的"窟窿"里。

诗曰：

门前行路如鹅鸭，分明两边着[1]。

或然[2]又如鹅掌形，口舌不曾停。

注解

1 两边着：分别朝向两边。

2 或然：可能，或者。

诗曰：

门前腰带田陆大，其家有分解[1]。

园墙四畔[2]更回还，名曰进财山。

注解

1 分解：分离。

2 四畔：底本作"门畔"，据万历本改。

诗曰：

双块[1]门前路扼精，先知室女有风声。

身怀六甲方行嫁，却笑人家浊不贞。

注解

1 双块：两块石头。底本作"双桃"，义不可通；万历本作"双槐"，"槐"当为"块（今写作'块'）"字之讹，今改。

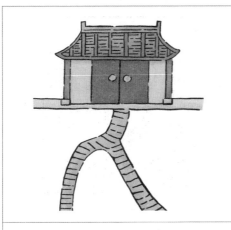

诗曰：

一来一往似立幡[1]，家中发后事多般。

须招口舌重重起，外来兼之鬼入门。

注解

　　1 立幡：竖立旗幡，多用于丧礼招魂，故忌讳。底本"幡"误作"蟠"，据万历本改。

诗曰：

有路行来若火勾[1]，其家退落更能偷[2]。

若还有路从中入，打杀他人未肯休。

注解

　　1 火勾：一种铁质长钩，用来拨动烧火的煤炭。

　　2 偷：家中出偷盗之辈。

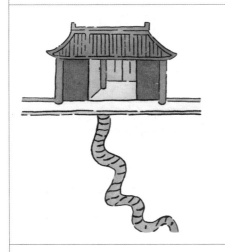

诗曰：

翻连屈曲名蚯蚓，有路如斯人气紧[1]。

生离未免两分飞，损子伤妻家道亏。

注解

　　1 气紧：气喘、呼吸短促、胸闷等症状。

诗曰：

十字路来才分谷，儿孙手艺最堪为[1]。

虽然温饱多成败，只因娼好宝已虚[2]。

注解

　　1 堪为：堪当重任。

　　2 只因娼好宝已虚：只因娼妓导致家室空虚。宝，疑为"室"字之讹，《万宝全书·营造门》作"若见娼门室已虚"，娼门即妓院。

诗曰：

门前石面似盘平，家富有声名。

两边夹从进宝山，足食更清闲。

诗曰：

屋边有石斜耸出，人家常抑郁[1]。

定招风疾及困贫，口食每求人。

注解

1 抑郁：冤屈愁苦无处宣泄。底本"抑"误作"仰"，今改。

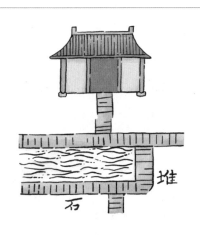

诗曰：

排算[1]虽然路直横，须教笔砚[2]案头生。

出入巧性[3]多才学，池沼为财轻富荣。

注解

1 排算：安排计算。

2 笔砚：这里指屋外修笔直的路为笔，挖水池为砚，以祈能够考中科举。

3 出入巧性：出入者能够聪明灵巧。底本"入"作"人"，"性"作"往"，据万历本改。

诗曰：

门前见有三重石，如人坐睡直。

定主二夫共一妻，蚕月[1]养春宜。

注解

1 蚕月：蚕忙时节，指农历三月。《诗经·七月》："蚕月条桑，取彼斧斨，以伐远扬，猗彼女桑。"

诗曰：

右面四方高，家里产英豪。

浑[1] 如斧凿成，其山出贵人。

注解

 1 浑：天然的。

诗曰：

路如人字意如何，兄弟分推隔用多。

更主家中红焰[1] 起，定知此去更无庐[2]。

注解

 1 红焰：即大火。

 2 庐：房屋。底本作"芦"，义不可通，据咸同本改。

诗曰：

路来重曲[1] 号为州，内有池塘或石头。

若不为官须巨富，侵州侵县置田畴[2]。

注解

 1 重曲：重叠盘曲。

 2 侵州侵县置田畴（chóu）：侵占公田，扩张家田。畴，田地。

诗曰：

四路直来中间曲，此名四兽[1] 能取禄。

左来更得一刀砧[2]，文武兼全俱皆足。

注解

 1 四兽：即东青龙、西白虎、南朱雀、北玄武，指风水堪舆所谓"四兽四灵局"，《三辅黄图》："苍龙、白虎、朱雀、玄武，天之四灵，以正四方，王者制宫阙殿阁取法焉。"

 2 刀砧：快刀和砧板，象征宰杀或武勇，与前句"四兽能取禄"相对。

诗曰：

抱户[1]一路两交加，室女遭人杀可嗟。

从行夜好家内乱，男人致死[2]也因他。

注解

　1 抱户：环抱着住宅（的道路）。

　2 致死：导致死亡。底本作"致效"，据万历本改。

诗曰：

石如虾蟆[1]草似秧，怪异入厅堂。

驼腰背曲家中有，生子形容丑。

注解

　1 虾蟆：蛤蟆。

诗曰：

石如酒瓶样一般，楼台更满山。

其家富贵欲一求，斛注[1]使金银。

注解

　1 斛（hú）注：成斛倾注，比喻数量大。斛，古代方形小口量器，十斗为一斛。

诗曰：

或外有石似牛眠，山成进庄田[1]。

更有水在丑方出[2]，六畜自兴旺。

注解

　1 进庄田：指家中田产增加。

　2 更有水在丑方出：更有水源从石牛处流出。底本作"更在出在丑方山"，万历本作"更在出在五方山"，义不可通，据咸同本改。丑方，即丑的方位，古人有二十四山法，丑方为正北偏东。

补述

　　阳宅即活人所居处所，古人对阳宅形制的要求极其苛细，根据不同的宅院形状、环境布局（包括门、路、石、水、山、树等），分别对应不同的形制名称和吉凶关系，如周继《阳宅大全》、王君荣《阳宅十书》、陈时旸《阳宅真诀》、刘文澜《阳宅紫府宝鉴》等，皆是关于阳宅形制的理论著作。旧题艾南英编《新刻艾先生天禄阁汇编采精便览万宝全书·营造门》"用路形径"条，收录的阳宅形制歌诀与《鲁班经》卷三文本相似度极高，但有数首《鲁班经》未载，今附录如下：

　　通天窍屋宅砂形图诗曰：人家虽是好屋场，更怕路堑及门墙。会得曾杨二仙诀，岂愁后代不荣昌。但看富家新居宅，尽与贫人居处异。贫人忽然居吉处，不过数年财自富。

　　范越砂图石经：举眼前头有石山，坟宅一般般。形势欹斜石凶恶，家财多退落。定招疾病及官灾，百怪屋中来。或然员净端正好，方平更难讨。解荫人家定安荣，财禄自丰盈。砂法真宜断吉凶，熟记在心中。时师子（仔）细详推故，莫得胡乱道。

　　其余阳宅择吉歌诀摘录于下：

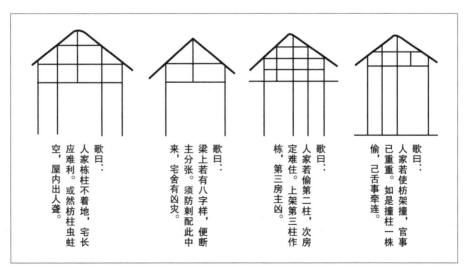

阳宅择吉歌诀

歌曰：人家栋柱不着地，宅长应难利。或然枋柱虫蛀空，屋内出人聋。

歌曰：梁上若有八字样，便断主分张。须防刺配此中来，宅舍有凶灾。

歌曰：人家若偷第二柱，次房定难住。上架第三柱作栋，第三房主凶。

歌曰：人家若使枋架撞，官事已重重。如是撞柱一株偷，己舌事牵连。

八方坑坎歌：

丑低投军号阵中，艮低师巫残患人。寅低狼伤并虎咬，他乡外死甲上坑。卯地有水伤眼目，乙辰有水患秃风。巽地坑泄官司败，阳短阴山出暗风。午丙有坑火灾显，未丁坑下瘥嗽人。酉方坑下家贫窘，戌亥蛇腰鬼贼侵。壬子有弯绝后嗣，祸福如同在掌中。

何知经：

何知人家贫了贫？山走山斜水返身。何知人家富了富？圆峰磊落皆相护。何知人家贵了贵？文笔秀峰当案起。何知人家出富豪？一山高了一山高。何知人家破败时？一山低了一山低。何知人家出孤寡？琵琶侧扇孤峰邪。何知人家少年亡？前也塘今后也塘。何知人家吊颈死？龙虎颈上有条路。何知人家少子孙？前后两边高过坟。何知人家二姓居？一边山有一边

七星临八卦图		
五　天　巽 坤离门 六兑　　震延 乾坎艮 祸　生　绝	六　离　天 坤门巽 五兑　　震生 乾坎艮 祸　延　绝	坤　六　五 门离巽 天兑　　震祸 乾坎艮 延　绝　生
祸　生　延 坤离巽 绝兑　　门震 乾坎艮 五　天　六	门门吉凶 为转星方 宅星颢崇 主移耀高 房定多招 为君福灾 宾臣庆禄	天　五　六 坤离巽 兑门　　震绝 乾坎艮 生　祸　延
生　祸　绝 坤离巽 延兑　　震六 乾坎门 天　五　艮	绝　延　生 坤离巽 祸兑　　震天 乾门艮 六　坎　五	延　绝　祸 坤离巽 生兑　　震五 门坎艮 乾　六　大

□ **七星临八卦图**

图中天代表天医，延代表延年，生代表生气，为吉星；祸代表祸害，绝代表绝命，六代表六煞，五代表五鬼，为凶星。乾、坤、震、巽、坎、离、艮、兑代表八个不同方位，宅门随七星运转，根据星宫位置，门对应不同星宫，吉凶也不同。

无。何知人家主离乡？一山主窜过明堂。何知人家出从军？枪山坐在面前伸。何知人家被贼偷？一山走出一山沟。何知人家忤逆有？龙虎山斗或开口。何知人家被火烧？四边山脚似芭蕉。何知人家女淫乱？门对坑窜水有返。何知人家常发哭？面前有个鬼神屋。何知人家不旺财？只少源头活水来。何知人家不久年？有一边兮无一边。何知人家受孤栖？水走明堂似簸箕。何知人家修善果？面前有个香炉山。何知人家会做师？排符山头有香炉。何知人家出跛跛？前后金星齐带火。何知人家致死来？停尸山在面前排。何知人家有残疾？只因水带黄泉入。何知人家宅少人？后头来龙无气脉。仔细相山并相水，断山祸福灵如见。千形万形在其中，不过此经而已矣。

附卷一

　　本卷以"禳解"为核心，主要讲述建筑物完工后房主和匠人为禳解各种灾祸而使用各种符篆和咒语。

灵驱解法洞明真言秘书（秘诀仙机）

魇[1]者必须有解，前魇禳[2]之书，皆土木工师邪术。盖邪者，何能胜正！是书所载诸法，皆句句真言、灵符妙诀，学者[3]观者，勿得污手开展，各宜敬之。凡有一切动作，起造完日[4]，解禳[5]之后，则土木之魇无益矣。如居旧室，或买者、赁者，家宅累见凶事，或病、或口舌、或争讼、家中不和睦、梦魇叫、见神遇鬼、伤害人口、生意[6]淡薄、时常火发、频贼偷盗、飞来等祸、败家丧命之类，并皆可禳，能转祸为福，百难无侵，则永远安泰矣[7]。

因累试累验[8]，特此抄刊[9]。

注解

1　魇（yǎn）：梦魇，梦中受到惊吓或不能动弹。在缺乏现代科学知识的古代，人们认为梦魇是人被鬼怪施了邪术。白日家中遇到怪事，如后文写的飞来横祸、频遭盗贼等，也被认为是鬼怪作祟，屋主被诅咒。

2　魇禳（ráng）：道教法术，谓镇邪驱魔，祈福消灾。

3　学者：这里指学习者。

4　完日：完成之日。

5　解禳：祷告神灵，消除灾殃。

6　生意：买卖交易。底本作"主意"，据咸同本改。

7　百难无侵，则永远安泰矣：底本作"百难无侵矣"，据万历本补。

8　验：应验，灵验。

9　抄刊：抄写刊刻，印刷流布。泛指文书的流传。

译文

妖法诅咒可以消解，从前记载镇邪消灾的书，都是建筑匠师的邪术。邪术怎么可能胜过正道呢？但本书记载的各种法术，句句都是真言，都是灵符妙诀，读者学生不可用脏手翻阅，一定要清洗干净，虔诚对待。凡是施工修造等一切事宜，到完工禳解后，施工中的妖法鬼怪就不会再有危害了。无论是住在旧房，还是买的或租的房，如果家宅屡有凶事，包括家人多病、多口舌之争、持久诉讼、家庭不和睦、噩梦大叫、见神遇鬼、伤害人口、生意冷清、时常着火、偷盗频发，以及其他飞来横祸、家破人亡之类的事，都可以禳解，都能转祸为福，不受各种灾祸的侵害，家也就安泰了。

由于十分灵验，特此抄写刊刻在这里。

工完禳解咒[1]

咒曰：五行五土，相克相生[2]。木能克土，土速遁形。木出山林，斧金克神[3]，木精急退，免得天嗔。工师假术[4]，即化微尘。一切魔鬼，快出户庭。扫尽妖氲[5]，五雷发声。柳枝一洒，火盗清宁。一切魔物，不得番身[6]。工师哩语[7]，贬入八冥[8]。吾奉天令，永保家庭。急急如老君律令[9]！

注解

1 工完禳解咒：施工完成后祈福的咒语。

2 五行五土，相克相生：古代五行"金、木、水、火、土"有相生和相克的关系，分别是金生水、水生木、木生火、火生土、土生金；金克木、木克土、土克水、水克火、火克金。故后文说"木能克土，土速遁形。木出山林，斧金克神"。

3 斧金克神：金属斧头克制木灵。底本"斧"误作"秀"，据万历本改。

4 假术：借助法术。假，借助。

5 妖氲（yūn）：不祥的妖气。氲，氤氲，烟气弥漫的样子。

6 番身：翻身。番，通"翻"。

7 哩语：即"俚语"，非正式的俗话、行话或黑话。

8 八冥：泛指虚无世界。《太平经·钞甲部》："展转太虚，周旋八冥，上至无上，下至无下。"

9 急急如老君律令：太上老君的律令快快显灵。原为汉代公文的结尾语

"如律令"，后演变为道教请神施法、传教布道的惯用套语"急急如律令""奉行如律令"。寇谦之《老君音诵诫经》："烦道不至，至道不烦，按如修行，诸男女官见吾诵诫科律，心自开悟。可请会民同友，以吾诫律着按上作单章，表奏受诫，明慎奉行如律令。"

（"工完禳解咒"译略）

补述

符咒种类繁多，不胜枚举。

从符咒针对的对象来分，可分为：小儿符类（小儿夜啼符、小儿夜遗尿灵符、小儿门煞符等）；和合符类（和合洗净符、男女和合符、良缘符、情通符等）；孕用符类（插花换斗用符、难产符、胎死腹中用符等）；六畜用符类（六畜平安符、治猪瘟符、镇六畜瘟疫符等）；治病符类（大吉符、五灵治病符、吐泻符等）；财用符类（财神符、福运符、财宝符等）。此外还有镇宅用符、丧葬用符、婚日用符、开工用符、吉利用符、风水用符等等。

从符咒的使用方法来分，可分为：佩戴符、化食符、洗符（将符令化于水中，用符水清洗患部或者身体）、贴用符、放水符（将做好的符令，放水流走）、煎药符（配合中药一起服用）等等。

唐李淳风代人择日[1]。其家造屋，淳风与之择日，乃十恶大败日[2]，言称今日乃上吉日也，遂与其书此对[3]贴于柱。

其日，袁天罡[4]同唐太宗来访淳风，偶见其立柱上梁，天罡笑曰："天下术士乱为也。"太宗曰："何也？"天罡曰："今日乃十恶日也。"太宗曰："可问是谁择之日。"遂问之，其家对曰："淳风也。"天罡曰："今在何处？"其家遂答曰："在右左寺山门口卜数。"天罡欲行，其家留之，待以盛酒，不数杯，遂辞而行。

天罡与太宗曰："臣闻淳风高士，今虚传也。"太宗曰："可去问其

□ 天官赐福　《新镌京板工师雕斫正式鲁班经匠家镜》万历本　插图

数，看其知我尔乎？"太宗未至寺，天罡先行见淳风，曰："知我乎？"曰："知也。今日左辅临寺[5]，是君也。紫微至寺，差一时，然卦属乾二爻'见龙在田'[6]，乃君至也。"天罡曰："今知吾来是真，乃袁天罡。前村上梁择日是尔否？"曰："然。"天罡曰："今日乃十恶大败日，何不识也？"曰："今日紫微临吉地，诸凶神皆避也。"天罡曰："紫微在于何所？"曰："将及至寺也。"方说完，太宗驾至入寺，淳风拜伏于地。太宗问其详，天罡对以"立柱喜逢黄道日，上梁正遇紫微星"之说，一一讲明，太宗遂扶起而还，遂擢为军师。

今人家贴此，是此故事也。

注解

1 唐李淳风代人择日：底本无本篇，据万历本补。李淳风，唐代著名天文历算家，擅长星象、占卜之术，相传制成浑天黄道仪，著有《麟德历》《乙巳占》等书。

2 十恶大败日：凶日之一，诸事不宜。《三命通会·论十恶大败》说："十恶者，譬律法中人犯十恶重罪，在所不赦；大败者，譬兵法中与敌交战大败，无一生还。喻极凶也。"

3 此对：插图中的对联："立柱喜逢黄道日，上梁正遇紫微星。"

4 袁天罡：唐代著名天文堪舆家，擅相面、预言之术，曾受唐太宗李世民召见，著有《相书》《要诀》等书。

5 左辅临寺：左辅星处在庙的位置。左辅，紫微斗数星曜之一，与右弼相对，是辅助主官的吉星。寺，即"庙位"，这个位置上的星曜最为明亮。

紫微斗数的星位分为"庙、旺、平、陷"四种。这里代指袁天罡。

6 乾二爻（yáo）"见龙在田"：指《周易·乾卦》的第二爻："九二，见龙在田，利见大人。"大意是有机会与贵人相遇。爻，组成《周易》卦象的长短横道，有缺口为阴爻，无缺口为阳爻。

译文

唐朝时李淳风替人择日。这户人家修造房屋，李淳风帮他们挑选日期，不巧遇到十恶大败日，却称今天是大吉日，便写下这副对联，贴在立柱上。

这天，袁天罡同唐太宗来访李淳风，偶然见到这户人家正在立柱上梁，袁天罡笑着说："民间术士真是乱来。"太宗问："怎么了？"袁天罡说："今天正是十恶日呀。"太宗说："可以去问问是谁挑选的日子。"于是问这户人家，人家回答说："是李淳风。"袁天罡问："他现在在哪里？"人家回答说："在右左寺山门口占卜。"袁天罡想走，人家劝住他，并用美酒款待，他没喝几杯，便立即告辞走了。

袁天罡对太宗说："我听说李淳风是高士，现在看来也是虚传罢了。"太宗说："可以去问他术数，看他是否能推知你和我的身份。"太宗还没到寺院，袁天罡已经先行见到李淳风，问他："你知道我是谁吗？"李淳风答道："知道。今天左辅星临近庙位，这对应的正是你的到访。紫微星临近庙位还差一刻，卦象是乾卦的第二爻'见龙在田'，正是帝君要来呢。"袁天罡说："看来你确实知道今天来访的是我袁天罡。前面村里有户人家上梁，是你挑选的吉日吗？"李淳风回答说："是的。"袁天罡问："今天是十恶大败日，你怎么会不知道呢？"李淳风回答说："今天紫微星降临吉地，各类凶神都已尽数避开。"袁天罡问："紫微星在哪里？"李淳风回答说："马上就要来到寺院了。"才说完，唐太宗已驾临寺院，李淳风一见，立即拜倒在地。太宗询问缘由，袁天罡便用"立柱喜逢黄道日，上梁正遇紫微星"来回答，并一一说明缘故，太宗便将李淳风扶起，带他入朝，提拔为军师。

如今人家立柱上梁张贴此联，就出自这样的传说故事。

禳解类

瓦将军

凡置瓦将军[1]者，皆因对面或有兽头屋脊[2]、墙头牌坊脊[3]；如隔屋见者，宜用瓦将军，如近对者，用兽牌[4]。每月择神在日[5]安位，日出天晴安位者，吉。如雨不宜，若安位反凶。木物不宜藏座下，将军本属土，木原克土，故不可用。安位必先祭之，用三牲、酒果、金钱、香烛之类。

祝曰：伏以神本无形，仗庄严而成法相[6]；师傅有教，待开光而显灵通（即用墨点眼）。伏为南瞻部洲[7]大明国[8]某省某府某县某都某鄙住屋奉神信士某人，今因对门远见[9]屋脊，或墙头相冲，特请九兽总管瓦将军之神，供于屋顶。凡有冲犯，乞神[10]速遭，永镇家庭，平安如意。全赖威风，凶神速避，吉神降临，二六时中[11]，全叨[12]神庇。祭祝已完，请登宝位。

□ 瓦将军 《新镌京板工师雕斫正式鲁班经匠家镜》万历本 插图

祝毕，以将军面向前上梯[13]，不可朝自己屋。凡工人只可在将军后，切不可在将军前，恐有伤犯。休教主人对面仰观，宜侧立看，吉。

注解

1 瓦将军：明清时房顶上的驱邪神物，流行于江南地区。修建房屋时，用泥瓦制作武士坐像或骑马像，多持弓箭和弯刀，安在屋顶。周广业《循陔纂闻》："今世别有一种陶作武士状者，俗号瓦将军。"

2 兽头屋脊：雕有兽头的屋脊。

3 墙头牌坊脊：应指墙头脊背处形如牌坊，又称"马头墙""风火墙""封火墙"，是中国传统民居一种以防火为目的的墙体建筑。另有断句为"兽头、屋脊、墙头、牌坊脊"的，或亦可通。

4 兽牌：刻有神兽图纹的辟邪木牌，多挂在民宅的门楣上。狮头牌最为常见，其次为麒麟牌，虎头牌则较少见。具体可见下文"兽牌"条目。

5 神在日：甲子日、乙丑日、丁卯日、戊辰日、辛未日、壬申日、癸酉日、甲戌日、丁丑日、己卯日、庚辰日、壬午日、甲申日、乙酉日、丙戌日、丁亥日、己丑日、辛卯日、甲午日、乙未日、丙申日、丁酉日、乙巳日、丙午日、丁未日、戊申日、己酉日、庚戌日、乙卯日、丙辰日、丁巳日、戊午日、己未日、辛酉日、癸亥日，这三十五日吉昌。《宗镜》说："神无所不在，以此三十五日为神在日，其不在日又何在乎？"《玉匣记》说："许真君考天曹案簿，三十一日诸神在人间地府祭祀受福，余日诸神在天，求福反祸。"其日数比通书中少四日，不同者又有九日，皆为讹传。《钦定协纪辨方书》认为其"荒诞不经"，宜删除。

6 庄严而成法相：古代塑造佛像要贴金装饰，使其端庄肃穆，亦指佛菩萨像的光彩，称为"法相庄严"。陶宗仪《辍耕录·旃檀佛》说："京师旃檀佛以灵异著闻，海宇王侯、公相、士庶、妇女捐金庄严。"

7 南赡部洲：又称"南瞻部洲""南阎浮提"等，佛教四大部洲之一，相传在须弥山南方的咸海之中，由四大天王中的增长天王守护，是凡间人的生活世界。其他三洲为东胜神洲、西牛贺洲和北俱芦洲。

8 大明国：底本作"大清国"，据万历本改回。《鲁班经》为明人编撰，是清人重新刊刻时改为"大清国"。

9 远见：远远看见。底本"远（遠）"误作"违（違）"，据万历本改。

10 乞神：祈求神明。底本"乞"误作"迄"，据咸同本改。

11 二六时中：佛教用语，指一昼夜共十二时辰，这里泛指每时每刻。

12 叨：自谦语，打扰、承蒙。

13 上梯：登上梯子。底本误作"土绨"，据万历本改。

译文

凡是安置瓦将军，都是因为对面有兽头屋脊或墙头牌坊屋脊。如果隔着房屋能看到这些东西，就应该安瓦将军；如果近在对面，就应该挂兽牌。每月选择吉神所在的日子安置，日出天晴就很吉利。如果当天下雨，就不适合安设，反而会比较凶险。五行属木的东西不适宜藏在瓦将军的座位下面，因为瓦将军

骑凤仙人　龙　凤　狮子　海马　天马　押鱼　狻猊　獬豸　斗牛　行什

□ 兽头屋脊

　　图中宫殿屋檐上放有屋脊兽。屋脊上雕刻瑞兽，一是为了封固两坡瓦垅交会处，以防雨水渗漏；二是为了消灾灭祸，逢凶化吉。屋脊上的瑞兽可以是一只、三只，或者更多，但都要为奇数（除太和殿外，太和殿屋脊上有十只瑞兽），数量的多少依据建筑物的规模、体量和等级而定。以太和殿屋脊上的十只瑞兽的顺序来排，它们分别是龙、凤、狮子、海马、天马、押鱼、狻猊、獬豸、斗牛、行什等。

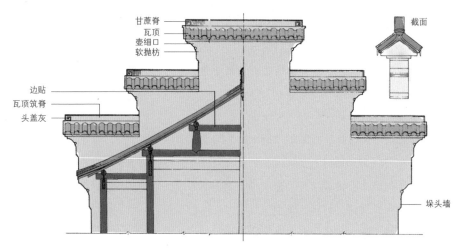

甘蔗脊
瓦顶
壶细口
软抛枋

截面

边贴
瓦顶筑脊
头盖灰

垛头墙

□ 五山屏风墙

　　此图为《营造法原》中"五山屏风墙"的原图，此墙主要有三种功能：一是屏障功能，可以保护隐私；二是凭借高墙，保护住宅不受侵害；三是阻火防盗。

　　属土，木行克土行，所以不能安在座下。安置之前，必须先进行祭祀，要使用三牲、酒果、金钱、香烛等物。

　　祝曰：（祝词应按原文诵读，故不译）

伏以神本无形，仗庄严而成法相；师傅有教，待开光而显灵通。伏为南赡部洲大明国某省某府某县某都某鄙住屋奉神信士某人，今因对门远见屋脊，或墙头相冲，特请九兽总管瓦将军之神，供于屋顶。凡有冲犯，乞神速遣，永镇家庭，平安如意。全赖威风，凶神速避，吉神降临，二六时中，全叨神庇。祭祝已完，请登宝位。

祝告完毕，将瓦将军面朝向前运上梯子安设，不能让将军面朝自己的房屋。工人只能在将军身后，千万不可在将军身前，否则可能会有所伤犯。不要让主人面对着仰视，宜在侧面观看，这样才吉利。

补述

瓦将军是安放在屋顶上的一种辟邪物，多流行于南方地区，以放置一尊的情况较多，但也有以两尊为一组、三尊为一组的。用石雕、泥塑、陶烧等制成的武人塑像，放在屋脊上用于辟邪纳祥，就是瓦将军。瓦将军多以"将军骑狮"的形象出现，所以又称武将骑狮，有称这个武将是蚩尤的，也有称是黄飞虎、赵公明的，都有待考证。当自家屋宅与别家兽头、屋脊、牌坊脊等正对时，就有所冲犯，这时就要选择良辰吉日，将瓦将军请到屋顶上，安置在被人屋脊等正对的地方，以化解冲犯。

石敢当[1]

凡凿石敢当，须择冬至日后甲辰、丙辰、戊辰、庚辰、壬辰、甲寅、丙寅、戊寅、庚寅、壬寅，此十二日乃龙虎日[2]，用之吉。至除夜[3]，用生肉三片祭之。新正[4]寅时，

□ 泰山石敢当 《新镌工师雕斫正式鲁班木经匠家镜》乾隆本 插图

立于门首⁵，莫与外人见。凡有巷道来冲者，用此石敢当。

注解

1　石敢当：古代民间的辟邪石碑，碑上刻有"石敢当"等字样，大约盛行在唐宋时期的江浙闽等地。王象之《舆地碑记目·兴化军碑记》说："石敢当碑。庆历中，张纬宰莆田再新县治，得一石铭，其文曰：石敢当。镇百鬼，压灾殃。官利福，百姓康。风教盛，礼乐张。唐大历五年县令郑押字记。"施清臣《继古丛编》说："吴民庐舍，遇街衢直冲，必设石人或植片石，镌'石敢当'以镇之。"

2　龙虎日：厉神当值之日，适宜震慑卑下之物，故宜修造石敢当。冯应京《月令广义》卷三："龙虎日：正巳，二亥，三午，四子，五未，六丑，七申，八寅，九酉，十卯，十一戌，十二辰。龙虎，厉神也。不宜于上，宜制下。"翟灏《通俗编》指出："按如其说，则世以凡月寅辰日为龙虎非是。"可知龙虎日并非民间所谓每月寅辰之日，而是每月对应一日，一年共十二日。原文"甲辰、丙辰、寅辰、庚辰、壬辰、甲寅、丙寅、戊寅、庚寅、壬寅"仅有十日，与所说"十二日"描述不符，或是两种说法讹混所致。

3　除夜：又称"除夕"，农历腊月三十。

4　新正：农历正月初一。每年第一个月称为"正月"，正月第一天称为"新正"。

5　门首：即门口。

译文

凡是凿刻石敢当，必须选在冬至日后的甲辰、丙辰、戊辰、庚辰、壬辰、甲寅、丙寅、戊寅、庚寅、壬寅这十二个龙虎日，在这样的日子才吉利。每到除夕夜，用三片生肉祭祀它。新年正月初一的寅时，把它立在门首，不要让外人看见。凡是有被巷道冲犯的情况，就用石敢当。

补述

石敢当是旧时放在屋宅门口或街口巷冲处的小石碑，上面刻"石敢当"或"泰山石敢当"，所以称"石敢当"，也称"石将军"。关于石敢当的文字记载，最早见于西汉史游的《急就章》："师猛虎，石敢当，所不侵，龙未央"。颜师古注："卫有石蜡、石买、石恶，郑有石制，皆为石氏；周有石速，齐有石之纷如，其后以命族。敢当，所向无敌也。"石敢当的主要用途也是驱邪镇鬼、消灾祈福。石敢当在不同地区有不同样式，有小石碑上只刻文字的，也有做浮雕、圆雕的，在泰安还发现过"石婆婆"的女性石敢当造像。

兽牌[1]

但有人家对近墙屋之脊，用此兽牌钉于窗顶上，不可直钉檐下，则对不着对面之冲。钉者须要准对，不可歪斜，钉不可钉于兽面，若钉当中，反凶也。今有图式，黑圈处，钉钉之处也。取六寅日寅时，吉，忌未、亥生命[2]。

□ 兽牌 《新镌工师雕斫正式鲁班木经匠家镜》乾隆本 插图

注解

1 兽牌：兽牌是牌状辟邪物，以神兽为主要辟邪纹样，其中狮头牌最为常见，其次是麒麟牌，虎头牌较为少见。有兽牌狮口中还衔一把七星宝剑，即"狮子衔剑"兽牌，更具杀伐力，又有天意之神圣。兽牌一般钉在民宅窗顶上，正对冲犯之处，用于辟除煞气，通常为上阔下窄的梯形木牌。

2 生命：出生的命理。底本作"生少"，义不可通，据咸同本改。

译文

凡是正对着其他人家的墙脊和屋脊，就把这种兽牌钉在窗顶上，不能直接钉在屋檐下，否则就不能对准其他人家的冲犯。钉兽牌时要稳稳钉正，不能歪斜；钉子不能钉到兽面中央，否则反而凶险。现在根据图式，画黑圈的地方就是钉的地方。钉兽牌要选择六寅日的寅时才吉，忌讳未、亥年生的人。

□ 天官赐福　《新镌工师雕斫正式鲁班木经匠家镜》乾隆本　插图

赐福板

此板钉他人屋脊上或墙上，须要与他家屋主人说明，要他家主人写，不可自书。若自写，反不吉。此板因不钉兽牌，或对门相好亲友，恐他人不喜之设，故钉此以两吉也，和睦乡里之用。

译文

赐福板要钉在其他人家的屋脊或墙上，所以要提前跟屋主人沟通说明，请他代为题写。不能自己写，如果自己写，反而不吉。用赐福板而不用兽牌，是因为对门是邻里亲朋，怕他们不高兴，所以才钉赐福板，这样两家都吉利，也是邻里和睦的意思。

补述

"天官赐福"是旧时用于祈福消灾的吉利话。天官即道教三官之一，名为"上元一品赐福天官"，每逢正月十五便下凡校定人之福罪，故称"天官赐福"。

一善

择四月初八日，用佛马[1] 净水化纸毕，辰时钉。钉时，须要人看待，傍人有识此者，借其言曰"一善能消百恶[2]"。若傍人不说，则先使亲友来说。钉此"一善"，须要现眼处[3]。

注解

1　佛马：又称"纸马""甲
马"，印有彩色图案的纸钱，
一说为马形纸制品。赵翼《陔
余丛考·纸马》说："《天香
楼偶得》云：'俗于纸上画神
像，涂以彩色祭赛既毕则焚
化，谓之甲马，以此纸为神所
凭依，似乎马也。'然《蚓庵
琐语》云：'世俗祭祀，必焚
纸钱、甲马。有穹窿山施炼师
名亮生，摄召温帅下降临去索
马，连烧数纸不退。师云：献
马已多。帅判云：马足有疾，

□ 一善　《新镌工师雕斫正式鲁班木经匠家
镜》乾隆本　插图

不中乘骑。因取未化者视之，模板折坏，马足断而不连，乃以笔续之，帅
遂退。'然则昔时画神像于纸，皆有马以为乘骑之用，故曰纸马也。"

2　一善能消百恶：佛教语，意修持善心，可以消除百种恶念。《大般涅槃
经》说："多作诸恶不如一善。臣闻佛说，修一善心破百种恶。"

3　现眼处：醒目的地方。

译文

　　一善符板要选四月初八日，用净水化完纸马纸钱，在辰时钉上。钉时，要
有人在旁边观看，如果旁人懂得规矩，要请他说"一善能消百恶"这句话。如
果他不说，就要请一位亲友来说。一善符板，要钉在显眼的地方。

补述

　　"一善"符是旧时用来辟邪消煞的符，并非随时可将刻字木板钉在屋
宅的墙角、兽脊、道路冲射自家大门等处。要选择四月初八，即释迦牟尼
佛诞日，将其钉上，但《许真君玉匣记》中又说：辛酉日，诸神从玉皇差
降人间地府，若人求福，反致大凶。壬戌、癸亥日乃六神穷日，人间求

福，犯孤寡。百事不利，大凶。因此，如果四月初八日遇上辛酉日、壬戌日、癸亥日，反而不能用。

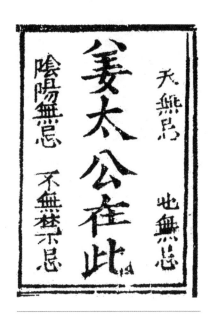

□ 姜太公符 《新镌工师雕斫正式鲁班木经匠家镜》乾隆本 插图

姜太公符

凡[1]写姜太公[2]符者，不宜用白纸，要用黄纸，吉[3]。但一应兴工、破土、起造、修理，皆通用。

注解

1 凡：底本无"凡"字，据万历本补。
2 姜太公：姜子牙，又名吕尚、太公望，相传曾助周伯消灭商纣，建周朝，被周武王尊为尚父，封国在齐地营丘。《封神演义》中，姜子牙是阐教元始天尊的弟子，故后世民间附会出许多法术驱邪的事迹。
3 黄纸，吉：底本无"纸""吉"两字，据万历本补。

译文

凡书写姜太公符，纸张不宜选用白纸，而要用黄纸才吉利。一切开工、动土、建造、修理之事，都可以用姜太公符。

补述

贴姜太公符是旧时民间风俗之一，不贴大门，而是贴在屋宅门楣上，用以驱邪纳福。民间传说，姜子牙奉命封神，等到众神位分封完毕，发现没有给自己留下一个位置，于是便坐到门楣上，做了一个"监察神"监察众生，既防止神仙渎职，又阻止妖邪作祟。于是凡间将姜太公视作保护家宅平安的神仙，并书写"姜太公符"贴于院内屋中。

倒镜[1]

此镜铸成如等盘[2]样，四围高，中间陷，不宜太深凹。中磨亮，不类人与物，照之皆倒也。凡有厅屋、宫室、高楼、殿寺、庵观屋脊及旗竿相冲，用此镜镇之。

□ 倒镜　《新镌工师雕斫正式鲁班木经匠家镜》乾隆本　插图

注解

1　倒镜：为辟邪镜，按文中内容，倒镜中间凹、四面凸，是一个凹面镜，因此是反射成像，镜中的事物都会倒转过来。

2　等盘：戥（děng）子和杆秤上的盛物盘。

译文

倒镜要铸造成秤盘的样子，四周高，中间凹陷，但也不能凹陷得太深，中间抛光磨亮，照映的人和物都不是本来的样子，全都是倒过来的。凡是与厅屋、宫室、高楼、殿寺、庵观的屋脊和旗杆相冲犯的，都可以用倒镜来镇。

补述

镜子被古人认为是天意的象征。古人用"金水之精，内明外暗"来形容镜子，指在镜子面前，一切妖魔鬼怪都无所遁形，在葛洪《抱朴子·登涉》中也有"妖魅能托人形，可以眩惑人目，但唯不能于镜中易其真形"的说法。因此镜子除了做家居用品外，还一直有照妖辟邪的用途，是重要的风水物件。因其具有反射作用，所以古人认为，将镜子摆放得当，可以将不利的凶煞反射回去，反之也会将凶煞引入宅中，不利主人。现在仍有人讲究镜子的摆放，通常在卧室中镜子不能正对床，否则有损主人气场；镜子不可正对房门，否则会阻挡财气和福气；镜子不可正对着厕所门，否则会使主人生病；镜子可以安装在餐厅中，寓意丰盛，可增加主人财运。

吉竿

□ 吉竿 《新镌工师雕斫正式鲁班木经匠家镜》乾隆本 插图

吉竿用长木，佳。上用披水板[1]，如两落水[2]一般，名曰"避雨"。中用转肘，好扯灯笼，灯笼上写"平安"二字。避雨中用一板，上写 "紫薇垣"三字，像神位一般，供在避雨中，朝对冲处。凡有大树、灯竿、城楼、宝塔、月台[3]、更楼、敌楼[4]、官厅、官堂冲者，并皆用之。若人家前高后低[5]者，亦用。此不宜太高，立于后门或后天井中。若后边有山高、墙高、他家屋高，亦用此立于前天井内门前。

注解

1 披水板：是一种排水结构，如左图所示向外倾斜的两片屋檐，下雨时雨水顺着斜面落地，不会打湿下面的灯笼。

2 两落水：滴水屋檐。咸同本"两"作"雨"，亦可通。

3 月台：古代建正房、正殿都突出与前阶的平台相连，使之宽敞通透，也就适合赏月，故称"月台"。

4 更楼、敌楼：又称"谯楼"，城墙上打更或御敌的高楼，供守城军士指挥瞭望传令、放置器械物资等，平时则用来巡逻和休息。

5 前高后低：阳宅若前高后低，风水中便称之为"地空杀"，大凶，所以要用吉竿。

译文

吉竿最好用长木，上面做挡雨板，形如房屋的屋檐，称"避雨"。中间用一根可以转动的木轴，好挂灯笼，灯笼上写"平安"二字。"避雨"中放一块木板，上面写"紫微垣"三字，这块木板要像神位一样供在"避雨"里，朝向冲犯的地方。凡是有大树、灯竿、城楼、宝塔、月台、更楼、敌楼、官厅、官堂等冲犯的，都可以用吉竿化解。如果住宅前高后低，也可以用吉竿，不过不宜太高，立在后门或者后天井中。假如房屋后有高山、高墙、其他人家的高屋，也用吉竿，但要立在前天井中门前。

黄飞虎

飞虎将军[1]，或纸画，或板上画。凡有人家飞檐横冲者，用此。横冲屋脊等项，亦用此镇之。见有人家安酒瓶者，亦同用小三白酒，内藏五谷，太平钱[2] 一文，砌成一块，如品字样。

□ 黄飞虎 《新镌工师雕斫正式鲁班木经匠家镜》乾隆本 插图

注解

1 飞虎将军：即黄飞虎，《封神演义》中的角色，原为商朝镇国武成王，后投奔周伯参与讨伐商纣，阵亡后被封为"东岳大帝"。

2 太平钱：古代常见的官铸或私铸的吉语钱，刻有"天下太平"等吉语，多用于压胜或祭祀。

译文

飞虎将军，可以画在纸上，也可画在木板上，凡有其他人家的飞檐冲犯的，就用飞虎将军。有横冲屋脊，也可以用它来镇解。如今有人家安酒瓶，同时也用三小杯白酒，内藏五谷和一枚太平钱，封砌在一起，形成"品"字样。

□ 山海镇 《新镌工师雕斫正式鲁班木经匠家镜》乾隆本 插图

山海镇[1]

山海镇如不画者，只写"山海镇"亦可[2]，画之犹佳。凡有巷道、门路、桥亭、峰土堆[3]、枪柱、船埠[4]、豆蓬柱[5]等项，通用。

注解

1 山海镇：山海镇是一幅占卜图，用于镇宅、化煞。画中绘三山五岳、五湖四海，《鲁班经》插图中的"山海镇"图，是一种简略画法，通常图正中还画有八卦太极图，南北方各画日月。

2 亦可：底本"亦"作"茹"，据万历本改。

3 峰土堆：即封土堆，坟墓开口处的土堆。或因土堆隆起形似小山峰，所以又称"峰土堆"。

4 船埠（bù）：停船的码头。

5 豆蓬柱：指古代凉棚式的建筑。

译文

山海镇图如果不绘图，只写上"山海镇"三字也可以，但绘图的效果更好。凡是有巷道、门路、桥亭、峰土堆、枪柱、船埠、豆蓬柱等物冲犯的，都可以使用山海镇图。

九天应元雷声普化天尊

凡有钟楼、鼓楼、铁马梯、回廊、秋千架、牌楼上麒麟狮子开口者，及照墙[1]、神阁、五圣堂[2]屋脊相冲等项，并皆用贴于横枋上，凡事逢凶化吉³。

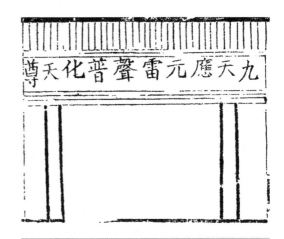

□ 九天应元雷声普化天尊 《新镌工师雕斫正式鲁班木经匠家镜》乾隆本 插图

注解

1 照墙：又称"影壁""照壁"，正门内或正门外用来遮挡的墙壁，多为砖砌或木制。

2 五圣堂：又称"五圣庙""五圣祠"，供奉着五位民间信仰中的神明，江浙地区比较常见，流传版本差异很大，一说为火神、山神、地神、谷神、花神，又一说为关帝、观音、龙王、财神、药王等。相传明初朱元璋祭祀阵亡将士，将士姓名不详，故五圣名号并不固定，田艺蘅《留青日札》说："即五通神也。或谓明太祖定天下，封功臣，梦阵亡兵卒千万请恤。太祖许以五人为伍，处处血食。命江南家立尺五小庙，俗称为五圣堂。然则五圣与五通不同矣。"

3 并皆用贴于横枋上，凡事逢凶化吉：底本此句作"屋脊相冲等项，枋上此事逢凶化吉"，据万历本改。

译文

凡是有钟楼、鼓楼、铁马梯、回廊、秋千架、牌楼上有麒麟狮子大开口，或者有照墙、神阁、五圣堂等相冲的，要在房屋的横梁贴雷声咒，可以逢凶化吉。

枪篱¹

凡有低屋脊及矮墙头冲者用。如己屋朝东、朝西、朝南者，恐日影墙脊、屋脊影入门，故用枪篱以当其锋。

□ 枪篱 《新镌京板工师雕斫正式鲁班经匠家镜》
万历本 插图

注解

1 枪篱：即篱笆。在风水一道，
种竹、种树、扎篱墙都可以掩
煞化凶。

译文

凡是屋脊低或有矮墙头冲犯
的，都可以用枪篱。如果自家房
屋朝东、朝西或朝南，日光斜照
时墙脊和屋脊的影子会落入门内
的，都可以用枪篱来挡其锋芒。

鲁班秘书

凡匠人在无人处，莫与四眼见[1]，自己闭目展开，一见者便用。

注解

1 四眼见：四处的人看见。

桂叶藏于斗内，主发科甲[1]。 注解 　1 发科甲：科举考试获得好名次。科甲，古代科举考试分为甲乙等科，后泛指科举考试。	船亦藏于斗中，可用船头朝内，主进财。不可朝外，朝外主财退。

不拘藏于某处，主主人寿长。

此披头五鬼，藏中柱内，主死丧。

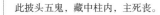

一个棺材死一口，若然两口主双刑[1]。大者其家伤大口，小者其家丧小丁。藏堂屋内枋内。

注解

1 双刑：即犯双刑。刑是四柱命理学中的术语，指刑冲，刑为伤害、冲为动荡，犯刑即对人的命局有不好的影响，可能会多灾多病。刑有多种，双刑或指犯两种刑。

黑日藏家不吉昌，昏昏闷闷过时光。作事却如云蔽日，年年虐疾[1]不离床。藏人门上枋内。

注解

1 虐疾：重病、恶疾。咸同本作"瘧（疟）疾"。

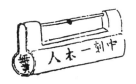

铁锁中间藏木人，上装五彩像人形。其家一载死五口，三年五载绝人丁。深藏井底，或筑墙内。[1]

注解

1 装五彩……筑墙内：底本"装"作"描"，"筑"作"藏"，亦可通，据万历本改。

竹叶青青三片连，上书大吉太平安。深藏高顶椽梁上，人口平安永吉祥。藏钉椽，屋脊下梁柱上。

梁画纱帽槛画靴，枋中画带正相宜。生子必登科甲第，翰林院内去编书[1]。

注解

　　1 翰林院内去编书：进入翰林院参加编书，代指进士及第。

门缝中间藏墨浸[1]，代代贤能出方正。不为书吏却丹青，安稳[2]人家生忠信。

注解

　　1 墨浸：应指浸了墨汁的墨签。
　　2 安稳：底本作"积善"，亦可通，据万历本改。

一块碗片一枝[1]箸，后代儿孙乞丐是。衣粮口食尝冻饿[2]，卖了房廊住桥寺。藏门口架梁内。

注解

　　1 枝：同"支"。后同。
　　2 尝冻饿：受冻挨饿。

覆船藏在房北地，出外经营丧江内。儿女必然溺井河[1]，妻见难逃产死厄。埋北首地中。

注解

　　1 溺井河：溺死在井里或河中。底本作"去投河"，亦可通，据万历本改。

一个柴头系一绳，块藏[1]地下随处行。夫妻父子尝争斗[2]，吊死绳头有己人[3]。不论埋何处。

注解

　　1 块藏：埋藏。块（塊），疑为"埋"字之讹。
　　2 争斗：底本作"不睦"，亦可通，据万历本改。
　　3 己人：几人。己，疑为"几"字之讹。

白纸画成两把刀，杀人放火逞英豪。杀伤人命遭牢狱，不免秋来刀下抛[1]。藏门前白虎首枋内。

注解

　　1 秋来刀下抛：即"秋后问斩"，代指触犯死罪。

一人一马一枝枪，武职身荣大吉昌。名闻天下虏威伏，不免将军死战场。

白虎当堂坐正厅，主人口舌不离身。女人在家多疾厄，不伤小口只伤妻。藏梁楣内，头向内，凶。

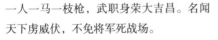

斗中藏米家富足[1]，必然富贵发华昌。千财万贯家安稳，米烂成仓衣满箱。藏斗内。

注解

1 富足：底本"足"误作"月"，据万历本改。

一块破瓦一断锯，藏在梁头合缝处。夫丧妻嫁子抛离，奴仆逃亡无处置。藏正梁合缝内。

双钱正梁左右分，寿财福禄正丰盈。夫荣子贵妻封赠，代代儿孙挂绿衣[1]。藏正梁两头，一头一个，须要覆放。

注解

1 挂绿衣：明清品级较低的官职服色，泛指担任官员。

七个钉头作一包，七口人丁永不抛。若然添人与娶媳，一得一失必难逃。藏柱内孔中。

一定好墨一枝笔，富贵荣华金阶立[1]。必佐圣朝为宰臣，笔头若蛀退官职。藏枋内。

注解

　1 金阶立：站立在金阶上，金阶指代帝王宫殿的台阶或者朝廷，这里即指会入朝为官辅佐皇帝左右。

合木木中书此符，家中尝见鬼妖魔。走石飞砂长作怪，妻女儿郎祛病多。将木上镶缝中画之。

朱雀前书多口舌，官非横祸相碌涉[1]。家财耗散损人丁，直待卖房才得歇。写大门上枋中。

注解

　1 碌涉：忙碌艰难。

门槛缝中书一囚，房若成时祸上头。天大官司监牢内，难出监中作死囚。藏门槛合缝中。

房屋中间藏牛骨，终朝辛苦忙碌碌。老来身死没棺材，后代儿孙压肩肉。埋屋中间。

头发中间裹把刀，儿孙落发出家逃。有子无夫常不乐，鳏寡孤独不相饶。藏门槛下地中。

墙头梁上画葫芦，九流三教用工夫。凡住人家皆异术，医卜星相往来多。画墙上，画梁合缝内。

（"鲁班秘书"译略）

凡造房屋，木石水泥匠作诸色人等蛊毒[1]魇魅，殃害主人，上梁之日，须用三牲福礼，攒扁[2]一架，祭告诸神。将鲁班先师秘符一道，念咒云：恶匠无知，蛊毒魇魅，自作自当，主人无伤。暗诵七遍，本匠遭殃。吾奉太上老君敕令，他作吾无妨，百物化为吉祥。急急律令！

即将符焚于无人处，不可四眼见。取黄黑狗血[3]，暗藏酒内，上梁时将此酒连递匠头三杯，余者分饮众匠。凡有魇魅，自受其殃，诸事皆祥[4]。

此符用朱砂书符，贴正梁上。

黑圈内写本家名字在内，写完以墨涂之。贴符用左手持之，贴时莫许外人说闲语。贴毕卜梯，方以青龙[5]和合净茶米食化纸[6]，即安家堂圣众[7]，接土地灶神居位，遂念安家堂真言，曰：

□ 朱砂正梁符 《新镌京板工师雕斫正式鲁班经匠家镜》万历本 插图

天阳地阴，二气化神。三光[8]普照，吉曜临门。华香散彩，天乐流音。迎请家堂，司命六神⁹。万年香火，永镇家庭。诸邪莫入，水火难侵。门神户尉¹⁰，杀鬼诛精。神威广大，正大光明。太乙救命，久保私门。安神已毕，永远大吉。

注解

1 蛊毒：传说中的巫毒之术，用大量毒虫培养出最具毒性的一只，然后下毒害人。《隋书·地理志》说："其法以五月五日聚百种虫，大者至蛇，小者至虱，合置器中，令自相啖，余一种存者留之，蛇则曰蛇蛊，虱则曰虱蛊，行以杀人，因食入人腹内，食其五脏，死则其产移入蛊主之家。"

2 欑（cuán）扁：堆放在扁担里。欑，通"攒"。

3 黄黑狗血：相传黑狗血可以破除邪祟。

4 皆祥：底本作"符解"，亦可通，据万历本改。

5 青龙：此处或指青龙神位，后文提到"司命六神"中即有青龙神。

6 化纸：即焚烧纸钱、纸锭等。

7 家堂圣众：家堂即家中的堂屋，会安放祖先的神位，所以家堂圣众就指家中的先辈圣人，也可用家堂直接指代。

8 三光：即日、月、星。《三字经》说："三光者，日月星。"

9 司命六神：即青龙、天德、玉堂、司命、明堂、金匮六神。六神所在的日子就是所谓的黄道吉日，此日百事吉利，不避凶忌，万事如意。

10 门神户尉：民间贴在宅门两侧的画像，左边称为"门丞"，右边称为"户尉"，可以护卫家宅，使其邪秽不侵。门神的说法较多，一说为神荼和郁垒，又一说为秦琼和尉迟恭。

译文

凡建造房屋，有木石匠、水泥匠等各色人等，想用蛊毒邪道殃害主人，就需在上梁当日，准备三牲福礼，放到一架扁担上，祭告诸神并念一道鲁班仙师的秘符咒语：恶匠无知，蛊毒魔魅，自作自当，主人无伤。暗诵七遍，本匠遭殃。吾奉太上老君救令，他作吾无妨，百物化为吉祥。急急律令！

然后把符纸在没人的地方焚掉，焚烧时不能被旁人看见。偷偷把黄黑狗血倒入酒内，上梁时接连递给工头三杯，剩下的分给其余工匠。凡有邪道妖术，都会自作自受，而主人也因此逢凶化吉。

雷霆镇宅符需要用朱砂书写，符贴在正梁上。

黑圈里写本家姓名，写完用黑墨涂黑，贴符时左手拿符，不要和外人说闲话。贴完后下了梯子，才将青龙神位和洁净的茶、米、供食摆好，然后烧纸，接着安好家中的各位先圣的牌位，接土地神和灶神归位，然后立即口念安家堂先圣的真言：

天阳地阴，二气化神。

三光普照，吉曜临门。

华香散彩，天乐流音。

迎请家堂，司命六神。

万年香火，永镇家庭。

诸邪莫入，水火难侵。

门神户尉，杀鬼诛精。

神威广大，正大光明。

太乙敕命，久保私门。

安神已毕，永远大吉。

家宅多祟禳解[1]

多有人家内或远方带来邪神野鬼，家中魇殃之物，邪鬼脱其形貌，作怪移物，过东过西，负病人言语，要酒要饭之类，可用此符贴一十二张。按星盘方数，如法贴之，邪祟永无，速去，魇禳之物无用矣。

注解

1　家宅多祟禳解：家宅有鬼神作祟的祈福驱邪法。底本无本篇，以下内容均据万历本补。

译文

多有人家里经常有本来就在家中的或从远方带回来的邪神野鬼，及家中的邪道祸害之物，它们没有形体外貌却作怪移物、附体病人开口说话，索要酒饭等等，可用这十二张符咒，按照星盘的方位，以"星盘方向定局"法张贴，则邪祟永无，立刻远离，镇邪驱灾之物也不再有用处了。

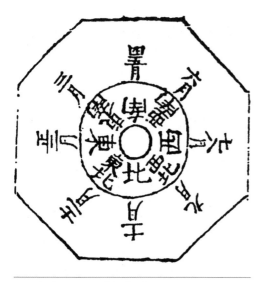

□ 星盘方向定局　《新镌京板工师雕斫正式鲁班经匠家镜》万历本　插图

星盘方向定局[1]

前星盘定局皆贴符方法。假如立春前作十二月节气，一立春后，即正月节，第一道即从正东贴起，未立春即从东北贴起。正东、正西、正南、正北皆贴两张，东南、东北、西南、西北皆贴一张，不可错乱，如错乱贴无益。

注解

1　星盘方向定局：此条内容即解释上条"按星盘方数"的贴符方法，以及十二张符咒。

译文

上图的星盘定局是张贴符咒的方法。如果立春前，就按照十二月节气，立春后，就是正月节气，第一道从正东开始张贴；没有立春，就从东北开始张贴，正东、正西、正南、正北都贴两张，东南、东北、西南、西北都贴一张。方位数量不可错乱，否则没有作用。

五雷地支灵符

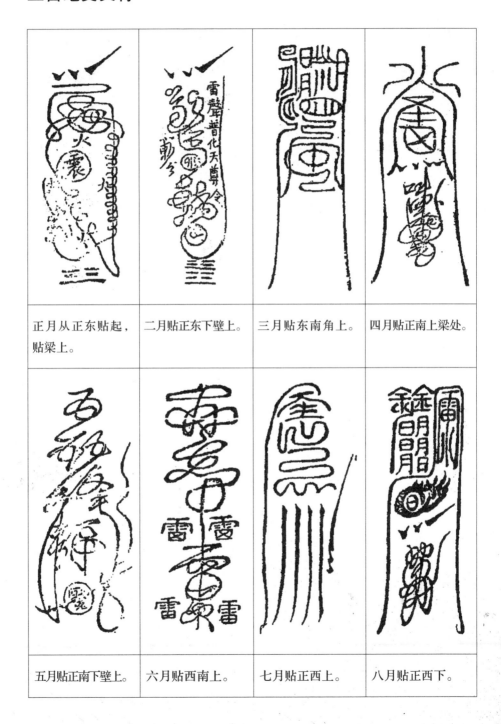

正月从正东贴起，贴梁上。	二月贴正东下壁上。	三月贴东南角上。	四月贴正南上梁处。
五月贴正南下壁上。	六月贴西南上。	七月贴正西上。	八月贴正西下。

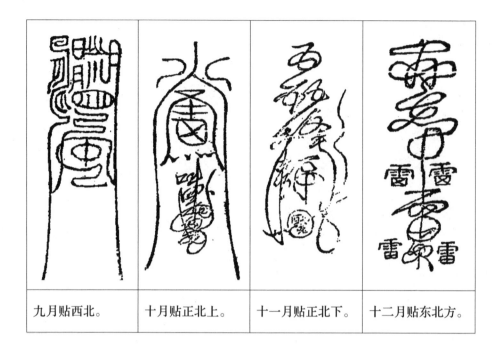

九月贴西北。	十月贴正北上。	十一月贴正北下。	十二月贴东北方。

（"五雷地支灵符"译略）

解诸物魇禳万灵圣宝符

鼋靈鼍霄霏霽霉霂霼霚霅

咒曰：吽吽呢唵嚕呵嘖嚰哥哞叫㕡叶嚧！急急如萨公真人[1]律令！

内加五雷符，以口呵：

出！

东方蛮雷将军，西方蛮雷使者，南方火雷灵官，一北方水雷[2]蛮浪雨师掌雷部大神，田[3]中央直雷姚将军水，急急敕，速登坛！

以水杨柳净水洒之四方，以黄纸用朱砂书此符（见下一页左图），贴于中堂，三牲祭毕，用木匠斧一把，用梯至梁枋各处，连打三下，遂念天开一咒。

开天一咒曰：五姓妖魔，改姓乱常。使汝不得，斧击雷降。一切恶魔，化为微尘。吾奉雷霆霹雳将军令，速速远去酆都[4]，无得停留。

又书镇宅灵官符，用指虚书[5]（见本页右图）。

书毕大喝曰：若有诸等邪魔鬼怪侵犯者，即起金鞭，打尔粉碎，门神户尉，各宜本位，本宅之中，永保太平！

念毕诵雷经一卷。

送青龙、白虎、朱雀、玄武、勾陈、腾蛇[6]、太岁、五方诸天星众，化纸醋潭[7]，奉送出门。

毕又安家堂、土地、灶神，化纸于室内，不可送出门外。如此解禳，永无灾障，以凶化吉，家道兴隆，吉祥如意者。

□ 解诸物魇禳万灵圣宝符　《新镌京板工师雕斫正式鲁班经匠家镜》万历本　插图

注解

1 萨公真人：即萨守坚，北宋道士，号全阳子，自称"汾阳萨客"，与葛玄、许逊、张道陵合称四大天师。相传著有《雷说》《内天罡诀法》《续风雨雷电说》等，收录在《道藏·正一部》所载《道法会元》。

2 水雷：道教五雷之一，其余四雷为天雷、地雷、神雷、社雷。

3 田：或指中央蛮雷使者田宗元，《道法会元》载其余使者分别为东方蛮雷使者马郁林、南方蛮雷使者郭元京、西方蛮雷使者方仲高、北方蛮雷使者邓拱辰。但不知后文"姚将军水"何义。

4 酆都：又称"罗酆山"，道教传说中酆都大帝的居所，泛指阴曹地府。陶弘景《真诰·阐幽微》说："罗丰山在北方癸地，山高二千六百里，周回三万里。其山下有洞天，在山之下，周回一万五千里，其上其下并有鬼神宫室。山上有六宫，洞中有六宫，辄周回千里，是为六天鬼神之宫也。山上为外官，沿中为内官，制度等耳。"

5 用指虚书：又称"书空"，用手指在空中虚画字形。

6 腾蛇：又名螣蛇。

7 醋潭：醋坛。潭，"坛（罎）"字形讹。

译文

咒语道：吽吽呢唵噜呵唨曕嗬哖吽呫叶嘘！急急如萨公真人律令！

再施加五雷符，用嘴喊道：

出！

东方蛮雷将军，西方蛮雷使者，南方火雷灵官，一北方水雷蛮浪雨师掌雷部大神，田中央直雷姚将军水，急急敕，速登坛！

用水杨柳条沾湿净水洒在四方，用朱砂在黄纸上书写这道符文，贴在中堂。三牲献祭毕，带一把木匠斧，用梯子爬到梁枋各处，连打三下，然后立刻念天开一咒。

开天一咒道：五姓妖魔，改姓乱常。使汝不得，斧击雷降。一切恶魔，化为微尘。吾奉雷霆霹雳将军令，速速远去酆都，无得停留。

又书镇宅灵官符，用指虚书。

写完，要大声喝道：若有诸等邪魔鬼怪侵犯者，即起金鞭，打尔粉碎，门神户尉，各宜本位，本宅之中，永保太平！

念完再诵读雷经一卷。

然后恭送青龙、白虎、朱雀、玄武、勾陈、腾蛇、太岁、五方诸天星众，在醋坛焚烧纸，奉送出门。

然后安好家堂先圣、土地、灶神，将符纸在室内焚烧，不要将他们送出门外。按照此法祷神除殃，将永远不会有灾祸恶障，逢凶化吉家道兴隆，成为吉祥如意家的人。

附卷二

　　本卷以人事活动的日期选择为主，内容主要包括：以干支纪日的六十日，每日各主何吉凶；置产、起工动土、穿井、造床等各项工程的宜忌之日；与建筑风水有关的吉凶神煞。其中一部分择日活动与卷一和卷二中的相关描述相同，但选择的时辰更多。此外，本卷还将婚嫁等许多与工程无关的事项也收录其中。

新刻法师选择纪（全）

明钱塘胡文焕德父　校正

贞观元年¹正月十五日，唐太宗²皇帝宣问诸大臣僚："朕见天下万姓，每三四日长明设斋³求福，如何却有祸生？"当时，三藏和尚⁴奏："万姓设斋之日，值遇凶神，故为咎⁵者，皆是不按《藏经》⁶内值吉神可用之日，所以致此。臣今《藏经》内录《如来选择纪》⁷，奏上见其祸福由之日吉凶也。"

注解

1　贞观元年：公元627年。贞观，唐太宗李世民年号，共计二十三年。贞观年间，李世民励精图治，广开言路，政治清明，后被誉为"贞观之治"。

2　唐太宗：即李世民，唐代第二位皇帝，庙号太宗。

3　长明设斋：点燃长明灯，安排斋宴。长明，即长明灯。

4　三藏和尚：即玄奘，俗名陈祎，汉传佛教唯识宗学者。他早年深感中土佛经矛盾之处甚多，经师说法不一，故在贞观三年由长安出发，西行至古印度那烂陀寺进修学习，并取得巨大名望，获得"三藏法师"称号。贞观十九年返回长安，终生在白马寺翻译梵文经书，并将路途见闻写成《大唐西域记》。三藏，指佛教"经、律、论"三种典籍，三藏法师即是对精通佛教"经、律、论"的学者的尊称。

5　咎：这里指凶事。

6　《藏经》：即《大藏经》，又称"一切经"，是以"经、律、论"为主体的大型佛教典籍丛书集成。

7　《如来选择纪》：即指本卷《新刻法师选择纪（全）》，相传由胡文焕校正出版。胡文焕，明代万历年间的藏书家、出版家，藏书楼名为"文会堂"，刊刻出版的典籍多达六百余种，仅《格致丛书》就收录近两百种，门类包括数术、医学、音韵、文学作品等。本卷与万历本《鲁班经》同为汇贤斋丛书五种之一，且与《增补万全玉匣记》所载《法师选择纪》的文本内容基本相同，可能存在传承或同源关系，今附录在本书末。

译文

贞观元年（627）正月十五日，唐太宗皇帝询问群臣："我发现天下百姓，每三、四日便点燃长明灯，安排斋宴，祈求赐福保佑，为什么还是会有灾祸发生？"当时，三藏法师回答说："百姓安排斋宴的日期，正好遇到了凶神。发生灾祸的，都是不按《藏经》里当值吉神的日子，所以才这样。我如今献上《藏经》里收录的《如来选择纪》，就可以明白祸福与日期吉凶是有关的。"

甲子日，是善财童子[1]在世[2]捡斋[3]，还愿[4]者子孙昌盛，福生，招财，大吉利。

乙丑、丙寅日，是阿罗汉尊长者[5]与天神下降，有人设斋还愿者，万倍衣禄财宝，自然吉庆，大吉利也。

丁卯日，是司命[6]捡斋，有人祈祷还愿者，返善为恶，妨人口，大凶，可忌。

戊辰、己巳日，是那吒太子[7]捡斋，若有人设醮[8]还福，返善为恶，妨人口，大凶。

庚午日，是青衣童子[9]在世捡斋，还福者，主万倍富贵，兴旺大吉。

辛未日，是三途饿鬼[10]在世捡斋，还愿者，主三年破财，损六畜，大凶。

壬申、癸酉日，是判官在世捡斋，还愿者，主一年内有祸，大凶。

甲戌、乙亥、丙子、丁丑、戊寅、己卯六日，是马鸣王菩萨[11]捡斋，得无量福，万事大吉利。

庚辰、辛巳、壬午日，是狰狞神恶鬼在世，设斋，主伤人口生灾，家中常有血光火烛，一年大凶。

癸未日，是野妇罗刹[12]，设斋，主一年内人口破散，大凶。

甲申、乙酉、丙戌三日，是弥陀佛[13]说法[14]之日，设斋还愿者，主三年内获福万倍，子孙兴旺，龙神获佑，百事大吉。

丁亥日，是朱雀神在世，设斋还愿者，官灾口舌，疾疫侵害，大凶。

戊子日，是冥司差极忌神在世，设斋还愿者，主一年遇遭官事、口舌是非、疾病，此日大凶。

己丑日，是司命真君差童子在世，捡斋，还愿者主人口安康，获福无量，此日平安。

庚寅、辛卯日，是畜神在世，设斋还愿者，主一年内破财、损畜、是非，大凶。

壬辰日，是阿难尊者[15]与青衣童子在世，设斋还愿者，主子孙昌盛，获福无量，三年大吉利。

癸巳日，是恶神游行，设斋还愿者，主年年不利，大凶。

甲午、乙未、丙申、丁酉、戊戌、己亥、庚子、辛丑八日，是文殊[16]、普贤[17]与青衣童子在世捡斋，还愿者此日获福无量，百事大吉。

壬寅、癸卯日，是观音菩萨[18]行化之日，设斋还愿者，主儿孙得福，后世生净土[19]，所生男子，十相俱足[20]。

甲辰、乙巳日，是天下四角大神[21]在世捡斋，还愿者返善为恶，人眷生灾，大凶。

丙午、丁未日，是牛头[22]、夜叉[23]在世捡斋，还愿者、人不信用者三年内伤人口，此日大凶。

戊申、己酉日，是千佛[24]下世，设斋酬恩了愿，福利万倍，子孙昌盛，财物兴旺，六畜孳生，大吉。

庚戌、辛亥日，是一切贤圣同降游行天下，若人祈福者，获福无量，大吉。

壬子、癸丑、甲寅、乙卯四日，是诸佛贤圣同恶树在世，设斋者，此四日平平。

丙辰、丁巳日，是大头金刚[25]在世，设斋者，此日大凶。

戊午日，是诸圣不受愿，心不明，此日大凶。

己未日，是释迦如来[26]同菩萨在世，设斋酬恩者，福利无量，大吉。

庚申、辛酉日，是释迦如来说法之日，设斋酬恩者，福利无量，家宅富贵兴旺，子孙昌盛，主大吉利也。

壬戌、癸亥日，是诸佛不捡斋之日，大凶。

注解

1. 善财童子：法界品中的求道菩萨，遇普贤菩萨而成就佛道。《华严经·入法界品二》说："以何因缘名善财？此童子者，初受胎时，于其宅内有七大宝藏。其藏普出七宝楼阁，自然周备……以此故事，婆罗门中善相师字曰'善财'。"

2. 在世：下凡现世，在人间活动。

3. 捡斋：食用斋宴供品。

4. 还愿：祈求神灵的愿望实现后，要供奉香火或举办法事向神灵表示感谢。

5. 阿罗汉尊长者：又名"罗汉"，梵语"Arhat"的音译，意为"道者、圣者"，佛教声闻果中的最高果位，是断绝三界烦恼，证得尽智，脱离生死，而获得诸人尊敬供养的圣者。

6. 司命：又叫"司命星君"，即南斗六星，传说司掌延年益寿，《搜神记》："北边坐人是北斗，南边坐人是南斗。南斗注生，北斗注死。凡人受胎，皆从南斗过北斗，所有祈求皆向北斗。"

7. 那吒太子：又叫"那拏天"，毗沙门天王五太子之一，是护持佛法、守护国界的善神，如果有人作恶，他会用棒戟进行敲打。

8. 设醮（jiào）：设道场，祈福消灾。醮，古代祭祀，后指佛道设坛作法。

9. 青衣童子：不详，或为燕鸟化成的精怪。《太平广记·禽鸟》："（元道康）见二燕自北岭飞来而投涧下，一化为青衣童子，一化为青衣女子。……言讫，复为双燕飞去，不知所往。"

10. 三途饿鬼：冥界地府的孤魂饿鬼。三途，即三途河，传说中人间与地府的界河。饿鬼，佛教认为生前造恶业、多贪欲者，死后变为饿鬼，慧远《大乘义章》："言饿鬼者，如杂心释以从他求，故名饿鬼。又常饥虚，故名为饿。恐怯多畏，故名为鬼。"

11. 马鸣王菩萨：即"马鸣菩萨"，佛教中的禅宗祖师，著有《佛所行赞》等。后来演变为民间信仰中的蚕神"马明王/马鸣王"，古代认为蚕织与马匹有关，称为"蚕马同气"，源自《周礼·夏官》："（马质）若有马讼，则听之，禁原蚕者。"孔颖达疏："天文，辰为马。《蚕书》：'蚕为龙精，月直大火，则浴其种。'是蚕与马同气，物莫能两大，禁再蚕者，为伤马与？"

12 野妇罗刹：或指罗刹女，佛教中的食人女鬼，后被佛祖点化，《法华经》："尔时有罗刹女等，一名蓝婆，二名毗蓝婆，三名曲齿，四名华齿，五名黑齿，六名多发，七名无厌足，八名持璎珞，九名皋帝，十名夺一切众生精气，是十罗刹女。"罗刹，佛教中的食人恶鬼，慧琳《一切经音义》："罗刹，此云恶鬼也。食人血肉，或飞空，或地行，捷疾可畏。……乃暴恶鬼名也。男即极丑，女即甚姝美，并皆食啖于人。"

13 弥陀佛：又叫"阿弥陀佛""无量光佛"，梵语"Amitābh"的音译，意为"无量"，光明无量，寿命无量，是佛教中极乐世界的教主。

14 说法：讲解佛经佛法。

15 阿难尊者：又叫"阿难陀"，梵语"Ananda"的音译，意为"欢喜、庆喜"，是释迦牟尼佛的堂弟兼常随弟子，时常记诵佛陀语录，故被誉为"多闻第一"。

16 文殊：即文殊菩萨，又叫"曼殊室利"，梵语"Maňjuśrī"的音译，意为"妙德、妙吉祥"，是中国佛教四大菩萨之一，在般若经典中有关于"般若性空"和"般若方便"的论述，象征"智德、正德"，与普贤菩萨同为释迦牟尼佛的左、右胁侍。

17 普贤：即普贤菩萨，又称"遍吉菩萨"，梵语"Samantabhadra"的意译，是中国佛教四大菩萨之一，象征着"理德、行德"，与文殊菩萨同为释迦牟尼佛的左、右胁侍。

18 观音菩萨：又叫"光世音""观自在菩萨"，梵语"Avalokites-vara"的意译，是西方三圣之一，当遇难众生诵念其名号，便会观其音声前往拯救，与大势至菩萨同为阿弥陀佛的胁侍。

19 净土：又叫"佛国""清净国土"，佛教中庄严洁净的极乐世界，是佛陀、菩萨的居所，没有人世间的烦恼污秽。又特指阿弥陀佛的西方极乐世界。

20 十相俱足：具备十种善人之相，又比喻面容姣好。《法华经》认为，十相分别是"利根、植善、修慈、恭敬、舍恶亲善、持戒如珠、质直敬佛、譬喻说法、四方求法、顶受专修"。

21 天下四角大神：天下东南、西南、东北、西北四个方位的众神。

22 牛头：佛教中地狱人身牛头的鬼卒，《楞严经》："牛头狱卒，马头罗刹，手执枪稍，驱入城门。"

23　夜叉：梵语"Yaksa"的音译，意为"勇健、捷疾"，佛教中的害人恶鬼。

24　千佛：指同时期出现的一千尊佛。过去世庄严劫、现在世贤劫、未来世星宿劫共有"三世三千佛"。

25　大头金刚：或为"火头金刚"，即大力金刚菩萨，开口怒目，火发逆立，手执独股杵，象征"焚烧秽恶"。

26　释迦如来：即释迦牟尼佛，佛教教祖，俗名乔答摩·悉达多，本是古印度迦毗罗卫国净饭王的长子，相传在菩提树下悟道，广施教化，解说佛法，年八十而圆寂。如来，是释迦牟尼佛的十个称号之一，梵语"Tathāgata"的意译，意为"由真理而来"。

译文

甲子日，善财童子在人间收取供品，会保佑还愿者子孙昌盛多福、招财进宝，很吉利。

乙丑日、丙寅日，阿罗汉尊长者和天神下凡，有人设斋还愿，会得千倍万倍的衣食财富，自然非常吉庆，很吉利。

丁卯日，司命下凡收取供品，如果有人祈祷还愿，反而会转善为恶，死伤亲属，非常凶险，需要忌讳。

戊辰日、己巳日，哪吒太子在人间收取供品，如果有人设坛祈福，反而会转善为恶，死伤亲属，非常凶险。

庚午日，青衣童子在人间收取供品，会保佑还愿的人们万倍富贵兴旺，很吉利。

辛未日，地府饿鬼在人间收取供品，设斋还愿者，在三年内都会损失财物，危害家畜，非常凶险。

壬申日、癸酉日，阴曹判官在人间收取供品，设斋还愿者，一年内会有灾祸，非常凶险。

甲戌日、乙亥日、丙子日、丁丑日、戊寅日、己卯日六日，马鸣王菩萨在人间收取供品，还愿者可以得无量福报，也万事大吉。

庚辰日、辛巳日、壬午日三日，狰狞神恶鬼在人间，设斋者会招灾祸，家中会频发死伤或火灾，一年内特别凶险。

癸未日，野妇罗刹在人间，设斋者一年内会家破人散，非常凶险。

甲申日、乙酉日、丙戌日三日，是阿弥陀佛讲解佛经佛法的日子，设斋还愿者三年内会获得万倍至福，子孙兴旺，龙神护体，百事大吉。

丁亥日，朱雀神在人间，设斋还愿者会招官司，以及疾病侵扰，非常凶险。

戊子日，冥司差遣极忌神在人间，设斋还愿者会在一年内遭遇官司、口舌是非、疾病，非常凶险。

己丑日，司命真君遣童子在人间收取供品，还愿者家庭平安，获得无量福报，这个日子平安。

庚寅日、辛卯日两日，畜神在人间，设斋还愿者一年内会损失财物，危害家畜，非常凶险。

壬辰日，阿难尊者和青衣童子在人间，设斋还愿者会子孙昌盛，获得无量福报，三年内大吉大利。

癸巳日，恶神游行，设斋还愿者会年年都不吉利，非常凶险。

甲午日、乙未日、丙申日、丁酉日、戊戌日、己亥日、庚子日、辛丑日八日，文殊菩萨、普贤菩萨以及青衣童子在人间收取供品，还愿者在这几天还愿可以获得无量福报，百事大吉。

壬寅日、癸卯日两日，是观音菩萨在人间布施教化的日期，设斋还愿者儿孙会获得福报，来世在净土居住，出生的男性都十相俱全。

甲辰日、乙巳日两日，天下四角大神在人间收取供品，还愿者反而会转善为恶，会致家眷有灾，非常凶险。

丙午日、丁未日两日，牛头、夜叉在人间收取供品，还愿者或不守信用者三年内会死伤亲属，此日非常凶险。

戊申日、己酉日两日，是千佛下世的日期，设斋报恩了愿者，会获得万倍福报，子孙昌盛，财运亨通，家畜兴旺，非常吉利。

庚戌日、辛亥日两日，是所有神佛共同降世、游行天下的日期，如果在这两天祈福，会获得无量福报，非常吉利。

壬子日、癸丑日、甲寅日、乙卯日四日，诸佛贤圣与恶树在人间，设斋还愿求福者在这四天效果一般。

丙辰日、丁巳日两日，大头金刚在人间，设斋者非常凶险。

戊午日，神佛都不接受还愿，心不明，此日非常凶险。

己未日，释迦如来佛和菩萨在人间，设斋报恩者都会获无量福报，非常吉利。

庚申日、辛酉日两日，是释迦如来佛开坛说法的日子，设斋报恩者会获无量福报，家宅富贵兴旺，子孙昌盛，大吉大利。

壬戌日、癸亥日两日，神佛都不收取供品，非常凶险。

盖闻《皇极玉记》[1]秘于大有[2]之庭，出自《太虚玉匣》之内，自真君许[3]始有立焉。《选择纪》者，藏于西土宝塔之上，自三藏贞观初现，此分二教建善之文所由起也。虽同源而异派[4]，百川之流归于海，天下无二道，圣人无两心，既有其文，不可不遵焉。

注解

1 《皇极玉记》：不详，可能指邵雍《皇极经世书》或其他术数典籍。

2 大有：《周易》卦名之一，象征盛大富有。

3 《太虚玉匣》之内，自真君许：《太虚玉匣》或指《万全玉匣记》，相传为东晋许逊编撰，主要记载选择吉日的方法。太虚，宇宙虚空。玉匣，保管珍宝的箱匣。许逊，字敬之，江西南昌人，曾任旌阳县令，后出家为道，是道教净明派祖师，有铁树镇蛟斩蛇的传说，后世尊称为"许真君""许旌阳"。

4 同源而异派：佛教传入中土早期，曾借用老庄哲学来解说佛学思想，后来佛教兴盛、道教衰落，道教学者便开始宣扬佛教是老子西行布教的产物，所以古代民间多认为佛教和道教同源同根、关系密切，但实际上并不正确。

译文

据说《皇极玉记》收藏在大有之庭，出自《太虚玉匣》，从许真君开始才确定具体篇目。而《选择纪》则收藏在西方净土的宝塔内，自唐代三藏法师在贞观年间西行取经，才出现在人间，这是佛道二教劝人向善的文献的缘起。佛道二教的思想虽然同出一源，却不同派，但河流百川都要东归大海，天下不存在两种至道真理，圣贤不存在迥异的想法；既然存在这个文献，就不可以不遵循。

置产室

宜黄道、生气、续世[1]、益后[2]、建、平、满、成、收、开日；忌天贼、土瘟、绝灭、受死及日神所在之方。

癸巳、甲午、乙未、丙申、丁酉，在房内北；戊戌、己亥、戊申，在房内中；庚子、辛丑、壬寅，在房内南；甲辰、乙巳、丙午、丁未，在房内东；癸卯日，在房内西；己酉日，出外游四十日。

注解

1　续世：月内吉日之一，宜结婚求子。《星历考原·月事吉神》："《枢要历》曰：续世者，月中善神也。所直之日，宜结婚姻、睦亲族、祀神祇、求嗣续。历例曰：续世者，正月丑、二月未、三月寅、四月申、五月卯、六月酉、七月辰、八月戌、九月巳、十月亥、十一月午、十二月子是也。"

2　益后：月内吉日之一，宜造宅嫁娶。《星历考原·月事吉神》："《枢要历》曰：益后者，月中福神也。所直之日，宜造宅舍、筑垣墙、行嫁娶、安产室。历例曰：正月子、二月午、三月丑、四月未、五月寅、六月申、七月卯、八月酉、九月辰、十月戌、十一月巳、十二月亥。曹震圭曰：益后者，于子嗣有补益之神也。"

译文

宜在黄道、生气、续世、益后、建、平、满、成、收、开诸日。忌讳天贼、土瘟、绝灭、受死各神煞，以及日神所在的方位。

吉方癸巳日、甲午日、乙未日、丙申日、丁酉日，在房内北；戊戌日、己亥日、戊申日，在房内中；庚子日、辛丑日、壬寅日，在房内南；甲辰日、乙巳日、丙午、丁未日，在房内东；癸卯日，在房内西；己酉日，则出外游四十日。

补述

除安置产室的日子要择吉外，民间还相信胎神的存在。胎神掌管胎儿的神灵，会按月令的变更自动调换位置，所以有很多忌讳，具体如下：一月和七月怀孕的，胎魂在正门，忌修理正门和在正门附近挖地；二月和八月怀孕的，胎魂在庭院，忌在庭院存放重物；三月和九月怀孕的，胎魂在春米的臼里，忌移动米臼；四月和十月怀孕的，胎魂在厨房，忌在厨房里淋水；五月和十一月怀孕的，胎魂在卧室，忌修理或挪动孕妇卧室；六月和十二月怀孕的，胎魂在孕妇腹腔，忌将孕妇的衣服泡在开水里。此外，安置产室的床帐也有忌讳，具体如下表。

安置产室床帐避忌的年凶方表

方位 神煞 年支	子	丑	寅	卯	辰	巳	午	未	申	酉	戌	亥
禄存	兑	乾	中	巽	震	坤	坎	震	坤	巽	中	乾
文曲	艮	兑	乾	中	巽	震	坤	震	巽	中	乾	兑
血道	丙壬	丁癸	丁癸	甲庚	乙辛	乙辛	丙壬	丁癸	丁癸	甲庚	乙辛	乙辛

安置产室床帐避忌的月凶方表

凶方 神煞 月令	正月	二月	三月	四月	五月	六月	七月	八月	九月	十月	十一月	十二月
六甲胎神	床房	户窗	门堂	灯窠	身床	床仓	碓磨	窗户	门房	房床	灯窠	床床
四季伤胎杀	春子、午			夏丑、未			秋辰、戌			冬巳、亥		

起工动土

宜甲子、癸酉、戊寅、己卯、庚辰、辛巳、甲申、丙戌、甲午、丙申、戊戌、己亥、庚子、甲辰、癸丑、戊午、庚午、辛未、丙午、丙辰、丁未、丁巳、辛酉，黄道、月空、成日、开日。

（"起工动土"译略）

补述

起工动土十分讲究，古代多有通书记录此吉日，且相互之间有所矛盾，并无定论。如《鲁班经》中所载吉日，按择日之法来说，有些月令并不宜用，如甲子、庚子两日，午月用为月破，未月用则为月害；癸酉、辛酉二日，卯月用为月破，巳月用则为死气，都应该避开。《象吉通书》中载有逐月动土吉日，相较之下更为合理，现收录于此：

正月：甲子日、癸卯日、庚子日、乙丑日、乙卯日、丙午日、外丁卯日、丙子日、壬子日。

二月：乙丑日、壬寅日、庚寅日、甲寅日、辛未日、丁未日、癸未日、甲申日、戊申日。

三月：癸巳日、丁卯日、戊子日、庚子日、癸酉日、外丙子日、壬子日、辛酉日。

四月：甲子日、戊子日、庚子日、甲戌日、乙亥日、庚午日、外丙子日。

五月：乙亥日、丁亥日、辛亥日、庚寅日、甲寅日、乙丑日、辛未日、己未日、壬寅日、丙辰日、外丙寅日。

六月：乙亥日、戊寅日、己卯日、甲寅日、辛卯日、乙卯日、甲申日、戊寅日、庚申日、丁亥日、辛亥日、外丁卯日。

七月：甲子日、庚子日、庚午日、丙午日、丁未日、辛未日、癸未日、外丙子日、壬辰日、壬子日。

八月：壬寅日、庚寅日、乙丑日、丙辰日、甲戌日、庚戌日、壬辰日。

九月：丁卯日、辛卯日、庚午日、丙午日、外癸卯日。

十月：甲午日、戊子日、癸酉日、辛酉日、庚午日、甲戌日、外壬午日。

十一月：丁未日、辛未日、甲申日、庚申日、壬辰日、丙辰日、乙亥日、丁亥日、辛亥日。

十二月：甲子日、壬寅日、庚寅日、甲寅日、甲申日、戊申日、庚申日、外丙寅日。

但以上吉日不可与建破、魁罡、勾绞、玄武黑道、天贼、受死、土瘟、天瘟、土忌、土府、地囊、地破、天地转杀、九土鬼等凶煞冲犯，否则不可用。

造地基

宜甲子、乙丑、丁卯、戊辰、庚午、辛未、己卯、辛巳、甲申、乙未、丁酉、己亥、丙午、丁未、壬子、癸丑、甲寅、乙卯、庚申、辛酉。忌玄武黑道、天贼、受死、天瘟、土瘟、土符、地破、月破、地囊、九土鬼、正四废、天地正转杀[1]、天转地转[2]、月建转杀[3]、土公占[4]、土痕、建、破、收日。

注解

1 天地正转杀：其日子为春季的癸卯日，夏季的丙午日，秋季的丁酉日，冬季的庚子日。魏鉴《象吉通书》："天地正转：忌起造、修营、动土、基地、开池、穿井。"

2 天转地转：即天转杀和地转杀，合称"天地转杀"，指日期的天干或地支的吉凶的互相转化。春季乙卯日、辛卯日，木太旺为转杀日；夏季丙午日、戊午日，火太旺为转杀日；秋季辛酉日、癸酉日，金太旺为转杀日；冬季壬子日、丙子日，水太旺为转杀日。魏鉴《象吉通书》："天转地转：忌其日起手修作，主见祸。"

3 月建转杀：月建日的当日运势转吉为凶，不宜修造。月建日为春季的卯日，夏季的午日，秋季的酉日，冬季的子日。

4 土公占：土公，即土地神，土公占日为修造忌日之一，该日为大月的初二、初五、初八。小月的初一、初十、二十八。

（"造地基"译略）

伐木

宜己巳、庚午、辛未、壬申、甲戌、乙亥、戊寅、己卯、壬午、甲申、乙酉、戊子、甲午、乙未、丙申、壬寅、丙午、丁未、戊申、己酉、甲寅、乙卯、己卯、己未、庚申、辛酉，定、成、开日。忌刀砧杀、斧头杀、龙虎、受死、天贼、月破、危日、山隔、九土鬼、正四废、魁罡日。

（"伐木"译略）

伐竹木不蛀

宜甲辰、壬辰、丙辰。每月初五以前遇血忌日[1]。

注解

1 血忌日：禁忌日之一。每月的血忌日分别为：正月的丑日、二月的未日、三月的寅日、四月的申日、五月的卯日、六月的酉日、七月的辰日、八月的戌日、九月的巳日、十月的亥日、十一月的午日、十二月的子日。

（"伐竹木不蛀"译略）

补述

古代器具大多为木制，所以伐木在古代生活中占有重要位置。古代历书把六十甲子日，哪一天伐木会遭虫蛀，都标示得十分清楚，具体如下：

竹木皆宜伐日：丙寅日、丁卯日、戊辰日、己巳日、庚午日、辛未日、壬申日、丁丑日、戊寅日、己卯日、庚辰日、壬午日、癸未日、甲申日、丙戌日、丁亥日、戊子日、己丑日、庚寅日、辛卯日、癸巳日、乙未日、丙申日、丁酉日、戊戌日、己亥日、辛丑日、壬寅日、癸卯日、甲辰日、乙巳日、丁未日、戊申日、己酉日、庚戌日、辛亥日、壬子日、癸丑日、甲寅日、乙卯日、丙辰日。

只蛀木不蛀竹日：甲子日、癸酉日、甲戌日、丙子日、辛巳日、壬辰日、甲午日、庚子日、丙午日、丁巳日、戊午日、己未日、庚申日、辛酉日、壬戌日、癸亥日。

竹木皆蛀日：乙丑日、乙亥日、乙酉日。

建宫室

与起造同，宜明堂、玉堂[1]、黄道、大明[2]、三帝星[3]及五帝生日[4]。忌天灾、天火、地火、雷火[5]、月火[6]、独火、火星[7]、魁罡日。

注解

1　明堂、玉堂：黄道吉日之一，宜修造宫室，《造命宗镜集·大将宜居》："子加仲为明堂，丑加仲为玉堂。仲者，子、午、卯、酉是也。《连珠经》云：绛宫利中，明堂利前，玉堂利后。"黄黑道共有十二辰，分别是一青龙、二明堂、三天刑、四朱雀、五金匮、六天德、七白虎、八玉堂、九天牢、十玄武、十一司命、十二勾陈。其中，青龙、明堂、金匮、天德、玉堂、司命为黄道，主吉；天刑、朱雀、白虎、天牢、玄武、勾陈为黑道，主凶。

2　大明：月内吉日之一，诸事皆宜，《星历考原·月事吉神》："唐李淳风将诸家阴阳书总集一十五日，谓之大明，其日宜举动百事。历例曰：大明者，辛未、壬申、癸酉、己卯、壬午、甲申、壬寅、甲辰、丙午、己酉、庚戌、丙辰、己未、庚申、辛酉是也。"

3　三帝星：即玉皇、天皇、紫微三星，对应道教中的玉皇大帝、天皇大帝和紫微大帝，三星当值之日诸事皆宜。《造命宗镜集·体用类》："玉皇、天皇、紫微三帝星，乃九星中显、曲、傅三星也，盖玉皇即显星，天皇即曲星，紫微即傅星是也。凡用造葬、上官、嫁娶、开门、出行日遇三帝星，吉。"

4　五帝生日：即青帝、赤帝、黄帝、白帝、黑帝出生之日，青帝生甲子日、赤帝生甲辰日、黄帝生戊子日、白帝生壬辰日、黑帝生壬子日，诸事皆吉。《臞仙肘后经》："五帝生日：青帝、赤帝、黄帝、白帝、黑帝。已上作事永远终吉。"

5　雷火：不详。海南版谓独火、雷火、月火均同，但未核到此说出处。

6　月火：即"月游火"，火星凶神之一，不宜修造。《协纪辨方书·义例》："月游火。通书曰：月游火忌修方，其煞与打头火或年独火并飞得丙丁二字同到方。其灾发无凶神，并不妨。"

7　火星：火星凶日的总称，分为天火、地火、独火、打头火、月游火等，均犯火烛，不宜修造。《协纪辨方书·利用》："火星。通书曰：独火、打头火、月游火，忌修造，不忌安葬。然必与年遁丙丁或月家丙丁独火会合，方忌，不会不忌。丙丁独火不与诸火会合，亦不忌也。宜用一白水星水德制之。又本日忌用丙、丁、寅、午、戌月日时，并丙丁奇九紫，助其火气。"

（"建宫室"译略）

建神庙

不论金华塔台年月[1]，只与起造同。但要神在，忌神鬼隔[2]，桑门[3]寺院同，自汉创白马寺[4]，始有佛庙，皆向东。梁唐[5]之后多向北，忌向南方。

注解

1 　金华塔台年月：或指《金华经》年月星例及年月日方定局，日期择吉理论之一。魏鉴《象吉通书·建造宫观》："金华经年：天罡、道财、道库、经厘、道杀、河魁、小师、华盖、道禄、紫衣、道刑、道符。（以上起年法，各将年建并加天罡，顺行十二位。）金华经月：道教、天师、道流、道坐、上元、三师、道刑、中元、大清、道耗、下元、道符。（以上起月日法，以月建日并加道教，顺行一十二位，论山方值何吉星。）"《协纪辨方书·事类总集》："凡修造桥梁，僧尼院宇、庵观、神庙，开山立向修方，并与民俗年月同。"

2 　神鬼隔：即神隔日和鬼隔日，十隔忌日之一，不宜祈福祭祀。《万宝全书·克择门》："神隔日：正月巳日、二月卯日、三月丑日、四月亥日、五月酉日、六月未日、七月巳日、八月卯日、九月丑日、十月亥日、十一月酉日、十二月未日。鬼隔日：正月申日、二月午日、三月辰日、四月寅日、五月子日、六月戌日、七月申日、八月午日、九月辰日、十月寅日、十一月子日、十二月戌日。"

3 　桑门：即"沙门"，佛教徒的总称。

4 　白马寺：佛教传入中土后最早兴建的官办寺院，建成于东汉明帝永平十一年（68），是汉传佛教的文化中心。杨衒之《洛阳伽蓝记》："白马寺，汉明帝所立也，佛入中国之始。寺在西阳门外三里御道南。帝梦金神，长丈六，项背日月光明，金神号曰佛。遣使向西域求之，乃得经像焉。时白马负经而来，因以为名。"

5　梁唐：或指后梁和后唐，五代十国时期政权。五代，即后梁、后唐、后晋、后汉、后周，古人多将这五个政权视为中原正统。一说为佛教鼎盛的南朝梁和唐代。

（"建神庙"译略）

起工破木

宜己巳、甲戌、辛未、乙亥、戊寅、己卯、壬午、甲申、乙酉、戊子、庚寅、乙未、己亥、壬寅、癸卯、丙午、戊申、己酉、壬子、乙卯、己未、庚申、辛酉，黄道、天成、月空、天月二德，及合、成、开日。忌刀砧杀、木马杀、斧头杀、天贼、受死、月破、破败、独火、鲁般杀、建日、九土鬼、正四废、四离、四绝日。

（"起工破木"译略）

起磉扇架

宜甲子、乙丑、丙寅、戊辰、己巳、庚午、辛未、甲戌、乙亥、戊寅、庚辰、辛巳、壬午、癸未、甲申、丁亥、戊子、己丑、庚寅、癸巳、乙未、丁酉、戊戌、己亥、庚子、壬寅、癸卯、丙午、戊申、己酉、壬子、癸丑、甲寅、乙卯、丙辰、丁巳、己未、庚申、辛酉，黄道、天月二德、成、开、定日。忌正四废、天贼、建日、破日。

（"起磉扇架"译略）

竖柱

宜乙巳、辛丑、甲寅、乙亥、乙酉、己酉、壬子、乙丑、己未、庚申、戊子、乙未、己亥、己卯、甲申、己丑、庚寅、癸卯、戊申、壬戌，黄道、天月二德诸吉星、成、开日。

（"竖柱"译略）

上梁

宜甲子、乙丑、丁卯、戊辰、己巳、庚午、辛未、壬申、甲戌、丙子、戊寅、庚辰、壬午、甲申、丙戌、戊子、庚寅、甲午、丙申、丁酉、戊戌、己亥、庚子、辛丑、壬寅、癸卯、乙巳、丁未、己酉、辛亥、癸丑、乙卯、丁巳、己未、辛酉、癸亥，黄道、天月二德诸吉星、成、开日。

前二条忌朱雀黑、天牢黑、独火、天火、月火、狼藉[1]、地火、冰消瓦解、天瘟、天贼、月破、大耗、天罡、河魁、受死、鲁般杀、刀砧杀、划削血刃杀[2]、鲁般跌蹼杀[3]、阴错、阳错、伏断、九土鬼、正四废、五行忌月建转杀、火星、天灾日。

注解

1 狼藉：分为"天火狼藉日"和"地火狼藉日"，天火不宜割草下葬，地火不宜耕田种植。王洙《地理新书》："正月、五月、九月，子日；二月、六月、十月，卯日；三月、七月、十一月，午日；四月、八月、十二月，酉日。右天火狼藉日，不宜斩草及大葬。"《宅宝经》："地火日，一名地狼藉，逐月壬日、丙戌、壬辰、辛亥、乙未，名天不成，不宜种植。"

2 划削血刃杀：修造凶方之一。正月亥日、二月申日、三月巳日、四月寅日、五月卯日、六月午日、七月未日、八月酉日、九月戌日、十月丑日、十一月子日、十二月辰日为划削血刃杀日。

3 鲁般跌蹼杀：修造凶方之一。正月寅日、二月巳日、三月申日、四月亥日、五月卯日、六月午日、七月酉日、八月子日、九月辰日、十月未日、十一月戌日、十二月丑日为鲁般跌蹼杀日。

（"上梁"译略）

盖屋

宜甲子、丁卯、戊辰、己巳、辛未、壬申、癸酉、丙子、丁丑、己卯、庚辰、癸未、甲申、乙酉、丙戌、戊子、庚寅、丁西、癸巳、乙未、己亥、辛丑、壬寅、癸卯、甲辰、乙巳、戊申、己酉、庚戌、辛亥、癸丑、乙卯、丙辰、庚申、辛酉，定、成、开日。

（"盖屋"译略）

泥屋

宜甲子、乙丑、己巳、甲戌、丁丑、庚辰、辛巳、乙酉、辛亥、庚寅、辛卯、壬辰、癸巳、甲午、乙未、丙午、戊申、庚戌、辛亥、丙辰、丁巳、戊午、庚申，平、成日。

（"泥屋"译略）

拆屋

宜甲子、乙丑、丙寅、戊辰、己巳、辛未、癸酉、甲戌、丁丑。

○○●●●○○人人人○○○●●●○○○人人人○○●●●○○○

大月从下数至上[1]逆行，小月从上数至下顺行，一日一位，遇白圈大吉，黑圈损六畜，人字损人，不利。忌庚寅、门大夫死日及六甲胎神占月，不宜修。

注解

1 从下数至上：因古代文字从上往下读，而现在排成横版，所以"下"即指右，"上"即指左。

译文

宜在甲子日、乙丑日、丙寅日、戊辰日、己巳日、辛未日、癸酉日、甲戌日、丁丑日这几天。

○○●●●○○人人人○○○●●●○○○人人人○○●●●○○○

大月要从右到左逆着数，小月从左到右顺着数，一位相当于一日，遇白圈则大吉，黑圈则损六畜，人字则损人，不利。忌讳庚寅、门大夫死日和六甲胎神占月，都不宜动工修造。

塞门[1]

宜伏断、闭日，忌丙寅、己巳、庚午、丁巳及四废日。

注解

1 塞门：堵塞门户缝隙以御寒。《诗经·七月》："塞向墐户。"

（"塞门"译略）

开路

宜天德、月德、黄道日。忌月建转杀、天贼、正四废。

（"开路"译略）

塞路

宜伏断、闭日。

（"塞路"译略）

筑堤塞水

宜伏断、闭日，忌龙会[1]、开、破日。

注解

1 龙会：龙会日，即龙神会日，忌行船。每月的龙会日分别为：正月的未日、二月的戌日、三月的亥日、四月的子日、五月的丑日、六月的戌日、七月的未日、八月的卯日、九月的申日、十月的丑日、十一月的戌日、十二月的卯日。

（"筑堤塞水"译略）

造桥梁

不论金华台塔年月[1]，只与起造宅舍同。忌寅、申、巳、亥日时，为四绝、四井。

注解

1 金华台塔年月：指《金华经》中记录的年、月、日、时的吉凶选择方法。

（"造桥梁"译略）

筑修城池建营寨

宜上吉黄道、大明、要安[1]、续世、益后、天月二德，及合、天成、天佑、成勋[2]、福厚[3]、吉期[4]、普护[5]、守、成、兵吉、兵宝[6]。

注解

1 要安：月内吉日之一，宜修葺城隍。《星历考原·月事吉神》："《枢要历》曰：要安者，月中吉神也。所直之日，宜安抚边境、修葺城隍。《历例》曰：要安者，正月寅、二月申、三月卯、四月酉、五月辰、六月戌、七月巳、八月亥、九月午、十月子、十一月未、十二月丑也。曹震圭曰：要安者，要而用之，可得安也。"

2 成勋：四季吉日之一，又叫民日，诸事皆宜。《居家必用事类全集·丙集》："民日成勋：春季午日、夏季酉日、秋季子日、冬季卯日。"底本"成"误作"咸"，今据改。

3 福厚：四季吉日之一，又叫王（旺）日，诸事皆宜。《居家必用事类全集·丙集》："旺日福厚：春季寅日、夏季巳日、秋季申日、冬季亥日。"

4 吉期：月内吉日之一，宜行军攻城。《星历考原·月事吉神》："吉期。《总要历》曰：吉期者，吉庆之神也，所直之日宜出军行师、攻城拔寨、兴吊伐会、亲姻。《历例》曰：常居月建前一辰也。曹震圭曰：吉期者，是月建腹心同契之侍臣也。盖常居建前一辰，可与要约吉事，故因名之。"

5 普护：月内吉日之一，宜祈祷求医。《星历考原·月事吉神》："《枢要历》曰：普护者，福荫之神也。所直之日，宜祭祀祷祠、寻医避病。《历例》曰：普护者，正月申、二月寅、三月酉、四月卯、五月戌、六月辰、七月亥、八月巳、九月子、十月午、十一月丑、十二月未。曹震圭曰：普护者，乃月中普护万物、无偏私之神也，常与要安相对。"

6 兵吉、兵宝：月内吉日之一，宜用兵。《星历考原·月事吉神》："《总要历》曰：兵吉、兵福、兵宝者，皆月内用兵之吉辰也。其日宜出师命将、攻伐略地。《历例》曰：兵吉者，正月子、丑、寅、卯，二月亥、子、丑、寅，三月戌、亥、子、丑，四月酉、戌、亥、子，五月申、酉、戌、亥，六月未、申、酉、戌，七月午、未、申、酉，八月巳、午、未、申，九月辰、巳、午、未，十月卯、辰、巳、午，十一月寅、卯、辰、巳，十二月丑、寅、卯、辰。兵福者，与月建同行。兵宝者，月建前一辰也。"

（"筑修城池建营寨"译略）

造仓库

宜丙寅、丁卯、庚午、己卯、壬午、癸未、庚寅、甲午、乙未、癸卯、戊午、己未、癸丑、满、成、开日。

前三条俱忌朱雀黑[1]、天牢黑、天火、狼藉、独火、月火、九空、空亡、财离、岁空、死气[2]、官符、月破、大小耗、天贼、天瘟、受死、冰消瓦解、月建转杀、月虚、月杀、四耗、阴阳错、地火、伏断、正四废、火星、十恶[3]、天地离、九土鬼、大杀入[4]。

注解

1 朱雀黑：指朱雀黑道，月内凶日之一，正月在卯、二月在巳、三月在未、四月在酉、五月在亥、六月在丑、七月在卯……顺次推行六个阴支，周而复始。

2 死气：月内凶日之一，与生气相对，多在月建前四日。

3 十恶：即"十恶大败日"，年内凶日之一，当年干支冲犯当日干支，诸事不宜。《三命通会·论十恶大败》："十恶者，譬律法中人犯十恶重罪，在所不赦；大败者，譬兵法中与敌交战大败，无一生还，喻极凶也。……《元白经》曰：十恶都来十个辰，逐年有煞用区分。如庚戌年见甲辰日，辛亥年见乙巳日，壬寅年见丙申日，癸巳年见丁亥日，甲辰年见戊戌日，乙未年见己丑日，甲戌年见庚辰日，乙亥年见辛巳日，丙寅年见壬申日，丁巳年见癸亥日，盖以年支干冲日支干，无禄为忌，余悉无妨。"

4 大杀入：即"大杀入中宫日"，旬内凶日之一，诸事皆忌。《三术撮要》："甲子旬，戊辰。甲戌旬，丁丑。甲申旬，丙戌。甲午旬，乙未。甲辰旬，甲辰、癸丑。甲寅旬，壬戌。此法方，操仲传云，刘德成山人用之大验。汪德昭、倪和甫皆云，如此起造、婚姻、出行、殡葬，应系吉凶百事皆忌之，灾祸立应，聚饮亦然。一说，杀在中宫，唯辰戌丑未月，其祸即应，余月不妨。"

（"造仓库"译略）

塞鼠穴[1]

宜壬辰、庚寅、满、闭日，正月上辰、鼠死日、天狗日[2]。

注解

1 塞鼠穴：堵塞鼠洞。万历本"穴"作"宂"，义不可通，今改。
2 天狗日：即天狗煞，月内凶日之一，主犯惊恐不安。《造命宗镜集·六壬类》："天狗煞，正月起戌逆行十二辰见之。主人家吠嚎釜鸣惊恐。"万历本作"宂天狗日"，"宂"字疑为衍文，今删。天狗日，立春后在艮，立夏后在巽，立秋后在坤，立冬后在乾。更有天狗食畜日：春在子，夏在卯，秋在午，冬在酉。

（"塞鼠穴"译略）

造厨

宜丙寅、己巳、辛未、戊寅、甲申、戊申、甲寅、乙卯、己未、庚申。

（"造厨"译略）

补述

《居家必用事类全集》中记载了逐月修造厨房吉日，具体如下：正月的辛未日、戊寅日；二月的丙寅日、己巳日、戊寅日、甲申日、辛未日、甲寅日、己未日；三月的己巳日、甲申日、甲子日、丙子日、庚子日、壬子日；四月的癸丑日、戊申日、乙卯日、庚申日；五月的丙寅日、辛未日、戊寅日、庚寅日、壬辰日、乙卯日、己巳日、癸未日、甲寅日、己未日；六月的丙寅日、乙亥日、戊寅日、甲申日、甲寅日、庚申日、辛亥日、壬辰日；七月的壬子日、丙辰日、庚申日；八月的丙寅日、戊寅日、庚寅日、乙亥日；九月的壬午日、丙午日、辛卯日、辛未日、己未日；十月的辛未日、乙未日、丁未日、庚子日、壬子日；十一月的丙寅日、戊寅日、庚寅日、壬寅日、甲寅日、庚申日、戊申日；十二月的丙寅日、戊寅日、庚寅日、壬寅日、己巳日、庚申日、甲寅日。

同时，以上吉日不可冲犯九土鬼、阴阳错、受死、独火、天火、十恶、火星、九丑等凶杀日。

砌灶

宜甲子、乙丑、己巳、庚午、辛未、癸酉、甲戌、乙亥、癸未、甲申、壬辰、乙未、辛亥、癸丑、甲寅、乙卯、己未、庚申，黄道、天赦[1]、月空、正阳[2]、五祥[3]、定、成、开日。

前二条忌朱雀黑、天瘟、土瘟、天贼、受死、天火、独火、十恶、四部转杀、九土鬼、正四废、建、破、丙、丁、午日。每月初七、十五、廿七，不可移动，每月初八、十六、十七日及六甲胎神占月，忌拆灶修理。

注解

1　天赦：天赦日是一年中无所禁忌的四天，是上吉的日子。天赦日分别是春季的戊寅日、夏季的甲午日、秋季的戊申日、冬季的甲子日。

2　正阳：正阳日分别为正月的丑日、二月的卯日、三月的巳日、四月的未日、五月的酉日、六月的亥日、七月的丑日、八月的卯日、九月的巳日、十月的未日、十一月的酉日、十二月的亥日。

3　五祥：五祥日分别为正月的戌日、二月的子日、三月的辰日、四月的寅日、五月的午日、六月的申日、七月的戌日、八月的子日、九月的申日、十月的寅日、十一月的午日、十二月的申日。

（"砌灶"译略）

扫舍

宜除、满日。

（"扫舍"译略）

偷修[1]

宜壬子、癸丑、丙辰、丁巳、戊午、己未、庚申、辛酉，以上八日，凶神朝天，可并工造作修理。

注解

1　偷修：即大偷修日，宜小型修造。《宅宝经》："天宝偷修，乃轩辕皇帝亲授九天玄女，偷修造作，不问官符、三杀、流财、火血、太岁、管下诸神煞，谨依此天宝经日辰修方造作，万无失一。此法将罗经于中宫定二十四向，何日利，在何方，依此修之大吉。……论偷修日辰，只宜小可修整。"

（"偷修"译略）

修造门

宜甲子、乙丑、辛未、癸酉、甲戌、壬午、甲申、乙酉、戊子、己丑、辛卯、癸巳、乙未、己亥、庚子、壬寅、戊申、壬子、甲寅、丙辰、戊午，黄道、生气、天月德及合、满、成日。

（"修造门"译略）

作门忌日

春不作东门，夏不作南门，秋不作西门，冬不作北门。与修门同。

译文

春季不修造东门，夏季不修造南门，秋季不修造西门，冬季不修造北门。

与修造宅门相同。

修门吉凶[1]

戊寅、己卯、癸未、甲申、壬辰、癸巳、甲午、乙未、己亥、辛丑、癸卯、己酉、庚戌、辛亥、癸丑、丙辰、丁巳、庚申、辛酉，除日。

前三条俱忌朱雀黑、天火等火，天瘟、火星、天贼、月破、受死、蚩尤、九土鬼、八风、正四废转杀，午日、丁巳日。

注解

1　修门吉凶：万历本此条有目无文，而"砌灶"之后这段"戊寅、己卯……丁巳日"内容无标题，且与上文内容脱节，疑为错排而致，今移补至此条目下。

（"修门吉凶"译略）

扫厨灶

宜壬癸日及水日[1]。

注解

1　水日：从正五行上来说，水日应为亥日和子日。

（"扫厨灶"译略）

修水廨[1]

宜天聋地哑日[2]，忌每月巳、午、未日及三月，无牛之家不忌。

注解

1 水廨（xiè）：古代放水的管道。

2 天聋地哑日：修造吉日之一，宜修水造厕。《造命宗镜集·杂用类》："宜丙寅、戊辰、丙子、丙申、庚子、壬子、丙辰，为天聋日；乙丑、丁卯、己卯、辛巳、乙未、丁酉、己亥、辛丑、辛亥、癸丑、辛酉，为地哑日，俱大吉。"

（"修水廨"译略）

砌花台

与动土日同，宜水、木日。忌金、土日。

（"砌花台"译略）

作厕

宜庚辰、丙戌、癸巳、壬子、己未、天乙绝气[1]、伏断上闭，忌正月廿九日。

注解

1 天乙绝气：天乙绝气逐月所在日分别为：正月初六、二月初七、三月初八、四月初九、五月初十、六月十一、七月十二、八月十三、九月十四、十月十五、十一月十六、十二月十七。天乙绝气日虽有吉星，但无旺气，因此诸事勿用，只适合造坑厕。

（"作厕"译略）

修厕

宜己卯、壬子、壬午、乙卯、戊午。忌春夏正六月及六甲胎神占月，牛胎四、十月占。

（"修厕"译略）

安碓硙[1]、磨碾、油榨

宜庚午、辛未、甲戌、乙亥、庚寅、庚子、庚申、聋哑日。

注解

1 碓（duì）硙（wèi）：舂米磨粉的石磨。

（"安碓硙、磨碾、油榨"译略）

修磨日

与安磨日同，忌牛胎，正七月占。

（"修磨日"译略）

开池

宜甲子、乙丑、甲申、壬午、庚子、辛丑、辛亥、癸巳、癸丑、辛酉、戊戌、乙巳、丁巳、癸亥、天月二德，及合、生气、成、开日。

（"开池"译略）

开沟渠

宜甲子、乙丑、辛未、己卯、庚辰、丙戌、戊申，开、平日。

前二条忌玄武黑、天贼、土瘟、受死、大小耗、龙日、伏龙、咸池[1]，冬壬癸日、九土鬼、土痕、水隔、四废、天地转杀。

注解

1 咸池：月内凶日之一，忌乘船涉水。《星历考原·月事凶神》："《枢要历》曰：咸池、招摇、八风、触水龙。所直之日，忌乘船渡水涉江河。《历例》曰：咸池者，正月起卯，逆行四仲。"

（"开沟渠"译略）

穿井

宜甲子、乙丑、癸酉、庚子、辛丑、壬寅、乙巳、辛亥、辛酉、癸亥、丙子、壬午、癸未、乙酉、戊子、癸巳、戊戌、戊午，己未、庚申、甲申、癸丑、丁巳，黄道、天月二德，及合、生气、成日。

（"穿井"译略）

修井

宜甲申、庚子、辛丑、乙巳、辛亥、癸丑、丁巳、壬午、戊戌，成日。

前二条忌黑道、天瘟、土瘟、天贼、受死、土忌、血忌、飞廉、九空、大小耗、水隔、九土鬼、正四废、刀砧、天地转杀、水痕、伏断，三、六、七月及卯日、泉竭、泉闭日。辛巳、己丑、庚寅、壬辰、戊申，以上系泉竭日。戊辰、辛巳、己丑、庚寅、甲寅，以上系泉闭日。

译文

适宜在甲申日、庚子日、辛丑日、乙巳日、辛亥日、癸丑日、丁巳日、壬午日、戊戌日，成日。

以上两条，穿井和修井，还需要忌讳黑道、天瘟、土瘟、天贼、受死、土忌、血忌、飞廉、九空、大小耗、水隔、九土鬼、正四废、刀砧、天地转杀、水痕、伏断，三、六、七月及卯日、泉竭、泉闭日。辛巳、己丑、庚寅、壬辰、戊申，以上是泉竭日；戊辰、辛巳、己丑、庚寅、甲寅，以上是泉闭日。

补述

历书与类书中的简版择日

历书，又称通书、时宪书，记载着每年每月的重要日期，以指导民众的生产和生活。在这些月令、历谱、日书当中，择日理论往往被简化为直观的具体日期和吉凶范围，以便民众直接取用，但唐代官方并不鼓励民间印刷买卖历书，认为"有乖敬授之道"，使得庄重严肃的知识变成了普通常识。可以说，择吉理论的平民化，亦是打破官方知识垄断的过程，本篇《择日纪全》即是类书中的历书部分。

不同的日用通书之间，多数情况下主要表现为条目类似、文本雷同，但也有互相补充发明的情况，如《居家必用事类全集·丁集》《多能鄙事·阴阳类》《造命宗镜集·杂用类》《便民图纂·涓吉类》《万宝全书·克择门》均收录有建筑方面的择日日期，与本篇内容基本一致，显然存在互相传抄的关系，无须重复援引，而官修通书《星历考原·用事宜忌》《协纪辨方书·事类总集》则在胪列日期以外对理论原理有所补充，更加完整系统，今就本篇所涉条目附录如下。

修宫室

《易》曰："上古穴居而野处，后世圣人易之，以宫室上栋下宇，以待风雨，盖取诸大壮。"《白虎通》曰："黄帝作宫室，以避寒温。"《月令》云："孟秋之月，可以修宫室，当于七月择上吉日而用之，如有增修，但于吉月皆可择用。"

修造、动土、竖柱、上梁

历书曰："凡营建宫室、修饰垣墙、坡池、台榭、园囿、桥梁、户牖、栏枥等事，宜天德、枝德、月德、天德合、月德合、四相生气、三合、月恩、玉宇、金堂、益后、天宝、天封、天玉、青龙、天府、执储、成日、定日，忌四废、五墓、天刑、朱雀、白虎、元武、勾陈、天牢、建、破、平、收日修造、动土。并忌土符、土府、地囊、土王用事后，竖柱、上梁并忌天火、大杀。"曹震圭曰："正月子、辰、未、戌、丙午上吉，乙未不宜，丑日中吉，丁卯、辛卯次吉；二月己亥、丁亥、戊寅、未日上吉，乙未不宜，寅亥中吉，丙戌、丙申、己巳、丁己、巳丑、丁丑次吉；三月子、寅、巳、申、酉、亥上吉，庚申、辛酉不宜，甲子、戊子中吉，丙午、庚午、壬午次吉；四月丑、未、戌日上吉，丙戌不宜，辰午中吉，甲午上吉，己卯、乙卯、辛卯、乙酉、辛酉、己酉次吉；五月丑、申、戊寅上吉，寅日中吉，戊辰、戊戌、己巳、辛巳、辛亥次吉；六月卯、己、申、亥、寅上吉，癸亥不宜，甲子、戊子、己酉中吉，辛酉、丙子、甲午次吉；七月子、丑、辰、未、戌、壬午上吉，辛丑、癸亥不宜，午日、丁卯、癸酉次吉；八月寅未日上吉，甲寅不宜，丑、巳日次吉，癸丑、癸巳亦上吉，乙丑、乙巳中吉；九月寅、申、亥日上吉，甲寅不宜，酉、巳、庚午、壬午、丙午中吉，丙子、庚子、壬子、辛卯、癸卯次吉；十月丑、辰、未、戌、乙卯上吉，午日中吉，丙午不宜，乙酉亦上吉，甲子、己酉、己卯次吉；十一月申上吉，丑、乙巳中吉，甲戌、甲辰、甲寅、己巳、辛巳、癸巳次吉；十二月寅、卯、亥、巳、甲申、庚辰、庚申上吉，丁巳不宜，申日中吉，乙酉亦中吉，庚午、甲午、辛酉次吉。"

修仓廪

《总要历》曰："宜用天仓日，忌大耗、九空。"曹震圭曰："月令云：仲秋之月命，有司穿窦窖，修囷仓，谨盖藏，务出纳。故宜于仲秋之月，择天恩日与营修上中吉日并者用之，或余月内选用吉日，亦可如增修，则不必天仓。二月丁丑、己丑日，三月子日，四孟月无，五月戊戌，六月己酉，八月乙丑、丙寅、辛巳、辛亥、癸丑，九月庚午、壬午、丙午，十一月甲辰，十二月卯日。"

开渠

《历例》曰："凡穿浚沟渠、池沼、泉源等事，宜生气、开日，开渠忌壬日并忌土符、土府、地囊、闭、建、破、平、收日，土王用事后。"曹震圭曰："通沟于三月中气后，择上吉日用。"

穿井

《历例》曰："宜用生气日、开日，忌土符、土府、地囊、闭、建、破、平、收日及土王用事后并忌卯日。"

修碓磑

《天宝历》曰："春不修磑，谓阳初也，夏不修磑，谓阳衰而阴微也。各月择吉日用之，宜定日、成日、开日，忌土符、土府、地囊、五墓、建、破、平、收日，土王用事后。"

破屋坏垣

《历例》曰："凡毁拆屋舍、平覆垣墉等事，宜破日，忌成日。"

平治道涂

凡平理地势、道路途径等事，宜平日。

补垣塞穴

凡填覆坑阱、补葺垣墉基址，宜满、闭日，忌九坎、开日。

伐木

《历例》曰："凡采取材木等事，宜立冬后、立春前，午日、申日、危日。忌建、破、平、收日。"曹震圭曰："月令云：孟夏之月毋伐树木，草木零落，然后斤斧入山。故立冬后、立春前，择午申日用之。按：午，火也。申，金也。金能克木，木受其伤，木能生火，木泄其气，故以用之。"

移徙

《历例》曰："凡移徙居处等事，宜驿马、月恩、四相，忌归忌、九丑、建、破、平、收、月厌日。"

扫舍宇

凡扫除宫室宅舍等事，宜季月除日，忌日游神所在之方。

安床（安置产室附）

《历例》曰："凡安置产室、竖立屏帐、张悬帷幄等事，宜危日，忌申日及日游神所在之方。安置产室，宜益后、月德，忌死气、游神。

器用类

造妆奁[1]

宜黄道、生气、要安、吉期、活曜、天庆、天瑞、吉庆、天月二德合、天喜、金堂、玉堂、益后、续世、三合、成日。忌天瘟、四废、九土鬼、魁罡、勾绞、月破、火星、离窠、危日。

注解

1　妆奁(lián)：古代女子梳妆时使用的镜匣。

（"造妆奁"译略）

造床

与造妆奁同。

（"造床"译略）

造桔槔[1]（即水车）

宜黄道、天月二德、生气、三合、平、定日。忌黑道、虚耗、焦坎[2]、田火、地火、九土鬼、水隔、水痕、破日。

注解

1　桔槔：水车，也叫"颉皋""吊杆"，古代农用汲水装置。
2　焦坎：即九空焦坎日，分别为正月的辰日、二月的丑日、三月的戌日、四月的未日、五月的卯日、六月的子日、七月的酉日、八月的午日、九月的寅日、十月的寅日、十一月的申日、十二月的巳日。

（"造桔槔"译略）

论一年四季之月[1]

每月忌吉凶星临值日，宜查。

寅、申、巳、亥，谓之四孟月。正、四、七、十月：

甲子、癸酉、壬午、辛卯、庚子、己酉、戊午，妖星（上齐星）。

乙丑、甲戌、癸未、壬辰、辛丑、庚戌、己未，或星（上火星）。

丙寅、乙亥、甲申、癸巳、壬寅、辛亥、庚申，利星（上利星）。

丁卯、丙子、乙酉、甲午、癸卯、壬子、辛酉，煞星（上显星）。

戊辰、丁丑、丙戌、乙未、甲辰、癸丑、壬戌，直星（上曲星）。

己巳、戊寅、丁亥、丙申、乙巳、甲寅、癸亥，利星（上朴星）。

庚午、己卯、戊子、丁酉、丙午、乙卯，角星（上解星）。

辛未、庚辰、己丑、戊戌、丁未、丙辰，传星（上传星）。

壬申、辛巳、庚寅、己亥、戊申、丁巳，章星（上火星）。

子、午、卯、酉，谓之四仲月。二、五、八、十一月：

甲子、癸酉、壬午、辛卯、庚子、己酉、戊午，或星（上利星）。

乙丑、甲戌、癸未、壬辰、辛丑、庚戌、己未，利星（上显星）。

丙寅、乙亥、甲申、癸巳、壬寅、辛亥、庚申，煞星（上曲星）。

丁卯、丙子、乙酉、甲午、癸卯、壬子、辛酉，直星（上朴星）。

戊辰、丁丑、丙戌、乙未、甲辰、癸丑、壬戌，利星（上解星）。

己巳、戊寅、丁亥、丙申、乙巳、甲寅、癸亥，角星（上传星）。

庚午、己卯、戊子、丁酉、丙午、乙卯，传星（上章星）。

辛未、庚辰、己丑、戊戌、丁未、丙辰，章星（上齐星）。

壬申、辛巳、庚寅、己亥、戊申、丁巳，妖星（上利星）。

辰、戌、丑、未，谓之四季月。三、六、九、十二月：

甲子、癸酉、壬午、辛卯、庚子、己酉、戊午，利星（上显星）。

乙丑、甲戌、癸未、壬辰、辛丑、庚戌、己未，煞星（上曲星）。

丙寅、乙亥、甲申、癸巳、壬寅、辛亥、庚申，直星（上朴星）。

丁卯、丙子、乙酉、甲午、癸卯、壬子、辛酉，利星（上解星）。

戊辰、丁丑、丙戌、乙未、甲辰、癸丑、壬戌，角星（上传星）。

己巳、戊寅、丁亥、丙申、乙巳、甲寅、癸亥，传星（上章星）。

庚午、己卯、戊子、丁酉、丙午、乙卯，章星（上齐星）。

辛未、庚辰、己丑、戊戌、丁未、丙辰，妖星。

壬申、辛巳、庚寅、己亥、戊申、丁巳，或星。

注解

1　论一年四季之月：本篇涉及《宅宝经》所载"九星配合六十甲子法则"：
"居士曰：凡都邑第宅、入学莅官、封爵嫁娶、修造动土及居行曲折，须
看吉星取用。先师以九星配合六十甲子，利益众生，至微至简，命名'宅
宝'，有以哉！毋视拙目，以藐元龟。起九星诀：'四孟甲子起妖星，仲
月甲子惑星临，季月禾刀为甲子，九星相配顺流行。煞贡一星为大吉，直
星行事可人心。卜木角巳为凶愿，人专诸事并清宁。立早妖星惑星共，
禾刀四曜有灾沌。'"九星，分别是妖星（齐星）、惑星（或星）、禾
刀（利星）、煞贡（煞星/显星）、直星、卜木（朴星）、角巳（角星/解
星）、人专（传星）、立早（章星），其中妖星、或星、利星、朴星、角
星、章星为凶星，煞星、传星、直星为吉星。又见《增补万全玉匣记》所

载"九星值日吉凶"和"金符经"，内容基本相同。

（"论一年四季之月"译略）

妖星值日凶

如值此星者，名为玄武入宅，凡遇人家起造、嫁娶、移徙、上官赴任、开张典店、出入祭祀等项，不出一年内，主人口凶，连遭官非，动作安葬，失财被盗，牢禁刑狱，人口落水，四百日内有疾病、孝服、损财、口舌。自东南方来，三年内大凶。即齐星是也。

译文

如果遇上妖星值日，就是"玄武入宅"日，凡盖房、嫁娶、搬家、赴任、店铺开张、出入祭祀等活动，不出一年便会发生灾祸，接连遭遇官司，频办葬礼，财物被盗，判刑坐牢，家人落水，四百天内有疾病，披麻戴孝，损失财产，遭人口舌。这颗星从东南方而来，三年内都会非常凶险。这颗星又叫"齐星"。

或星[1] 值日凶

如值此星者，名曰朱雀入宅，主当年火盗怪灾，一日落一日，官非财散，六畜伤死，男女淫乱[2]，缺唇丧服。只宜安坟[3]，若有他事不美。此星即火星也。

注解

1　或星：又称"荧惑""火星"，古人认为火星出现异象为不祥之兆。
2　淫乱：万历本"乱"误作"活"，偏旁类化，今改。
3　安坟：万历本作"安安坟"，"安"字疑为衍文，今删。

译文

如果遇上或星值日，就是"朱雀入宅"，当年会发生火灾、偷盗、灵异、灾祸，一日不如一日，官运衰落，家财散失，六畜死伤，男女淫乱，缺吃死人。这天只适合安坟，其他诸事都不好。这颗星又叫"火星"。

利星值日凶

如值此星者，名曰白虎入宅，凡一应嫁娶、上官、开张等事，不出一年之内，损财、疾病、制虎咬蛇伤、官非、淫乱。若有积阴德之人见血灾，奴婢当灾也。

译文

如果遇上利星值日，就是"白虎入宅"，凡嫁娶、上任、开张等事，不出一年，就会损失财产，罹患疾病，遭到虎蛇咬伤，官运衰落，男女淫乱。如果是平常积有阴德的人遇到血光之灾，便会由奴婢代为承受。

朴星值日凶

如值此星者，名曰黑杀入宅，凡遇造作、嫁娶、店肆等事，不出一年内主疯疾之人见凶，更有火盗、官灾、淫乱、虎咬蛇伤，若本人有福，立见虚耗不祥之意。

译文

如果遇上朴星值日，就是"黑杀入宅"，凡是建造制作、嫁娶、店铺等事，不出一年，会让人罹患疯病，更会遇到火灾、偷盗、官灾、淫乱、虎咬蛇伤。如果本人有福，也会立即耗尽，遇到不祥的事。

煞星值日吉

如值此星者，名曰金柜[1]、六合、青龙、天德星入宅。凡人家修造、嫁娶、开店铺、上官、出行等，不三年内官者加禄，老者增寿，合家孝顺，百事称心，所谓大吉庆、喜如意者。即显星也。

注解

1　金柜：即金匮，黄道六神之一。

译文

如果遇上煞星值日，就叫"金柜、六合、青龙、天德星入宅"。凡行修造、嫁娶、开张、上任、出行等事，不出三年，当官的会加禄，老人增寿，阖家孝顺，百事称心如意，这就是所谓的大吉庆、喜如意。这颗星又叫"显星"。

传星值日吉

如值此星者，名曰太阴金堂入宅。凡遇造作、嫁娶、上官赴任、开张店铺、移徙入宅、出行等事，不出一年之内，主生贵子，三年之间有位至公卿，无官得福无量，所谓吉庆财谷丰余，得外人财，喜用[1]自然交集者，即紫微星也。

注解

1　喜用：古代命理学术语，喜神和用神的合称。八字命局中，喜神起辅助帮扶、逢凶化吉的作用，用神起影响命运、补全弱项的作用。

译文

如果遇上传星值日，就叫"太阴金堂入宅"。凡行建造制作、嫁娶、上任、开张、搬家、出行等事，不出一年，会喜得贵子，三年内官位升至公卿，没有做官也会得到无量福报，这就是所谓的吉庆财谷丰余，可以得到外人钱财，喜神和用神自然和谐。这颗星又叫"紫微星"。

直星值日吉

如值此星者，名曰玉堂入宅。凡人家修造、嫁娶、开店、上官、出行，不出三年内，官位高迁，田蚕兴隆，男贵女清，决招横财，百事称心。若遇金神七煞[1]凶至年月日，先吉后主灾，失财多遭官事，此即文曲星[2]也，如无不遇金神七煞，此日上好。

注解

1　金神七煞：即"金神七煞日"，修造凶日之一，二十八星宿中的"角亢奎娄牛鬼星"值日，诸事不宜，《增补万全玉匣记》："金神七煞：甲年午未日，乙年辰巳日，丙年子丑、寅卯日，丁年戊亥日，戊年申酉日，己年午未日，庚年辰巳日，辛年子卯、寅卯日，壬年戊亥日，癸年申酉日。"

2　文曲星：北斗第四星，表才学和文运，与"武曲星"相应。

译文

如果遇上直星值日，就叫"玉堂入宅"。凡行修造、嫁娶、开店、赴任、出行等事，不出三年，官位高升，田宅丰收，蚕织繁盛，男人显贵，女人清白，大发横财，万事如意。如果遇到金神七煞的年月日，则会先吉后凶，家财散失，多遭官司。这颗星又叫"文曲星"。如果不遇到金神七煞，那么这个日子就是上佳吉日。

角星值日凶

如值此星者，名曰太阳符入宅。凡嫁娶、造作，赴任、出行，不过三年内主遭官灾、火盗，更忌生产死，若主人有阴德，只见口舌，经答谢。此即解星也。

译文

如果遇上角星值日，就叫"太阳符入宅"。凡行嫁娶、建造制作、上任、出行等事，不出三年，会遇到官司、火灾、偷盗，更会导致孕妇难产而死，如果主人积有阴德，则会只遇口舌，通过答谢便可以消解。这颗星又叫"解星"。

章星值日凶

如值此星者，名曰勾陈符入宅。凡遇造作、嫁娶、开张店舍、赴任、出行、安葬等事，不出一年内主有人口退散、官灾、火盗。如上梁造船，可见匠人血光之灾。主人要与诸家历书不同阴阳、不同人口。

《救苦经》亦《宅宝》[1]，又曰《灵经异书》，莫传与天下遇人。如七煞星[2]，虽遇吉神，亦不可用，有失有散。

注解

1　《救苦经》《宅宝》：应指《宅宝经》，全称《杨救贫先师宅宝经》，相传为晚唐杨筠松所撰，今存万历吴勉学刻本，徐乾学《传是楼书目》有著录。《救苦经》，"救苦"或为"救贫"之讹。杨救贫，即杨筠松，号救贫，世称救贫仙人，江西赣州人，晚唐著名堪舆学家，著有《疑龙经》《撼龙经》等。

2　七煞星：南斗第六星，表威勇肃杀，这里指"七杀星日"，诸事不宜，《宅宝经》："七杀星日。虽有吉曜，亦忌。"

译文

如果遇上章星值日，就叫"勾陈符入宅"。凡行修造制作、嫁娶、开张、赴任、出行、安葬等事，不出一年，会有家人死亡、官灾、火灾、偷盗之事发生。如果上梁或造船，匠人会遇到血光之灾。家主人应与各种历书记载的岁星阴阳和人口情况都不同（方可避免灾祸）。

《救苦经》亦名《宅宝》，又称《灵经异书》，不可轻易传给外人。如果是七煞星日，即便有吉神值日，也不可用，否则会导致各种失散。

宅德星入命[1]，宜修造，注寿延年为兆，自作添进人口及北方田宅，财旺富贵之吉兆也。

宅福星入命，宜修造兴工，三财进益，田宅兴旺，大吉利也。

宅禄星入命，宜修造屋，此年修造，不论钱，动土兴工，不用六十日，横财来，天地龙神自降福。

宅宝星入命是祥星，若逢修造必添丁，造屋未成横财至，子孙昌顺，后头兴旺。

宅败星入命，名下虚耗，若兴工造作，立生灾殃，如不忌，官火盗。

宅虎星守命，不宜修造，若见灾惊，小修未可，龙虎入宫，动土修濠，可歇安宁。

宅哭之年多祸凶，难依作福保阴功，握凿造作人不信，二年之内见贫穷。

宅鬼之年鬼兵，偏宜作福向中庭，金神太乙来修作，当年之内主伶仃。

宅死星运福周围，修造之工立见颓，凭汝豪强福禄旺，未成先已身危。

注解

1 入命：进入命格，即在自己出生的本命之年有相应的神杀。

译文

宅德星进入命局，宜修造，预示着延年益寿，自然会增添人丁和北方的田宅，也是财运亨通、大富大贵的吉兆。

宅福星进入命局，宜修造动工，三财进合，田宅兴旺，很吉利。

宅禄星进入命局，宜修造房屋，这年修造，不必考虑工钱，动土兴工，不超过六十日，就会飞来横财，天地龙神都会赐予福气。

宅宝星进入命局，是吉星。如果修造，必定增添人丁，造屋未成横财就会来，子孙繁昌，未来兴旺。

宅败星进入命局，福气财产虚耗，如果兴工修造制作，马上就会发生灾

□ 九天玄女活曜九星图 《新镌京板工师雕斫正式鲁班经匠家镜》万历本 插图

祸，如果不加避忌，更会有官司、火灾、偷盗的事出现。

宅虎星居守命局，不宜修造动工，如果已经遭遇灾祸惊吓，再小的修造也不可以。这是所谓龙虎入宫，不宜此时动土挖河，必须停工以保安宁。

宅哭居守之年，多遭祸凶之事，难求现世福贵以及积累阴间德行，如果不信此说，强行动工修造，只需两年之内，就会衰败贫穷。

宅鬼居守之年，家宅如同鬼兵降临，只能向中宫祈求福气，如果遇到太乙金仙，当年之内孤苦伶仃。

宅死星若在周围值守，修造工事立即遭殃，即便你再福禄旺命，也会在事成之前危害自身。

补述

宅宝九星

九星理论流派甚多，传统所谓九星一般指北斗七星（贪狼、巨门、禄存、文曲、廉贞、武曲、破军）再加左辅、右弼两星（杨筠松《撼龙经》），明清阳宅理论多以该法配八门，称为"八门套九星"。《增补万全玉匣记》记载："《九星所属阴阳凶吉》：生气：贪狼木星，属阳，上吉。天乙：巨门土星，属阳，次吉。延年：武曲金星，属阳，次吉。绝命：破军金星，属阴，大凶。五鬼：廉贞火星，属阴，大凶。六煞：文曲水星，属阴，次凶。祸害：禄存土星，属阴，次凶。 左辅：属阴，木次凶。右弼：所属无定，其吉凶亦无定。《九星吉凶年限应验歌》：五鬼应在寅午戌，六煞原来申子辰。延年绝命巳酉丑，天乙祸害是土神。 生气吉凶亥卯未，左辅阴木合局论。惟有右弼无生克，休咎翻随向星云。"类似歌诀又见周继《阳宅大全》、王君荣《阳宅十书》、陈时旸《阳宅真诀》等阳宅理论著作，如《阳宅真诀·九星吉凶歌》记载："伏吟天医福洋洋，延年生气大吉祥。五鬼廉真凶要见，水星文曲亦难昌。绝命多凶灾莫测，祸害临之定不良。辅弼二星无定性，吉凶随类化无常。此是九星祸福柄，相传珍重细推详。"可见各书具体持说亦有参互。《奇门遁甲》则在传统九星的基础上有所变化，对应"天蓬、天芮、天冲、天辅、天禽、天心、天任、天柱、天英"九星（《素问·太始天元册》），《象吉通书·九星八门配宫诗》记载："一蓬坎上一蓬休，芮死排来坤二流，更有冲伤居震位，巽宫辅星四柱周，禽星中五却寄坤，乾宫排来心开六，柱惊常从兑七求，内外任星居艮八，九寻英景逐方游。"

海南版《鲁班经》所引《宅宝九星》与本篇内容最相近，今引录如下：

圣人流传《九天金符经》内九星不同诸书，真有灵验，如起造、嫁娶、移徙、出行、埋葬等事，须合《万通四吉星》《大明通日》及《宅宝经》，不可慢亵，若犯凶星，尚可解释。不依运命造作等事，退方太岁入宅，上兀下兀本命兀、九宫九刑克最重，若犯者，使家破人亡。若依此书，则移贫就富。今人只知金符九星，不知有宅宝九星，皆有误矣。

宅福星大吉：一岁、十岁、十九、二十八、三十七、四十六、五十五、六十四、七十三、八十二、九十一。宅福之星极好修，兴工动作起高楼。向后无忧全获福，子孙昌盛贵封侯。十分偏利皆为吉，牛马成群千百头。造作兴工逢此限，代代人同造物游。

宅德星大利：二岁、十一、二十、二十九、三十八、四十七、五十六、六十五、七十四、八十三、九十二。宅德之年大吉昌，最宜起造置田庄，移徙二年财宝旺，嫁娶婚姻日月长。天上此星多福德，人间用事亦荣昌。命中凑遇身安健，粮满仓廒丝满箱。

宅败星不祥：三岁、十二、二十一、三十、三十九、四十八、五十七、六十六、七十五、八十四、九十三。运数逢来破败星，动作兴工岁怪惊。此岁厨头皆莫作，犯之必定不安宁。若人不信其星恶，管教修造祸来临。二载之间惊恐见，飞灾横祸扰门庭。

宅虎星大凶：四岁、十三、二十二、三十一、四十、四十九、五十八、六十七、七十六、八十五、九十四。命运行来遇此星，若还修造便遭刑，动作此年官事到，犯来决定被人侵。生灾作祸伤人口，是非颠倒论宗亲，急须作福频祈保，庶免灾殃损主人。

宅哭星不安：五岁、十四、二十三、三十二、四十一、五十、五十九、六十八、七十七、八十六、九十五。宅哭之年多犯凶，只宜作福及修崇。诸般造作皆难许，不听故犯祸难容。仕宦经营穿孝服，迁移嫁娶必房空。遇此星辰须用避，开渠穿井不流通。

宅鬼星不利：六岁、十五、二十四、三十三、四十二、五十一、六十、六十九、七十八、八十七、九十六。命数排来灾鬼星，不宜修造向中庭。动土兴工须早歇，起房造屋不安宁。犯着血光人散乱，父子分离动哭声。此兆不须长久日，一年之内绝宗人。

宅死星太恶：七岁、十六、二十五、三十四、四十三、五十二、六十一、七十、七十九、八十八、九十七。命限轮来值此星，若要兴工定不宁。造屋欲安人眷住，犯之家长丧坟茔。住者回言财禄散，不怕顽皮作鬼魂。曾见己家住屋宇，看来却是死亡人。

宅禄星大吉：八岁、十七、二十六、三十五、四十四、五十三、六十二、七十一、八十、八十九、九十八。上苍推算宅禄星，动作兴工福降临。常人造屋多吉利，贵人修置转公卿。金银财谷盈仓库，奴仆成行六畜兴。不须再把星书看，天地龙神福自臻。

宅宝星大利：九岁、十八、二十七、三十六、四十五、五十四、六十三、七十二、八十一、九十、九十九。人间造屋见真奇，大段兴工四面围，添进人财多活计，六畜兴隆不受亏。三年之内家昌盛，荣显儿孙挂紫衣，合家官贵人长寿，满门后杰盖乡闾。

肘金语[1]

大凡起造、修理等用，但看当家人或子息承继之人，绝轮到其年星位吉凶择用，就于吉年内选月、日、时刻用之，则吉。不信者，诚之多验，功宜细详，观可久也。

注解

1　肘金语：便捷有效的应急要诀。肘，即"肘后"，代指随身携带的应急物具，以"肘后"为名的术数类书籍有《轩辕肘后经》《筮吉肘后经》《曜仙肘后经》等。

译文

　　凡是起造、修理，要了解家主或子孙的年星方位和吉凶，以便选择吉利的日子和时辰施工。需要在吉年内选择合适的月、日、时辰，这样才会吉利。不相信的人，可以诚心观察，会发现十分灵验。要仔细研究，才可福报长久。

鹤神方位[1]

　　正东方：乙卯、丙辰、丁巳、戊午、己未。

　　东南方：庚申、辛酉、壬戌、癸亥、甲子、乙丑。

　　正南方：丙寅、丁卯、戊辰、己巳、庚午。

　　西南方：辛未、壬申、癸酉、乙亥、丙子。

　　正西方：丁丑、戊寅、己卯、庚辰、辛巳。

　　东北方：壬午、癸未、甲申、乙酉、丙戌、丁亥。

　　正北方：戊子、己丑、庚寅、辛卯、壬辰。

　　余日上天，直至己酉日起，甲寅日止，还归东北方。（图像在后[2]）

注解

1　鹤神方位：方位凶神之一，每日出游不同方位，可以推算每个日期的方位吉凶。又见《增补万全玉匣记》记载的"鹤神日游方"，内容基本相同，但略有偏差，如西南方多了"甲戌"，东北方是"己酉、庚戌、辛亥、壬子、癸丑、甲寅"，而本篇所载东北方之日在《增补万全玉匣记》中属西北方。从癸巳日开始，甲午、乙未、丙申、丁酉、戊戌、己亥、庚子、辛丑、壬寅、癸卯、甲辰、乙巳、丙午、丁未、戊申，这十六个日子鹤神上天宫，不巡游各方，可任意出行。详见《增补万全玉匣记》插图。

2　图像在后：万历本未附图，可参考《增补万全玉匣记》记载的"鹤神方位图"和"鹤神日月出游方向"。

（"鹤神方位"译略）

凡事避之大吉

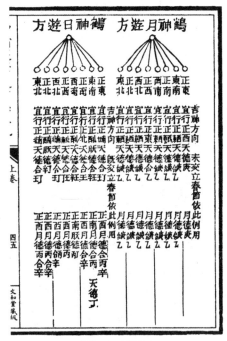

鹤神日月出游方向

□ 鹤神方位

此图非原文附图，出自《增补万全玉匣记》。鹤神在一个花甲中有四十四日巡游各方，这四十四日里，鹤神出现在何方，则忌出行至何方，主大凶。

九、十二月逢丑，此月逢吟人是。

喜神方歌[1]

甲己东北丁壬南，乙庚西北喜神安，丙辛正在西天南，戊癸东南是位方。（惟有丁出行并）

注解

1 喜神方歌：方位吉神之一，与"鹤神方位"相对，诸事皆宜，可参考《增补万全玉匣记》记载的"喜神方位歌"："凡嫁娶冠带新人，向之大吉。出行、移徙、修造，皆向之大吉。甲己在艮（东北方）乙庚乾（西北方），丙辛坤位（西南方）喜神安。丁壬只在离宫（正南方）坐，戊癸游来在巽间（东南方）。"

喜神歌：甲己在艮乙庚乾，丙辛坤位喜神安，丁壬本在离宫坐，戊癸原来在巽间。甲己端坐乙庚睡，丙辛怒色皱双眉，丁壬吃得醺醺醉，戊癸原来笑微微。这歌诀是说乙庚、丙辛、丁壬六日喜神并不是全喜。

（"喜神方歌"译略）

吟呻煞[1]

正、四、七、十月逢酉，二、五、八、十一月逢巳，三、六、

注解

1 吟呻煞：月内凶日之一，主犯牢狱之灾，唐代与明代的择日说法有所不同。瞿昙悉达《开元占经》记载："吟呻煞。四孟月在酉，四仲月在巳，四季月在丑。"万民英《三命通会·论暗金的煞》则记载："此一煞而有三名，一曰吟呻，二曰破碎，三曰白衣。子、午、卯、酉在巳，寅、申、巳、亥在酉，辰、戌、丑、未在丑。巳者，金生之地，巳中临官之火，金气临克，主杖楚刑狱呻吟之灾，故曰吟呻。"底本"呻"误作"神"，今据改。下文"吟人"疑亦"吟呻"之讹。

译文

每年正月、四月、七月、十月的酉日，二月、五月、八月、十一月的巳日，三月、六月、九月、十二月的丑日。本月内会碰到吟呻煞日。

红纱煞[1]

并分南北红沙。南正、二、三、四月为孟，五、六、七、八月为仲，做此。北正为孟，三为季，孟酉仲，巳为丑，做此[2]。

正、二、三、四月酉日，五、六、七、八月巳日，九、十、十一、十二月丑日。此是红纱日，当忌。出行犯之，老不归家。起造犯此日，白日火烧。得病犯之，必挂细麻。嫁娶犯之，百日败家。

注解

1 红纱煞：即"红沙日"，月内凶日之一，诸事不宜。南方与北方的择日说法有所不同，本条目试图整合南北两说，但是仍显混乱。《造命宗镜集·体用类》："红沙日。正、二、三、四月，酉日是；五、六、七、八月，巳日是；九、十、十一、十二月，丑日是。此官历所载者，真。通书所载者，谬。"《增补万全玉匣记·小红沙日》："正、四、七、十月逢巳日，二、五、八、十一月逢酉日，三、六、九、十二月逢丑日。出行犯红沙，决定不还家。起造犯红沙，百日火葬家。得病犯红沙，必定犯丝麻。嫁娶逢此日，夫死嫁别家。"

2 做此：依照这个规律。做，疑为"做（仿）"字之讹。

译文

分为南北红沙。南红沙为每年的正月、二月、三月、四月为孟，五月、六月、七月、八月为仲，大致如此。北红沙则以正月为孟，三月为季，孟酉为仲，巳为丑，大致如此。

每年正月、二月、三月、四月的酉日，五月、六月、七月、八月的巳日，九月、十月、十一月、十二月的丑日，都是红沙日，当忌避。如果出行冲犯，老年会丧命他乡。如果建造冲犯，白天必遭火光。如果得病冲犯，必定披麻发丧。如果嫁娶冲犯，百日家破人亡。

彭祖百忌日[1]

甲不开仓，财物耗散。乙不栽植，千枝不长。

丙不修灶，必见火殃。丁不剃头，头必生疮。

戊不受田，田主不祥。己不破券[2]，二比[3]并亡。

庚不经络，机织虚张。辛不合酱[4]，主人不尝。

壬不决水，难更堤防。癸不词讼，理弱敌强。

子不问卜，自若灾殃[5]。丑不冠带，主不还乡。

寅不祭祀，神鬼不尝。卯不穿井，井泉不香。

辰不哭泣，主必重丧。巳不远行，财物伏藏。

午不苫盖[6]，屋主更张。未不服药，毒气入肠。

申不安床，鬼祟入房。酉不会客，醉坐颠[7]狂。

酉不出鸡，令其耗亡。戌不吃犬，作怪上床。

亥不嫁娶，不利新郎。亥不出猪，再养难偿。

建可出行，切忌开廒。除可服药，针灸亦良。

不宜出债，财物难偿。满可市肆，服药遭殃。[8]

注解

1 彭祖百忌日：诸事禁忌日期，详细总结了十天干、十二地支和黄道十二建日的禁忌事宜。彭祖，殷商大夫，相传擅长养生，享年七百余岁，后被道教尊为神仙。干宝《搜神记》："彭祖者，殷时大夫也。姓名铿，帝颛顼之孙，陆终氏之中子。历夏而至商末，号七百岁。"

2 破券：又称"破钞""破钱"，将钱券或银钞兑换成零钱。

3 二比：买卖双方。

4 合酱：酿制酱料。

5 自若灾殃：自己惹起祸殃。若，通"惹"。

6 苫盖：遮盖屋顶。苫，草帘。

7 颠：古同"癫"。

8 甲不开仓……服药遭殃：万历本此篇缺平日至闭日的内容，且有部分异文，可参考《增补万全玉匣记》所载"彭祖百忌日"：

  "甲不开仓，财物耗散。乙不栽植，千株不长。丙不修灵，必见火殃。丁不剃头，头主生疮。戊不受田，田主不祥。己不破券，二主并亡。庚不经络，机织虚张。辛不合酱，主人不尝。壬不决水，难更堤防。癸不词讼，理弱敌强。子不问卜，自惹灾殃。丑不冠带，主不还乡。寅不祭祀，鬼神不尝。卯不穿井，泉水不香。辰不哭泣，必主重丧。巳不远行，财物埋藏。午不修盖，屋主更张。未不服药，毒气入肠。申不安床，鬼祟入房。酉不杀鸡，再养难常。戌不吃狗，作怪上床。亥不嫁娶，必主分张。建可出行，不可开仓。除可服药，针灸亦良。满可肆市，服药遭殃。平可涂泥，安机吉昌。定可进畜，入学名扬。执可捕捉，贼盗难藏。破可治病，必主安康。危可捕鱼，不利行船。成可入学，争讼不祥。收官生急，却忌行藏。时开可求仕，安葬不祥。闭不治目，只许安床。"

（"彭祖百忌日"译略）

财神方[1]

求财之吉，甲、己日东北方，丙、丁日正西方，乙日西南方，戊日西北方，庚、辛日正东方，壬、癸日正南。

注解

1　财神方：方位吉神之一，用天干推算方位的吉凶，《增补万全玉匣记·财神方位歌》："甲乙东北是财神，丙丁向在西南方。戊己正北坐方位，庚辛正东去安身。壬癸原来正南方，便是财神方位真。"

译文

如果求取财运，甲、己日在东北方，丙、丁日在正西方，乙日在西南方，戊日在西北方，庚、辛日在正东方，壬、癸日在正南方。

贵神方

求名趋之吉，丁日正东方，壬日正南方，己日正北方，癸日正西方，乙日西南方，辛日东南方，甲、庚西北方，丙、戊东北方。

（"贵神方"译略）

补述

贵神方位

贵神，又称贵人，是日用历书中经常出现的值日吉神，但非特指某位神仙，而是泛指出行方位与当日运势的动态关系，方位适宜便有贵神或贵人相助。《增补万全玉匣记·贵人方位月分》记载："甲戊庚人十二（牛）六月（羊）。乙己生人十一（鼠）七月（猴）。丙丁之人十月（猪）八月（鸡）。壬癸生人四月（蛇）二月（兔）。六辛生人正月（虎）五月（马）。用甲戊庚者，取三奇之意也，占六壬课用此。又：甲戊兼牛羊，乙己鼠猴乡。丙丁猪鸡位，壬癸蛇兔藏。庚辛逢马虎，此是贵人方。凡占《周易》卦，用此贵人。"另外，《玉匣记》还记载贵神方向与昼夜时辰有关，分别称为阳贵和阴贵。《起日贵人歌》："凡选择卯、辰、巳、午、未、申六时者，宜用阳贵方向。甲羊戊庚午，乙猴己鼠求。丙鸡丁猪位，壬兔癸蛇游。六辛逢虎上，阳贵日中俦。"《起夜贵人歌》：“凡选择酉、戌、亥、子、丑、寅六时者，宜用阴贵方向。甲午戊庚羊，乙鼠己猴乡。丙猪丁鸡位，壬蛇癸兔藏。六辛逢午马，阴贵夜时当。”

注译参考

一、《鲁班经》古籍刻本及各家整理本

·成化弘治间《新编鲁般营造正式》，影印浙江宁波天一阁博物馆藏本，上海科学技术出版社，1988年。

·万历三十三年汇贤斋刻《鲁般造福经》，影印北京故宫博物院藏本，《故宫珍本丛刊》第410册，海南出版社，2003年。

·崇祯间《新镌京板工师雕斫正式鲁班经匠家镜》，中国国家图书馆藏本。

·崇祯二年金阊严少萱刻《出像鲁班经》，日本东京内阁文库藏本。

·乾隆间《新镌工师雕斫鲁班木经匠家镜》，北京大学图书馆藏本。

·乾隆间《新镌工师雕斫鲁班木经匠家镜》，影印古吴德聚堂刻本，文物出版社，2019年。

·咸丰同治间《工师雕斫正式鲁班木经匠家镜》，中国国家图书馆藏徐乃昌积学斋旧藏本。

·李峰注解：《新镌京板工师雕斫正式鲁班经匠家镜》，海南出版社，2003年。

·易金木译注：《鲁班经》，华文出版社，2007年。

·张庆澜、罗玉平译注：《鲁班经》，重庆出版社，2007年。

·吴道仪图解：《图解鲁班经：中国古代建筑法度与风水择吉经典》，陕西师范大学出版社，2012年。

·傅洪光著：《鲁班经讲义》，九州出版社，2018年。

·江牧、冯律稳、解静点校：《鲁班经全集》，人民出版社，2018年。

·贾洪波、艾虹编著：《图文新解鲁班经：建筑营造与家具器用》，江苏凤凰科学技术出版社，2019年。

·江牧、冯律稳注释：《鲁班经图说》，山东画报出版社，2021年。

二、建筑类古籍及学术著述

（一）古籍原典

·戴吾三注释：《考工记图说》，山东画报出版社，2003年。

·汪少华编著：《〈考工记〉名物汇证》，上海教育出版社，2019年。

·闻人军译注：《考工记（修订本）》，上海古籍出版社，2021年。

·梁思成著：《营造法式注释》，生活·读书·新知三联书店，2013年。

- 陈植注释：《园冶注释》，中国建筑工业出版社，1988年。
- 梁思成著：《清工部〈工程做法则例〉图解》，清华大学出版社，2006年。
- 姚承祖原著、张志刚增编：《营造法原》，中国建筑工业出版社，1986年。
- 祝纪楠编著：《〈营造法原〉诠释》，中国建筑工业出版社，2012年。
- 方木鱼译注：《营造法式》，重庆出版社，2018年。
- 倪泰一译注：《园冶》，重庆出版社，2009年。

（二）学术专著

- 中国科学院自然科学史研究所主编：《中国古代建筑技术史》，科学出版社，1985年。
- 潘谷西主编：《中国古代建筑史（第四卷）：元明建筑》，2009年。
- 傅熹年著：《中国古代建筑概说》，北京出版社，2016年。
- 刘敦桢著：《刘敦桢全集（第五卷）》，中国建筑工业出版社，2007年。
- 陈耀东著：《〈鲁班经匠家镜〉研究》，中国建筑工业出版社，2010年。
- 王其钧编著：《中国建筑图解词典》，机械工业出版社，2021年。
- 李剑平编著：《中国古建筑名词图解辞典》，山西科学技术出版社，2011年。
- 田永复编著：《中国古建筑知识手册（第二版）》，中国建筑工业出版社，2019年。
- 李永革、郑晓阳著：《中国明清建筑木作营造诠释》，科学出版社，2018年。
- 梁思成著：《梁思成全集》，中国建筑工业出版社，2001年。

（三）学术论文

- 刘敦桢：《评〈鲁班营造正式〉》，《文物》1962年第2期。
- 郭湖生：《关于〈鲁般营造正式〉和〈鲁班经〉》，《科技史文集（第七辑）》1981年。
- 陈增弼：《〈鲁班经〉与〈鲁班营造正式〉》，《建筑历史与理论（第三、四辑）》1982年。
- 包海斌：《〈鲁班经匠家镜〉研究》，同济大学2004年博士学位论文。
- 涂华金：《〈鲁班经〉民俗语汇释读》，北京师范大学2010年硕士论文。
- 解静：《〈鲁班经〉版本研究》，苏州大学2010年硕士论文。
- 孙博文：《山（扇）/排山（扇）/扇架/桁/扶桁——江南工匠竖屋架的术语、仪式及〈鲁班营造正式〉中一段话的解疑》，《建筑师》2012年3期。
- 解静、林鸿、江牧：《〈鲁班经〉的流传及版本演变研究》，《南京艺术学院学报（美术与设计版）》2015年6期。
- 冯律稳：《江南地区馆藏〈鲁班经〉版本研究》，苏州大学2016年硕士论文。
- 江牧、解静、江小浦：《〈鲁班经〉北京馆藏古籍辨析及其版本的研究》，《南京艺术学院学报（美术与设计版）》2016年4期。
- 江牧、冯律稳：《北图—故宫本〈鲁班经〉版本特征分析及其演变》，《创意与设计》2017年5期。

　　·孙博文：《从"枰"到"地盘"格式——〈鲁般营造正式〉所描绘的构架系统》，《建筑学报》2017年11期。

　　·江牧、冯律稳：《"续四库本"〈鲁班经〉版本的特征分析及其演变》，《创意设计源》2019年1期。

　　·江牧、冯律稳：《明代万历本〈鲁班经〉研究》，《民艺》2019年1期。

　　·朱宁宁：《〈新编鲁般营造正式〉中的大木作术语研究》，《新建筑》2020年4期。

　　·苑文凯、于琍：《"香山帮"工匠的历史传承及特点》，《安徽建筑》2021年7期。

　　·戴启飞：《〈鲁班经〉"楼焦亭"考释》，《湘南学院学报》2022年4期。

三、家具类学术著述

　　·王世襄：《〈鲁班经匠家镜〉家具条款初释》（上），《故宫博物院院刊》1980年3期。

　　·王世襄：《〈鲁班经匠家镜〉家具条款初释》（下），《故宫博物院院刊》1981年1期。

　　·胡德生：《中国古代的家具》，商务印书馆国际有限公司，1997年。

　　·田家青著：《明清家具鉴赏与研究》，文物出版社，2003年。

　　·吕九芳：《中国传统家具榫卯结构》，上海科学技术出版社，2018年。

　　·吴逸强：《〈鲁班经〉桌椅类家具研究》，南京艺术学院2018年硕士论文。

　　·王世襄编著：《明式家具研究》，生活·读书·新知三联书店，2020年。

四、术数类、综合类古籍及学术著述

　　·旧题黄帝：《宅经》，文渊阁四库全书本。

　　·旧题郭璞：《葬书》，文渊阁四库全书本。

　　·萧吉：《五行大义》，清知不足斋丛书本。

　　·瞿昙悉达：《唐开元占经》，文渊阁四库全书本。

　　·李虚中：《李虚中命书》，文渊阁四库全书本。

　　·王洙：《地理新书》，金明昌三年张谦刻本。

　　·陈元靓：《新编纂图增类群书类要事林广记》，元至顺间西园精舍刻本。

　　·王云路等点校：《居家必用事类全集》，浙江大学出版社，2020年。

　　·旧题刘基：《多能鄙事》，明嘉靖二十一年范惟一刻本。

　　·徐善继、徐善述：《人子须知资孝地理心学统宗》，明万历十一年重刊本。

　　·郭载騋校：《六壬大全》，文渊阁四库全书本。

　　·万民英：《三命通会》，文渊阁四库全书本。

　　·万民英：《星学大成》，文渊阁四库全书本。

· 吴国仕：《造命宗镜集》，明崇祯三年搜玄斋刻本。

· 周继：《阳宅大全》，清光绪二年刻本。

· 陈时旸：《阳宅真诀》，明天启四年刻本。

· 《宅宝经》，明万历间吴勉学刻本。

· 《阳宅神搜经心传秘法》，明万历间吴勉学刻本。

· 旧题艾南英：《新刻艾先生天禄阁汇编采精便览万宝全书》，明王氏三槐堂刻本。

· 王思义编集：《三才图会》，影印明万历间王思义校刻本，上海古籍出版社，1988年。

· 石声汉、康成懿校注：《便民图纂校注》，中华书局，2021年。

· 李光地等：《星历考原》，文渊阁四库全书本。

· 允禄等：《钦定协纪辨方书》，文渊阁四库全书本。

· 郑同点校：《绘图全本玉匣记》，华龄出版社，2011年。

· 魏鉴注释：《象吉通书》，中医古籍出版社，2010年。

· 陆致极著：《中国命理学史论：一种历史文化现象的研究》，上海人民出版社，2008年。

· 李零著：《中国方术考》，中华书局，2019年。

· 纪昀等：《四库全书总目》，影印乾隆六十年浙江刻本，中华书局，2003年。

· 胡天寿译注：《长物志》，重庆出版社，2017年。

· 周绍刚译注：《天工开物》，重庆出版社，2021年。

· 石声汉：《农政全书校注》，上海古籍出版社，1979年。

文化伟人代表作图释书系全系列